"十四五"时期国家重点出版物
出版专项规划项目

磷科学前沿与技术丛书

磷化工节能
与资源化利用

Energy Saving and Resource Utilization in
Phosphorus Chemical Industry

梅 毅 | 等 编著

化学工业出版社

·北京·

内容简介

本书为"磷科学前沿与技术丛书"分册之一。本书重点阐述了磷化工节能与资源化利用的关键技术，包括黄磷的生产工艺，黄磷尾气的资源化利用；热法磷酸生产中反应热的回收与利用以及全热能回收利用系统；湿法磷酸的节能技术及伴生资源碘、氟的回收利用，磷石膏的利用；微化工技术和超重力技术的应用；含磷废水的处理与回收等。同时，提出了以创新思维构建原子经济绿色磷化工发展产业链，建立资源节约型、技术创新型和环境友好型磷化工产业。

本书可供磷化工及其相关行业的设计技术人员、工程技术人员及生产管理人员阅读和参考。

图书在版编目（CIP）数据

磷化工节能与资源化利用 / 梅毅等编著．—北京：化学工业出版社，2024.3
（磷科学前沿与技术丛书）
ISBN 978-7-122-44369-4

Ⅰ.①磷… Ⅱ.①梅… Ⅲ.①磷－化学工业－节能②磷－化学工业－资源利用 Ⅳ.①TQ126.3

中国国家版本馆CIP数据核字（2023）第202950号

责任编辑：曾照华
文字编辑：姚子丽　师明远
责任校对：边　涛
装帧设计：王晓宇

出版发行：化学工业出版社
　　　　　（北京市东城区青年湖南街13号　邮政编码100011）
印　　装：北京建宏印刷有限公司
710mm×1000mm　1/16　印张23½　彩插1　字数319千字
2024年8月北京第1版第1次印刷

购书咨询：010-64518888
售后服务：010-64518899
网　　址：http://www.cip.com.cn
凡购买本书，如有缺损质量问题，本社销售中心负责调换。

定　　价：169.00元　　　　　　　　版权所有　违者必究

　　磷是构成生命体的基本元素，是地球上不可再生的战略资源。磷科学发展至今，早已超出了生命科学的范畴，成为一门涵盖化学、生物学、物理学、材料学、医学、药学和海洋学等学科的综合性科学研究门类，在发展国民经济、促进物质文明、提升国防安全等诸多方面都具有不可替代的作用。本丛书希望通过"磷科学"这一科学桥梁，促进化学、化工、生物、医学、环境、材料等多学科更高效地交叉融合，进一步全面推动"磷科学"自身的创新与发展。

　　国家对磷资源的可持续及高效利用高度重视，国土资源部于 2016 年发布《全国矿产资源规划（2016—2020 年）》，明确将磷矿列为 24 种国家战略性矿产资源之一，并出台多项政策，严格限制磷矿石新增产能和磷矿石出口。本丛书重点介绍了磷化工节能与资源化利用。

　　针对与农业相关的磷化工突显的问题，如肥料、农药施用过量、结构失衡等，国家也已出台政策，推动肥料和农药减施增效，为实现化肥农药零增长"对症下药"。本丛书对有机磷农药合成与应用方面的进展及磷在农业中的应用与管理进行了系统总结。

相较于磷化工在能源及农业领域所获得的关注度及取得的成果，我们对精细有机磷化工的重视还远远不够。白磷活化、黑磷在催化新能源及生物医学方面的应用、新型无毒高效磷系阻燃剂、手性膦配体的设计与开发、磷手性药物的绿色经济合成新方法、从生命原始化学进化过程到现代生命体系中系统化的磷调控机制研究、生命起源之同手性起源与密码子起源等方面的研究都是今后值得关注的磷科学战略发展要点，亟需我国的科研工作者深入研究，取得突破。

本丛书以这些研究热点和难点为切入点，重点介绍了磷元素在生命起源过程和当今生命体系中发挥的重要催化与调控作用；有机磷化合物的合成、非手性膦配体及手性膦配体的合成与应用；计算磷化学领域的重要理论与新进展；磷元素在新材料领域应用的进展；含磷药物合成与应用。

本丛书可以作为国内从事磷科学基础研究与工程技术开发及相关交叉学科的科研工作者的常备参考书，也可作为研究生及高年级本科生等学习磷科学与技术的教材。书中列出大量原始文献，方便读者对感兴趣的内容进行深入研究。期望本丛书的出版更能吸引并培养一批青年科学家加入磷科学基础研究这一重要领域，为国家新世纪磷战略资源的循环与有效利用发挥促进作用。

最后，对参与本套丛书编写工作的所有作者表示由衷的感谢！丛书中内容的设置与选取未能面面俱到，不足与疏漏之处请读者批评指正。

2023 年 1 月

　　磷化学工业是现代化学工业的重要组成部分，是国民经济发展的重要基础，是发展高新技术的重要支撑。我国磷化工产业发展迅速，产品种类众多，国际市场竞争力不断增强，磷肥、黄磷、磷酸、三聚磷酸钠、六偏磷酸钠和磷酸氢钙等的产能和产量位居世界第一，磷肥、黄磷产量分别占世界总产量的 35%、85%，是名副其实的世界磷化工生产大国。

　　2016 年，为了应对全球气候变化，实现碳中和目标，全球 178 个国家签署了《巴黎协定》。2021 年 4 月 22 日，中国首次在"领导人气候峰会"上提出"共同构建人与自然生命共同体"的建议。2022 年 3 月发布的《政府工作报告》中提出："有序推进碳达峰碳中和工作。落实碳达峰行动方案。""推进绿色低碳技术研发和推广应用，建设绿色制造和服务体系，推进钢铁、有色、石化、化工、建材等行业节能降碳"。国家发布的《高耗能行业重点领域节能降碳改造升级实施指南（2022 年版）》，对黄磷行业和磷铵行业节能降碳改造升级提出明确要求。

　　如何实现磷化工产品生产过程中的节能减排、低碳环保，是磷化工工作者和广大读者关心的热点问题。进入 21 世纪，我国磷化工行业在节能环保和资源化利用方面取得了众多科研成果，积累了丰富的生产经验。总结这些成果和经验，既可以促进磷化工产业节能减排，也有助于磷化工科技成果的转化，推动我国磷化工产业的绿色低碳发展。

本书以磷为主线，重点论述了黄磷、热法磷酸和湿法磷酸的生产工艺、节能技术和资源化利用。在内容上力求取材新颖，与时俱进，紧扣国内外磷化工产业节能与资源化利用的新发展、新趋势和新特点，展现关键技术。本书既描述了已有成熟的产业化技术，也介绍了一些正在探索中的发展理念和有发展前途的新型技术，以启迪人们的创新思维。本书具有明确的产业导向，提出了以创新思维构建原子经济绿色磷化工发展产业链，建立资源节约型、技术创新型和环境友好型磷化工产业。

本书由国内磷化工界知名人士、企业家和专家学者组成编委会，昆明理工大学、云南磷化集团有限公司、国家磷资源开发利用工程技术研究中心、清华大学、中北大学、湖北兴发化工集团股份有限公司相关专家全面整理了国内外开展的磷化工科研和技术创新工作后共同编写而成。

《磷化工节能与资源化利用》共分7章。第1章由梅毅教授（昆明理工大学）撰写，简要介绍了磷化工的国内外发展概况，磷化工分类，磷化工技术发展趋势。第2章由刘丽芬正高级工程师（云南磷化集团有限公司、国家磷资源开发利用工程技术研究中心）撰写。该章从磷矿的成因、特点出发，介绍了磷矿的开采方法与技术；根据下游磷矿加工的需求，针对不同磷矿特点，阐述了不同选矿方法与工艺、设备，提出了磷矿资源化利用关键技术与发展趋势。第3章由黄胜超高级工程师（湖北兴发化工集团股份有限公司）、李凯教授（昆明理工大学）撰写。该章结合国内外黄磷生产发展技术，全面总结了黄磷生产近年来的工艺和设备创新技术，重点对黄磷尾气资源化利用的原理、方法、关键技术进行了论述。第4章由梅毅教授、聂云祥副教授（昆明理工大学）撰写，全面总结了热法磷酸近20年的技术进步，介绍了热法磷酸从传统生产工艺需要冷却水带走黄磷燃烧热、水化热的状况，到2003年实现黄磷反应热的回收与利用，再发展到2020年的热法磷酸全热能回收，展示了我国对国际热法磷酸、五氧化二磷、电子级磷酸生产技术进步的贡献。第5

章由何宾宾正高级工程师（昆明理工大学、国家磷资源开发利用工程技术研究中心）撰写。该章以湿法磷酸、磷铵生产现状为引导，阐述了湿法磷加工节能面临的问题和应对措施、技术方法，重点介绍了伴生资源碘、氟的回收技术，论述了制约湿法磷加工固体废物磷石膏的现状、应用途径、方法。第6章由吕阳成教授（清华大学）、焦纬洲教授（中北大学）撰写。该章介绍了微化工、超重力过程强化的发展历程、技术原理，结合磷化工实际，展示了微化工、超重力过程强化在磷化工方面的实际应用案例及其发展前景。第7章由王驰教授（昆明理工大学）撰写，该章针对磷化工普遍存在的含磷废水处理难、成本高的问题，介绍了不同含磷废水的处理方法，结合实际案例，重点介绍了含磷废水制备饲料级磷酸氢钙、黄磷生产废水的处理与回收。全书主要由梅毅教授统稿、审稿，王驰教授也参与了统稿工作。

本书的撰写得到了昆明理工大学、云南磷化集团有限公司、国家磷资源开发利用工程技术研究中心、清华大学、中北大学、湖北兴发化工集团股份有限公司、云南省磷化工节能与新材料重点实验室的支持，其中的许多技术来自于参编单位的技术创新成果，因为篇幅限制，无法将所有人员作一一说明，在此，对所有为本书作出贡献的专家、企业家、学者、博士生、硕士生表示衷心感谢！

由于磷化工节能与资源化包括的范围极其广泛，许多技术也在不断进步和完善，且限于篇幅、时间和编者水平，书中疏漏或不妥之处在所难免，敬请广大读者批评指正。

编著者

2023 年 5 月

目录
CONTENTS

7 含磷废水的处理与回收　315

1

概况

Energy Saving and Resource Utilization in Phosphorus Chemical Industry

1.1

磷化工发展历程、分类与用途

1.1.1 磷化工发展历程

磷是生命元素，遗传因子DNA（脱氧核糖核酸）和RNA（核糖核酸）以磷酸二酯为基本骨架，人体活动所需的能量来源于三磷酸腺苷（ATP），生物膜的重要组成是磷脂。磷对于人体乃至生命都是至关重要的，哪里有生命，哪里就有磷。磷在植物中的含量为0.05% ~ 1.00%（质量分数）。磷在生命物质中的含量见表1-1。

表1-1　磷在生命物质中的含量

生命物质	质量分数/%	生命物质	质量分数/%
DNA	9	血液	0.04
大脑	0.3	骨骼	12.00

（1）国外磷化工发展历程

1669年，德国H.Brandt利用尿与炭的混合物进行蒸馏发现了磷。Brandt听说从尿中能提炼黄金，就把沙、木炭、石灰与尿一道混合进行高温提炼，经过多次实验后没有得到黄金，却意外得到了一种白色质软能在黑暗中闪光的物质，于是Brandt就将其命名为"phosphorus"，意思是发光体。所以，现代phosphorus的含义除了磷之外，还有磷光体。

1688年，B.Albino从植物中检出磷。

1769年，J.G.Gahn和C.W.Scheel发现人骨和兽骨中含有磷。

1811年，Vauquelin发现了第一个磷酸酯类天然产物卵磷脂（核黄素）。

1850年，开始小批量生产湿法磷酸。

1870～1872 年，德国实现了湿法磷酸的工业化生产。

1888 年，英国 J.B.Readman 用电炉法生产得到了黄磷。

1889 年，英国 J.B.Readman 申请了热法磷酸的专利并开始工业化生产。

1915 年，美国农业部进行了电炉法制磷酸的中间试验，建成全球第一套工业化热法磷酸装置。

1916 年，P.W.Bridgman 在高温高压下制备得到了黑磷。

1929 年，C.H.Fiske 和 Y.Subbarow 从肌肉纤维中发现了三磷酸腺苷 (ATP) (20 年后，A.Todd 因合成 ATP 获得了 1957 年的诺贝尔化学奖)。

1932 年，道尔公司开发了湿法磷酸循环料浆法生产工艺，开启了高浓度生产新历程。

20 世纪 30 年代，德国科学家发现多种磷酸酯具有杀虫活性，开创了有机磷农药的新纪元。

1940 年，科学家证实所有细胞中均含有高聚磷酸酯(核酸)，它是染色体的一部分。

1946 年，美国宝洁公司推出了含有三聚磷酸钠的汰渍，引领了合成洗涤剂的发展。

20 世纪 50 年代，磷系电子化学品陆续投入市场。

1971 年，美国孟山都公司草甘膦项目投产。

1986 年，德国赫斯特公司直接化学合成的草铵膦成功上市。

1996 年，美国得州大学 John Goodenough 教授带领 A.K.Padhi 等人发现磷酸铁锂具有可逆性地迁入、脱出锂的特性，申请了磷酸铁锂专利。

2007 年，Lange 首次提出以 Au、Sn、SnI_4 作为矿化剂制备黑磷的方法。

2022 年，50% 的特斯拉汽车配置了磷酸铁锂电池。

美、英、法、德、意、日等国的磷化工行业于 20 世纪 50 年代进入快速发展期，80 年代进入成熟期。近 20 年来，在环境保护、资源供应、现代农业发展、发展中国家基础磷化工快速发展的影响下，发达国家的基础磷化工产业进入衰退期，新兴电子产业、能源材料、医药进入发展期。

(2)我国磷化工发展历程

1958 年，上海化工研究院完成了以元素磷为起点采用稀磷酸冷却流程和水冷流程的中间试验；1962 年云南省化工研究院研制的第一套工业磷酸生产设备投产。

1966 年，南京化学工业公司建成 3 万吨 / 年粒状磷酸二铵生产装置。

1967 年，南京磷肥厂建成 1.5 万吨 / 年二水法磷酸装置。

1984 年、1987 年，成都科技大学和四川银山磷肥厂合作，先后完成了喷雾干燥制粉状磷铵和喷浆造粒制粒状磷铵两种流程的中试。1988 年，在银山磷肥厂完成了料浆浓缩-喷浆造粒干燥的 3 万吨 / 年磷铵工业性试验。1993 年，四川硫酸厂与成都科技大学合作建成 6 万吨 / 年料浆法磷铵工业装置。1998 年，山东鲁北化工总厂建成了 15 万吨 / 年的中型料浆法磷铵生产装置。

1987 年，山西化肥厂引进挪威 NORSK HYDRO 工艺流程建成硝酸磷肥装置并投产。

1990 年，南化(集团)公司设计院设计的第一套年产 1.5 万吨半水法磷酸装置在云南昆明化肥厂投入试生产。1994 年，湛江化工厂引进的西方石油公司 OXY 半水法磷酸装置投产。

1992 年，汉源化工总厂中国第一套万吨级饲料级 DCP(二磷酸钙)装置投产。

1993 年，红河州磷肥厂引进 NORSK HYDRO 工艺，建成国内第一套 6 万吨 / 年半水-二水法湿法磷酸装置。

1996 年，云南省化工研究院建成国内第一套 5000 吨 / 年多聚磷酸生产装置。

2005 年，比亚迪第一款磷酸铁锂动力电池面世。

2006 年，瓮福集团引进以色列湿法磷酸净化技术，建成了我国第一套 P_2O_5 10 万吨 / 年湿法磷酸净化装置。比亚迪内部诞生了第一款搭载磷酸铁锂电池的 F3E 电动车。

2009 年，四川大学与中化重庆涪陵化工有限公司联合攻关的"高纯磷化工产品工业化关键技术与装置"的关键课题"5 万吨/年溶剂法精制磷酸工业示范装置"投料试车成功。

2011 年，具有热能回收功能的 3.5 万吨/年电子级磷酸生产装置在湖北兴福电子材料有限公司投入运行。广州天赐高新材料股份有限公司的六氟磷酸锂投产；多氟多新材料股份有限公司的 200 吨/年六氟磷酸锂生产线投产。

2013 年，云南省化工研究院开发的具有热能回收功能的 4000 吨/年五氧化二磷生产装置在云南晋宁黄磷有限公司投产。

2020 年，比亚迪正式发布自主研发的刀片电池，提升了磷酸铁锂动力电池的能量密度。

1978 年以来，我国磷化工发展迅速。1978 年，我国磷肥(P_2O_5)生产量仅 103 万吨，约占全球总产量的 4%；2021 年我国磷肥生产量达 1684 万吨，约占全球磷肥总产量的 35%。2021 年全国磷肥消费量 1132 万吨，约占全球总消费量的 30%，较 1978 年增长了约 10 倍。1978 年我国几乎无磷肥出口，2022 年磷肥出口量 571 万吨，磷肥出口量世界第一。2021 年全国黄磷生产量 67 万吨，比 1978 年增长了约 34 倍，生产量世界第一，约占全球总产量的 76%。我国磷酸盐及磷化物产品品种(规格)约 100 个，总生产能力近 1000 万吨。主要产品磷酸、三聚磷酸钠、六偏磷酸钠、饲料磷酸盐、三氯化磷、三氯氧磷等生产总规模、生产量及贸易量均居全球首位 [1]。2021 年，中国饲料磷酸钙盐生产能力 600 万吨，产量 285 万吨；三聚磷酸钠生产能力 106 万吨，产量 38 万吨；六偏磷酸钠生产能力 38.5 万吨，产量 15.2 万吨 [2]。2020 年，我国草甘膦 2 种工艺合计产能 67 万吨(甘氨酸法为 47 万吨、IDA 法为 20 万吨) [3]。2021 年，我国磷酸铁锂产量 49.9 万吨。每生产一吨磷酸铁锂，需磷(折纯)0.5 ~ 0.65t、磷酸一铵 0.8t。到 2025 年，我国磷酸铁锂需求量将达到 191.4 万吨，对应 115 万吨磷(折纯)、370 万吨磷矿石，约占我国磷矿石需求总量的 4.2%。磷酸铁锂等新能源材料或将改变磷矿石下游需求结构，促使磷化工企业转型和升级 [4]。

1.1.2　磷化工分类与用途

　　磷化工是以磷矿石为原料，经过物理化学加工制备各种含磷制品的工业。工业上主要通过磷矿还原得到单质磷，或首先通过强酸分解磷矿得到磷酸，再进一步加工成满足国民经济发展需要的磷化工产品。磷化工按合成的方法分为有机磷化工、无机磷化工；按功能分为基础磷化工与精细磷化工（见图 1-1）。基础磷化工是指利用化学反应生产含磷基础化学品的工业，包括热法与湿法两部分，其特点是：产品标准统一，

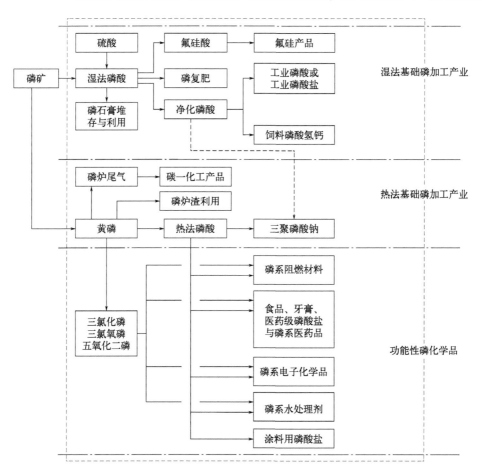

图 1-1　磷化工分类

单一产品量大，单位产品利润率低。精细磷化工是指利用化学反应生产含磷精细化学品(也称功能性磷化学品)的工业，其特点是：以满足下游产品功能需求为目标，相对基础磷化工产品而言，牌号多，单一牌号产量小，单一牌号产值小，最终应用产品以配方为主，单位产品利润率高。

1.2

磷资源开发与利用

世界磷矿产丰富，据美国地质调查局统计，2021 年世界磷矿储量为716 亿吨(表 1-2)，其中磷矿储量达 10 亿吨以上的有摩洛哥、中国、埃及、阿尔及利亚、巴西、南非、沙特阿拉伯、澳大利亚、美国、芬兰以及约旦等 11 个国家或地区 [3]。但磷矿分布不均，主要集中在西北非、中东、北美、中国以及俄罗斯等国家和地区，其中 70% 以上的磷矿位于摩洛哥。据中国国家统计局的数据，2021 年中国磷矿储量为 37.6 亿吨，约占世界储量的 5.3%，居世界第二，但与世界第一的摩洛哥(储量为 500 亿吨)相差巨大，且中国磷矿丰而不富，贫矿多，富矿少，难选矿多，易选矿少 [5]，P_2O_5 平均品位仅 16.85%，远低于摩洛哥(33% P_2O_5)和美国(30% P_2O_5)[6]。国家统计局数据进一步显示，近十余年来，中国磷矿石产量稳居世界第一位。2021 年中国磷矿石产量达 10290 万吨，产量占比为43.1%(表 1-3，图 1-2)。按目前中国的开采量和目前储量相比，能够开采的年份约 37 年，因此，我们必须要在保护中开采磷矿，在磷矿加工中提高资源的利用率。

表1-2 2008~2021年世界磷矿主要资源国磷矿储量

国家/地区	2008	2009	2010	2011	2012	2013	2014	2015	2016	2017	2018	2019	2020	2021
摩洛哥	57	57	500	500	500	500	500	500	500	500	500	500	500	500
中国	35.6	31.7	29.6	28.9	30.7	30.2	30.7	33.1	32.4	33	32	32	32	37.6
埃及	1	1	1	1	1	1	7.15	12	12	13	13	13	28	28
阿尔及利亚	—	—	22	22	22	22	22	22	22	22	22	22	22	22
巴西	2.6	2.6	3.4	3.1	2.7	2.7	2.7	3.2	3.2	17	17	17	16	16
南非	15	15	15	15	15	15	15	15	15	15	15	14	14	16
沙特阿拉伯	0.82	0.82	0.82	2.5	7.5	2.11	2.11	9.6	6.8	14	15	14	14	14
澳大利亚	12	11	14	14	14	8.7	10.3	10	11	11	11	12	11	11
美国	—	—	—	—	—	11	11	11	11	10	10	10	10	10
芬兰	9	11	14	14	14	11	11	10	11	10	10	10	10	10
约旦	15	15	15	15	15	13	13	13	12	13	10	10	10	10
俄罗斯	2	2	13	13	13	13	13	13	13	7	6	6	6	6
哈萨克斯坦	—	—	—	2.4	—	2.6	2.6	2.6	2.6	2.6	2.6	2.6	2.6	2.6
秘鲁	1	1	—	2.4	8.2	8.2	8.2	8.2	8.2	4	4	2.1	2.1	2.1
突尼斯	—	1	1	1	1	—	—	1	—	1	1	1	1	1
乌兹别克斯坦	1	1	1	1	1	—	—	1	—	—	1	1	1	1
以色列	1.8	1.8	1.8	1.8	1.8	1.3	1.3	1.3	1.3	0.74	0.67	0.62	0.57	0.53
塞内加尔	0.5	0.8	1.8	1.8	1.8	0.5	0.5	0.5	0.5	0.5	0.5	0.5	0.5	0.5
土耳其	—	—	—	—	—	—	0.5	—	—	0.5	0.5	0.5	—	0.5
印度	1	1	—	0.061	0.061	0.35	0.35	0.65	0.32	0.65	0.46	0.46	0.46	0.46
墨西哥	—	—	—	0.3	0.3	0.3	0.3	0.3	0.3	0.3	0.3	0.3	0.3	0.3
多哥	0.3	0.6	0.6	0.6	0.6	0.3	0.3	0.3	0.3	0.3	0.3	0.3	0.3	0.3
越南	—	—	—	—	—	—	0.3	0.3	0.3	0.3	0.3	0.3	0.3	0.3
叙利亚	1	1	18	18	18	18	18	18	18	18	18	18	18	—
伊拉克	—	—	—	58	4.6	4.3	4.3	4.3	—	—	—	—	—	—
加拿大	0.25	1.5	0.05	0.02	0.02	0.02	0.76	—	—	—	—	—	—	—
其他国家	8.9	9.5	6.2	5	3.9	5.2	3	3.8	8.1	9	7.7	7.7	8.4	26
世界总储量	148.77	152.32	643.27	703.481	666.081	660.78	667.87	683.15	679.32	702.39	696.83	694.88	706.53	716.19

表1-3　2008～2021年世界主要产磷国磷矿产量

国家/地区	2008	2009	2010	2011	2012	2013	2014	2015	2016	2017	2018	2019	2020	2021
中国	5074	6021	6807	8122	9530	10851	12044	14204	14440	12313	9633	9332	8893	10290
摩洛哥	2500	2300	2580	2800	2800	2640	3000	2900	2690	3000	3480	3550	3740	3810
美国	3020	2640	2580	2810	3010	3120	2530	2740	2710	2790	2580	2330	2350	2160
俄罗斯	1040	1000	1100	1120	1120	1000	1100	1160	1240	1330	1400	1310	1400	1400
约旦	627	528	600	650	638	540	714	834	799	869	802	922	894	1000
沙特阿拉伯	—	—	—	100	300	300	300	400	420	500	609	650	800	920
巴西	620	635	570	620	675	600	604	610	520	520	574	470	600	600
埃及	300	500	600	350	624	650	550	550	500	440	500	500	480	500
越南	—	—	—	—	—	237	270	250	280	300	330	465	450	450
秘鲁	—	—	79.1	254	321	258	380	388	385	304	390	400	330	420
突尼斯	800	740	760	500	260	350	370	280	366	442	334	411	319	373
澳大利亚	280	280	260	265	260	260	260	250	300	300	280	270	200	250
以色列	309	270	314	310	351	350	336	354	395	385	355	281	309	243
南非	229	224	250	250	224	230	216	198	170	208	210	210	180	213
塞内加尔	70	65	95	98	138	80	90	124	220	139	165	342	160	210
哈萨克斯坦	—	—	—	—	160	160	160	184	150	150	130	150	130	150
阿尔及利亚	—	180	180	150	125	150	150	140	127	130	120	130	120	140
印度	—	—	124	125	126	127	111	150	200	159	160	148	140	140
多哥	80	85	85	73	87	111	120	110	85	82.5	80	80	94.2	100
芬兰	—	—	—	—	—	—	—	—	94	98	98.9	99.5	99.5	99
乌兹别克斯坦	—	—	—	—	—	—	—	—	—	90	90	90	90	90
土耳其	—	—	—	—	—	—	—	—	—	—	—	—	60	60
墨西哥	—	—	151	151	170	176	170	168	170	193	154	55.8	57.7	48.8
叙利亚	322	247	300	310	100	50	123	75	—	10	10	200	—	—
伊拉克	—	—	—	3	20	25	20	—	—	—	—	—	—	—
加拿大	95	70	70	90	90	40	—	—	—	—	—	—	—	—
其他国家	744	862	640	679	550	258	237	247	195	110	97	114	87	195
世界总产量	16110	16647	18145.1	19830	21679	22563	23855	26316	26456	24862.5	22581.9	22510.3	21983.4	23861.8

注：我国数据来自于国家统计局，其他数据来源于美国地质调查局 Mineral Commodity Summaries 2008—2021。

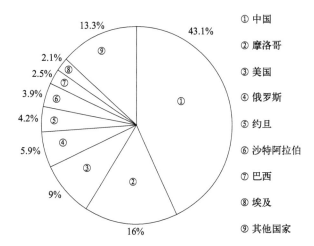

13.3% ⑨	43.1% ①
2.1% ⑧	
2.5% ⑦	
3.9% ⑥	
4.2% ⑤	
5.9% ④	
9% ③	
16% ②	

① 中国
② 摩洛哥
③ 美国
④ 俄罗斯
⑤ 约旦
⑥ 沙特阿拉伯
⑦ 巴西
⑧ 埃及
⑨ 其他国家

图1-2 2021年主要世界产磷国产量占比

1.3

磷化工技术发展趋势

2021 年 10 月 24 日，国务院印发的《2030 年前碳达峰行动方案》中指出："到 2025 年，非化石能源消费比重达到 20% 左右，单位国内生产总值能源消耗比 2020 年下降 13.5%，单位国内生产总值二氧化碳排放比 2020 年下降 18%""到 2030 年，非化石能源消费比重达到 25% 左右，单位国内生产总值二氧化碳排放比 2005 年下降 65% 以上，顺利实现 2030 年前碳达峰目标""实施重点行业节能降碳工程，推动电力、钢铁、有色金属、建材、石化化工等行业开展节能降碳改造，提升能源资源利用效率。实施重大节能降碳技术示范工程，支持已取得突破的绿色低碳关键技术开展产业化示范应用""在确保安全环保前提下，探索将磷石膏应用于土壤改良、井下充填、路基修筑等""到 2025 年，大宗固废年利用量达到 40 亿吨左右；到 2030 年，年利用量达到 45 亿吨左右"。

国家发布的《高耗能行业重点领域节能降碳改造升级实施指南（2022年版）》，对黄磷行业提出："推动磷化工制黄磷与煤气化耦合创新，对还原反应炉、燃烧器等关键技术装备进行工业化验证，提高中低品位磷矿资源利用率，通过磷-煤联产加快产业创新升级""加快推广黄磷尾气烧结中低品位磷矿及粉矿技术，提升入炉原料品位，降低耗电量。加快磷炉气干法除尘及其泥磷连续回收技术应用。推广催化氧化法和变温变压吸附法净化、提纯磷炉尾气，用于生产化工产品"。对磷铵行业提出："采用半水-二水法／半水法湿法磷酸工艺改造现有二水法湿法磷酸生产装置，推进单（双）管式反应器生产工艺改造。开发新型综合选矿技术、选矿工艺及技术装备，研制使用选择性高、专属性强、环境友好的高效浮选药剂。开发新型磷矿酸解工艺，提高磷得率。发展含中微量元素水溶性磷酸一铵、有机无机复合磷酸一铵等新型磷铵产品"。

工业和信息化部《"十四五"工业绿色发展规划》中提出：到 2025 年，单位工业增加值二氧化碳排放降低 18%，规模以上工业单位增加值能耗降低 13.5%，大宗工业固废综合利用率达到 57%，工业副产石膏综合利用率达到 73%。该规划"重点区域绿色转型升级工程"中提出：长江经济带中上游地区加强磷石膏、冶炼渣、粉煤灰、废旧金属、废塑料、废轮胎等资源综合利用。

"十四五""十五五"是我国实体经济转型升级的关键时期。节能减碳、2030 年前达到峰值、2060 年前努力实现碳中和是我国对国际社会的庄严承诺，也是实现人民追求美好生活的必然要求。从上文看出，国家相关政策都对磷化工发展提出了新的要求，特别要求将创新的重点放在节能减碳、减少磷石膏排放、提高资源利用率方面，实质就是构建以提高经济发展质量和效益为中心的价值取向。

磷化工总的发展趋势是发展原子经济，原子经济是决定今后产业竞争力的关键与核心要素。只有使每一个原子转化为社会需求产品，得到有效利用，才能既满足人民生活日益增长的物质文化需要，又实现节能减排、低碳发展，减少所排放水、气、固对环境的污染，减少温室气体的产生与排放。

　　园区产业的耦合经济是实现原子经济的有效途径。马航等[7]提出基于湿、热法磷加工体系共生耦合的磷资源产业链(图1-3)。图1-3中流股8所示的热法磷加工所生产的磷酸酯可以作为制备湿法净化磷酸的萃取剂，降低企业外购萃取剂造成的成本增加；流股13所示的湿法磷加工副产氟化氢，可与热法磷加工生产的五氯化磷结合生产高附加值的电池储能材料六氟磷酸锂；流股12所示的湿法磷酸生产过程中，用于制备硫酸的硫黄可以作为生产热法磷化工产品五硫化二磷的原料，而五硫化二磷又可以作为脱砷剂用于磷酸的脱砷(流股10)。从能源利用来看，硫黄制硫酸、黄磷制热法磷酸均为强放热反应，通过反应热回收高中压蒸汽，梯级用于湿法磷酸浓缩、净化磷酸提浓、功能化学品结晶等工序。从水循环看，通过多级耦合可实现零排放。

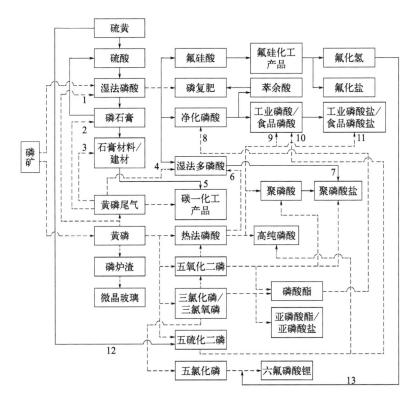

图1-3　湿、热法磷加工体系共生耦合的磷资源产业链示意图

肖林波等[8]针对湖北三宁化工股份有限公司磷化工生产装置及资源循环利用情况，提出了磷化工生产全资源循环利用方案(图1-4)，该方案包括磷石膏制硫酸联产水泥，循环利用磷石膏中含磷废水，利用副产盐酸分解磷尾矿生产氢氧化镁、高纯硫酸钙和氯化铵镁复合肥，利用氟硅酸生产高活性氟化钾并联产白炭黑等耦合技术。全资源循环利用方案使磷硫资源及其它伴生资源得到梯级利用，实现污水近零排放，固体废物全部得到资源化利用，尾气达标排放，使磷化工生产对环境的影响降到最低，可以实现磷化工的资源节约型和环境友好型生产。

以上两个案例都是在已有传统流程之上，通过园区建设，扩链增链，以原子利用为核心，以能源利用、水资源利用为纽带实现绿色发展。

磷化工的技术发展有以下趋势和特点：

① 基于原子经济的产业链延伸和横向耦合是节能减碳的根本路径。基于原子经济的产业链设计，依据不同的地域、不同的产品有不同的方案，如湿法磷酸、热法磷酸、磷酸铁、硫酸法钛白粉、黄磷、甲酸盐、无水氟化氢、白炭黑的耦合生产。

② 大型化、智能化是基础磷化工的必然趋势。基础磷化工的特点是需求量大，产品质量均一，其关键是降本增效。大型化是降低成本最有效的方法，一是可以减少投资；二是减少人工成本，提高劳动生产率。智能化是流程工业优化操作、实现本质安全的必然要求。大型化、智能化要从工业设计开始优化方案，涉及工业软件、一次检测设备、信号处理等等，是一个系统工程。

③ 精细化、功能化是磷化工产业转型的必然之路。磷化工功能化学品众多，涉及医药、农药、饲料、阻燃剂、防腐剂、电子化学品等等。我国基础磷化学品总体供大于求，加之我国磷矿资源禀赋不优不强，开发高附加值的精细化、功能化磷化学品是提高我国产品竞争力、整合国际磷资源，以及改变我国基础磷化工低成本竞争和产业转型的必然要求。

④ 以功能性化学品的需求特性开展技术创新。功能性化学品是以特定功能为目标的精细化产品，使用特性决定了其物质结构、组成。因此，开发功能性化学品需要以需求和功能为导向，探究功能与物质结构、组成的构效关系，以功能优化产品结构、组成。

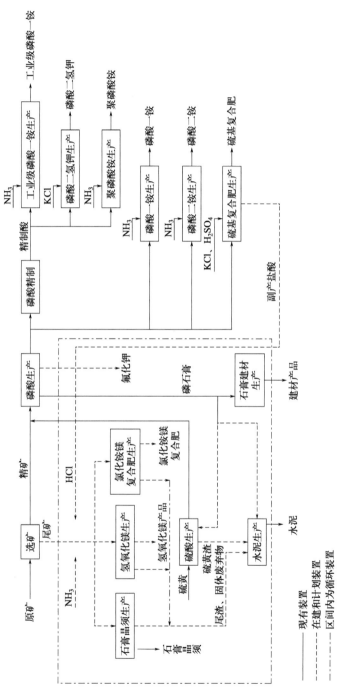

图1-4 三宁公司磷化工生产全资源循环利用方案

　磷化工节能与资源化利用

本书将围绕磷化工的节能减碳与资源化利用展开叙述，力求使读者全面了解磷化工节能与资源化利用的最新技术进展。

参考文献

[1] 王莹，方俊文，李博，等. 2021年我国磷复肥行业运行情况及发展趋势 [J]. 磷肥与复肥，2022，37(8): 1-8.

[2] 2023年中国（宜昌）磷化工产业发展大会暨第二届磷酸铁锂发展战略研讨会资料汇编：磷化工年鉴篇 [C]. 2023: 85-114.

[3] 杨益军，等. 2021年全球氨基酸类除草剂发展概况和趋势综述 [J]. 磷肥与复肥，2019，34(9): 9-12.

[4] 黄侃. 磷酸铁锂或将搅热磷化工 [J]. 中国石油和化工产业观察，2021，9: 18-19.

[5] 吴发富，王建雄，刘江涛，等. 磷矿的分布、特征与开发现状 [J]. 中国地质，2021，48(1): 82-101.

[6] 刘建雄. 我国磷矿资源开发利用趋势分析与展望 [J]. 磷肥与复肥，2009，24(2):1-4.

[7] 马航，冯霄. 基于湿、热法磷加工体系共生耦合的磷资源产业可持续性发展研究 [J]. 无机盐工业，2018，50(11): 1-6.

[8] 肖林波，田承涛，廖秋实，等. 磷化工生产全资源循环综合利用技术探讨与实践 [J]. 磷肥与复肥，2018，33(10): 32-34.

2

磷矿开采与选矿

2.1

磷矿的成因与特点

　　磷矿是指在经济上能被利用的磷酸盐类矿物的总称。磷是在地壳和岩石圈中丰度值较高的元素，均为第十一位：在地壳中含量为 0.105%，在岩石圈中含量为 0.12%。

　　自然界中已知的含磷矿物大约有 120 多种，分布广泛。但是按其质和量都能达到可以开采利用标准的含磷矿物则不过几种。在工业上作为提取磷的主要含磷矿物是磷灰石，其次有硫磷铝锶石、鸟粪石和蓝铁石等。自然界中磷元素约有 95% 集中在磷灰石中。

　　磷矿资源在地域上分布不均衡，主要分布在非洲、北美、南美、亚洲及中东的 60 多个国家和地区，集中分布在摩洛哥、南非共和国、美国、中国、约旦和俄罗斯[1-3] 等国家。这些国家的磷矿在本国的分布又相对集中，如中国湖北、贵州、云南、湖南、四川五省磷矿资源占中国磷矿资源量的 76.3%[4]；美国佛罗里达州磷资源占全美的 45%，其余主要分布于北卡罗来纳州、爱达荷州和犹他州。

　　世界磷矿主要产于古元古界（Pt_1）、寒武系（$\textrm{\euro}$）、石炭系（C）、侏罗系（J）、白垩系（K）等地层，其中非洲地区磷矿多产于下白垩统（K_1）、始新统（E_2）、中新统（N_1）、上新统（N_2）等地层；中东地区磷矿多产于下白垩统地层；美洲地区磷矿多产于中新统、上新统、二叠系（P）、古元古界等地层；欧洲地区磷矿主要产于下二叠统（P_1）、下侏罗统（J_1）、下白垩统、下石炭统（C_1）地层。我国磷矿层主要赋存于晚震旦系陡山沱组、下寒武统梅树村组（渔户村组）地层中。

　　中国的工业磷矿床都出现在构造活动相对稳定的地台区域，特别是其边缘地带。其中沉积磷矿床主要产出在扬子地块东南缘与西缘。晚震旦系陡山沱组沉积磷矿床主要分布在扬子地块东南缘，下寒武统梅树村组沉积磷矿床主要分布在扬子地块西北缘，在华北地块南部边缘、秦岭褶皱系边缘地区沉积有下寒武统低品位沉积型磷矿床，塔里木地块北缘沉积的含磷层位及低品位磷矿床相当于寒武系梅树村组。

岩浆岩型磷矿床主要产出在华北地块与塔里木地块北缘，磷矿床主要与幔源岩浆活动相关，含矿母岩一般为幔源岩浆岩岩体。中国变质磷矿床主要指分布于北方的早、中前寒武纪变质岩中的矿床，其主要分布在中国中南地区的东北部，华东地区东部，华北、东北地区等。

中国磷矿资源处于全球第二位，磷矿赋矿层位不少于 24 个，矿产地近 500 处，中国磷矿的成矿时代很多，但最重要工业矿床的成矿时代是震旦纪和寒武纪，其次是泥盆纪[5]。

中国磷矿资源有以下特点：

① 资源较为丰富，但分布集中。磷矿是中国的优势矿产之一，蕴藏量较为丰富。但中国磷矿资源分布极不平衡，保有储量的 76.3% 集中分布于西南的云南、贵州、四川及中南的湖北和湖南。除去四川产磷大部分自给外，全国大部分地区所需磷矿均依赖云、贵、鄂三省供应，从而造成了中国"南磷北运，西磷东调"的局面，给交通运输和磷肥企业的原料供给、生产成本带来较大的影响。

② 富矿少，贫矿多。中国磷矿保有储量中 P_2O_5 含量大于 30% 的富矿储量仅占探明总储量的 7%，矿石 P_2O_5 平均品位仅为 16.85%，品位低于 18% 的储量约占一半，品位大于 30% 的富矿几乎全部集中于云南、贵州、湖北和四川。

③ 难选矿多，易选矿少。全国保有储量中磷块岩储量占 85%，且大部分为中低品位矿石，除少数富矿可直接作为生产高效磷肥的原料以外，大部分矿石需经选矿才能为工业部门所利用。这类矿石中脉石矿物的含量一般较高，矿石颗粒细、嵌布紧密，选别比较困难。

④ 矿床类型以沉积磷矿床为主。我国磷矿类型主要有沉积磷块岩型、变质磷灰岩型和岩浆岩磷灰石型三种，其中沉积型磷矿占全国总量的 85%，矿床规模大，矿床品位相对较高，是目前开发利用的主要对象。变质型和岩浆岩型磷矿占 14.6%，这两类磷矿床一般规模较小、品位

低，但矿石易选，岩浆岩型磷矿还共伴生铁、蛭石、石墨等矿产，在目前经济条件下，绝大多数在综合开采利用，鸟粪型及其他类型的磷矿只占 0.4%。

2.2

磷矿开采

2.2.1 磷矿开采工艺

磷矿开采有露天、地下两种开采方式。露天开采量约占磷矿产量的40%，中国先后建成了昆阳、海口、浏阳、黄麦岭、瓮福、大峪口等一批大、中型露天矿，多为山坡露天矿，单一的汽车公路开拓运输系统占绝大多数。中国磷矿床多数位于山区，埋藏较深，地下开采约占磷矿开采总产量的60%，常用空场法和崩落法，其中又以房柱法和分段崩落法为主。

露天矿开采工艺和技术与所使用的设备有密切的关系。设备大型化和多样性成为大型露天矿装备的发展趋势，爆破器材和起爆技术不断进步，增大一次爆破量，可以减少凿岩、装药、爆破、出矿循环，从而减少不同生产环节之间的衔接对生产的影响。针对埋藏较浅的磷矿，露天开采具有生产规模大、机械化程度高、开采损失低、贫化低等特点。由于成功地使用大型采剥机械，无论是剥离覆盖层还是开采磷矿层费用都较低。以云南地区磷矿露天开采为例，云南磷矿均系海相沉积的大中型磷块岩矿床，矿体倾角为 10°～45°、厚度为 3～15m，其中，主要矿床矿体倾角为 10°～30°、厚度为 3～10m，属于典型的缓倾斜薄至中厚矿体。"六五"期间，昆阳磷矿采用了适合在缓倾斜矿面作业的潜孔钻机，寻求到一种较为适宜的采矿方法，即"自上而下、水平分层、倾向超前、纵向移运"常规采矿方法；"七五"期间，昆阳磷矿以大功率的推土机将机械裂矿后的矿石推运、集堆为主的"露天长壁式"开采方法替代传统电铲开采工艺。"露天长壁式"采矿方法在开采顺序上，剥离沿倾向超前于采矿（延深）；沿走向，上层矿超前于夹层、下层矿滞后于夹层；在空间位置上，相互保持一定的超前关系，采剥的各个倾斜分层的空间位置，随着时间的变化，沿走向不断向前推进，同时矿石和夹层从联合采剥运输平盘上不断被运走。"露天长壁式"采矿方法成功解决了昆阳磷矿长期以来因矿层倾角缓、厚度薄造成采掘分散、系统复杂、设备效率低及开采强度低的问题，进而解决了矿储量大而产量低的矛盾，为国内外类似矿床矿体露天开采提供了可借鉴的先进经验。

地下开采适用于埋藏较深、覆盖层剥离量太大的磷矿床。根据中国磷矿床的赋存状态、采矿技术条件和矿区地质环境以及磷矿石价格等因素，选择地下采矿方法的常规模式是"能空则空（空场法）、不能空则崩（崩落法）"，成本较高的充填法现在也在采用。中国磷矿地下开采主要采矿方法如表 2-1 所示 [6-8]。

表2-1　中国磷矿地下开采主要采矿方法

矿山名称	采用的采矿方法	矿山名称	采用的采矿方法
锦屏磷矿	深孔留矿法、有底柱分段崩落法	樟村坪磷矿	房柱法
金河磷矿	底盘漏斗采矿法、房柱法、有底柱分段崩落法	承德磷矿	空场法
荆襄刘冲磷矿	房柱法、浅孔留矿法、分段采矿法	浦市磷矿	长壁式崩落法
王集磷矿	房柱法（中深孔）	什邡磷矿	有底柱分段崩落法
开阳磷矿	锚杆护顶分段空场采矿法	贺兰山磷矿	全面法
矾山磷矿	有底柱分段崩落法、无底柱分段崩落法	大茅磷矿	分段崩落法
荆襄磷矿	浅孔房柱法、浅孔留矿法	何家岩磷矿	全面法
石门磷矿	分段留矿法		

（1）空场采矿法

空场采矿法是依靠矿柱和矿岩自身的稳固性支撑采空区的一种采矿

方法。按其适用条件，分为两大类：第一类有全面法、房柱法等，适用于水平至倾斜、厚度在 15m 以下磷矿床的开采，其特征是支撑顶板的矿柱一般不予回收，封闭处理采空区，必要时须对采空区进行局部充填或崩落顶板，以防止区域性地压活动带来的地质灾害；第二类有分段法、留矿法、阶段空场法(大孔径采矿法、VCR 法)等，适用于急倾斜(55°以上)及缓倾斜厚大磷矿床的开采，该类方法多数已发展成为两步骤回采的空场嗣后充填法。全面法主要适用于矿体倾角小于 30°、矿体厚度小于 3m、矿岩完整稳固、顶板允许暴露面积为 200 ～ 300m^2 的矿床，在矿房开采过程中，视顶板稳定性留设不规则矿柱，矿柱通常不回收。房柱法主要适用于倾角为 30°以下的缓倾斜矿体，矿岩稳固，或用锚杆支护顶板能保证安全，顶板与矿体接触线平整为最好，对矿体厚度的限制不严格；如果磷矿石品位很高，或者顶板岩石稳固性差，则宜改用条形带矿柱(即矿壁)，矿房采完填充后再回采矿柱，即变成两步骤回采的充填采矿法。

(2)崩落采矿法

崩落采矿法的特点是连续回采，在覆盖岩下放矿，以崩落覆岩充填采空区管理地压。按照目前应用情况，这种采矿方法分为三大类，即壁式崩落法、分段崩落法和自然崩落法。总体来讲，崩落采矿法属于低成本、高效率的大规模采矿方法，在中国各类矿山中都有应用，以金属矿为多。这种方法对矿体赋存条件、矿岩稳固程度具有广泛的适用范围，如上盘围岩、覆盖岩层能成大块自然冒落最为理想。采用这种方法要求地表允许崩落，在矿体上部无有用矿物，无较多的含水层和流沙，矿石不会结块、自燃，品位不高，允许相对较高的贫化和损失。鉴于磷矿床赋存特点及目前磷矿山使用采矿方法的现状，现有磷矿床赋存条件不适于自然崩落法，最常用的是无底柱分段崩落法、有底柱分段崩落法两种采矿方法。

无底柱分段崩落法是将矿块进行分段，在各段间回采进路中进行落矿、出矿等回采作业，不需要开掘专用的出矿底部结构；崩落矿石在崩落围岩的覆盖下放出。按矿块出矿装运设备的不同，分为无轨运输方案和有轨运输方案。目前，国内外大多数矿山都采用无轨运输。无底柱分段崩落采矿法安全性好，各项回采作业都在回采巷道中进行，二次破碎比较安全；矿块结构与回采工艺简单，容易标准化，易于使用高效率的大型无轨设备，机械化程度高，可剔除夹石或进行分级出矿。

有底柱分段崩落法是在每个分段形成底部结构，在其上崩落矿石，随着矿石放出，矿石顶板、围岩逐渐崩落的一种采矿方法。按爆破方向分为垂直落矿方案、水平分层落矿方案、联合落矿方案。按爆破补偿空间分为挤压爆破方案和自有空间爆破方案。有底柱分段崩落采矿法具有不同的回采方案，能够适应多种地质条件变化，具有一定的灵活性；开采强度大，生产安全可靠；若采用电耙出矿，设备简单、易于操作和维修；矿块存窿矿石多，有利于矿山均衡生产；设有专用进、回风道，通风效果好。

(3)充填采矿法

充填采矿法是一种比较传统的采矿方法。充填是指用适当的材料，如废石、碎石、河沙、炉渣或尾砂等，对地下采矿形成的采空区进行回填的作业过程。充填除用来防止由采矿引起的岩层大幅度移动、地表沉陷外，在充分回收矿产资源特别是高价值和高品位矿石、保护生态和环境以及矿业可持续发展方面日益显示出重要的作用，对深井开采和极复杂矿床开采也具有重要意义。一般来说，根据矿岩稳固性、矿体几何形态及空间赋存条件，按照采场构成要素、采场布置形式、回采作业顺序、采矿工艺等特点进行划分，主要可分为分层充填法、进路充填法、壁式充填法、削壁充填法、分段充填法、嗣后充填法。

单层充填采矿法用于缓倾斜薄矿体中，用矿块倾斜全长的壁式回采面沿走向方向、依次按矿体全厚回采。随着工作面的推进，有计划地用水力或胶结充填采空区，以控制顶板失稳。由于采用壁式工作面回采，也称为壁式充填法。

上向水平分层充填采矿法一般将矿块划分为矿房和矿柱，第一步回采矿房，第二步回采矿柱。回采矿房时，自下向上水平分层进行，随着工作面向上推进，逐步充填采空区，并留出继续上采的工作空间。充填体维护两帮围岩，并作为上采的工作平台。崩落的矿石落在充填体的表面上，用机械方法将矿石运至溜井中。矿房回采到最上面分层时，进行接顶充填。矿柱则在采完若干矿房或全阶段采完后，再进行回采。上向倾斜分层充填采矿法与上向水平分层充填采矿法的区别是，用倾斜分层（倾角近40°）回采，在采场内矿石和充填料的运输主要靠重力，这种采矿方法只适用于干式充填。

分采充填采矿法主要用于矿脉厚度小于 0.3 ～ 0.4m 时，若只采矿石，工人无法在其中工作，必须分别回采矿石和围岩，使其采空区达到允许工作的最小厚度(0.8 ～ 0.9m)。采下的矿石运出采场，而采掘的围岩充填采空区，为继续上采创造条件。这种采矿方法也称为削壁充填法，常用来开采急倾斜极薄矿脉，矿块尺寸不大，掘进采准巷道便于更好地探清矿脉，运输巷道一般切下盘石掘进，为了缩短搬运距离，常在矿块中间设顺路天井。实践表明，充填法在回采过程中可密实充填采空区，对于维护围岩、防止发生大规模的岩层移动及控制地表下沉都有显著作用，这种作用在深部磷矿床开采中尤为突出。

缓倾斜薄-中厚矿体为采矿界公认的难采矿体，典型的为昆阳磷矿二矿区露天开采境界外深部矿体，为双层磷矿含软弱夹层产出，上盘围岩和夹层稳固性较差。首先对矿山开采技术条件进行分析，然后分别采用普式分级法和 RMR 分级法对岩体质量进行分级，得出昆阳磷矿矿岩属于差到一般岩体，综合对多种采矿方法进行比较，从安全、技术、经济的角度分析不同方法的优缺点，最终推荐房柱嗣后充填采矿法，采用掘进机落矿非爆连续切割回采工艺，为昆阳磷矿二矿露天转地下开采提供技术支撑 [9]。

2.2.2 开采设备发展趋势

① 开采设备大型化。设备的大型化实现了高产高效，提高了劳动生产率，为企业带来了良好的经济效益，降低了管理风险。同样的生产能

力，单台（套）能力越大，经济效益越好。

②开采设备智能化。随着绿色矿山、数字化矿山、智慧矿山、物联网和 5G 技术的推广应用，结合生态环境保护、固废的综合利用、岩层变形控制，采矿工艺将得到快速发展，特别是智能化绿色充填工艺的推广应用，使得开采效率大大提高，随时能够针对开采进程进行合理的实时监控，依据存在的不足准确判断出存在的问题，并提出有效的解决方案，这是传统开采技术所无法比拟的。

③开采设备人性化。开采设备在设计阶段就开始注重人性化问题，全面、合理地考虑到设备使用的安全性和舒适性，不断地进行优化设计，减少安全事故的发生，保障矿山人员的生命安全，做到"以人为本"。

2.3

磷矿选矿

2.3.1 磷矿选矿的理论基础及方法

磷矿选矿是根据矿石中不同矿物的物理、化学性质的差异，采用不同的选矿工艺，使其分离的方法。由于磷矿石自然类型、工业类型以及磷矿产品方案较多，因此磷矿选矿方法多种多样。矿物的粒度、形状、颜色、光泽、密度、摩擦系数、磁性、电性、发光性以及矿物的润湿性等都会影响选矿效率。要根据磷矿不同的性质选择不同的选矿方法，以达到有用磷矿物除杂提纯的目的。

浮选是磷矿选矿应用比较早的选矿方法。1992 年美国首先采用浮选新技术对佛罗里达州的磷矿石进行选矿，中国磷矿选矿研究起始于 20 世纪 50 年代末，并于 1958 年建成投产第一座江苏锦屏磷矿 120 万吨 / 年大型沉积变质磷灰石浮选厂；1976 年在河北马营磷矿建成投产 30 万吨 / 年的中型岩浆岩型磷灰石浮选厂。

中国磷矿选矿经历了数十年的发展，在世界范围内推动了磷矿选矿理论与工艺技术的发展。随着富矿资源储量日渐减少，中低品位磷矿选矿的研究日益被重视，在磷矿的选矿实践中，目前占主导的选矿方法有浮选、擦洗脱泥、重介质分选。近年来，为了提高磷资源的利用率，焙烧消化、光电选矿、化学选矿、重浮联合流程以及生物处理磷矿等也开始受到重视，不同选矿方法都向着提高资源利用率和节能降耗方向发展，有的已经实现了产业化生产应用 [10]。

2.3.1.1　重选（重介质分选）

重选是根据矿物密度不同而分离矿物的方法，其关键是矿物之间的密度差异。重介质分选较为成熟，效率高、环境污染小，但由于磷矿物和脉石矿物密度差小，能直接采用该方法分选的矿石不多。中国于 20 世纪 80 年代中期开始研究重介质分选，发现其技术关键在于能否将分选相对密度严格控制在 2.8 ～ 2.9 之间，国内仅有湖北宜昌部分矿可用，有的则作为一种预选作业，从低品位磷矿中预选排除大部分脉石，从而提高后续分选的效率。湖北宜昌花果树磷矿重介质选矿厂是国内建成的第一座磷矿重介质选矿厂，1992 年 4 月建成投产，产能 20 万吨 / 年；1992 年 11 月通过部级评审，是大规模开发宜昌地区磷矿的第一步。

宜昌花果树磷矿开采的是樟村坪Ⅰ、Ⅱ矿段的矿石，矿石有用矿物为氟磷灰石和碳氟磷灰石，脉石矿物有白云岩、水云母、石英及含铁矿物等，矿石的构造以条带状为主，其次是角砾状构造和致密块状构造。矿石中磷质条带所含磷的分布率在 95.0% 以上，而且 95.0% 以上的磷块岩条带宽度在 2mm 以上，有 30.0% 的磷块岩条带宽度在 20mm 以上，磷块岩条带和脉石条带易解离，又有一定的密度差，试生产期间开采全层矿样，入选矿 P_2O_5 品位为 23.87%，矿石硬度系数 f=8 ～ 10，采用"三段一闭路破碎，一段洗矿脱泥，一粗、一精重介质选矿"工艺，获得 P_2O_5 含量为 31.88%、MgO 含量为 1.48%、产率为 57.07%、回收率为 76.23% 的合格产品。重介用的是大冶铁矿生产的磁铁矿，磁铁矿粉除去杂物后直接投入稀介质桶，经过磁选机磁选，返回合格介质桶循环使用，重介质分选为综合开发利用宜昌地区的磷资源奠定了基础[11]。

2.3.1.2 重（磁）浮联合工艺

磁选-浮选联合工艺主要用于含铁、钛等磁性矿物的磷矿石。中国此类型矿石较少，仅有北方少数选矿厂使用。

由昆明冶金研究院有限公司承担的"滇池地区中低品位磷矿开发利用研究"项目，对滇池地区的海口磷矿、晋宁磷矿、昆阳磷矿几个矿区的中低品位矿石进行重选研究，因云南胶磷矿嵌布粒度细，且有用磷矿物与脉石矿物密度差小，难于采用重选法分选，开发了重浮联选工艺，采用旋流器等重选设备分离出部分粗粒级半成品，细粒级部分采用浮选富集磷精矿与重选产生的半成品混合为最终产品，该工艺因精矿品质不高、流程复杂、成本高而未产业化。

湖北宜昌中低品位胶磷矿在采用重介质选矿的基础上，对细粒级矿物用浮选法回收，即采用重浮联合工艺流程，在分选密度为 2.85g/cm³ 的条件下，重液分选精矿 P_2O_5 品位为 32.96%，回收率为 57.36%；合并筛下细粒级和重液分选的尾矿进行浮选回收，采用"正浮选一粗一精一扫，反浮选一粗一扫"工艺，获得的精矿 P_2O_5 品位为 30.76%、回收率为 31.69%，最终精矿 P_2O_5 品位为 32.14%、回收率达到 89.05%，比只采用重液分选提高了 31.69% 的回收率，可以提高磷资源利用率[12]。

2.3.1.3 擦洗脱泥

擦洗脱泥也是应用较早的磷矿重力选矿方法，典型的是云南上层风化矿由于长期风化作用，部分碳酸盐分解淋漓使 P_2O_5 品位相对富集，而碳酸盐杂质含量大大降低。采用擦洗脱泥工艺，脱除泥质（SiO_2、Al_2O_3）及微细粒部分即可以得到优质磷精矿，一般原矿 P_2O_5 品位在 27.0% 以上，经过简单的擦洗脱泥工艺流程，磷精矿 P_2O_5 品位可以富集到 30.0% 以上，满足下游磷化工用矿需求。擦洗脱泥工艺流程简单且生产成本低，是"七八十年代"云南滇池地区风化胶磷矿除杂提质的主要工艺，随着上层风化矿逐渐减少，目前擦洗脱泥装置基本关停了。

2.3.1.4 光电选矿

光电选矿是利用矿石与脉石之间的色差进行分选。磷矿光电选矿的意义在于，传统选矿方法通常采用手工挑选或浮选，粗粒级磷矿中无法有效去除杂质和脉石，导致低品位磷矿无法回收、资源利用率低，而光电选矿技术可以高效地检测和自动化控制，实现磷矿在粗粒级与杂质和脉石的有效分离，主要应用于预选抛出部分尾矿，提高入选原矿品位。开阳磷矿采用光电拣选，抛出开采过程中混入的顶底板白云岩，可以提高磷矿石质量。光电选矿分选原理如图 2-1 所示。

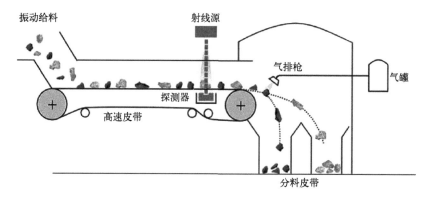

图 2-1 光电选矿分选原理图

2016 年 5 月 11 日，由中国寰球工程有限公司承建，迄今为止全球唯一的沙特磷矿选矿项目（36 台光电选矿机械）竣工。该装置利用光谱分析结合空气喷吹系统，除去原矿石中含硅量较高的脉石，有效降低下游产品的硅含量，减少对二次破碎机、高压辊磨及后续磨矿等设备的磨损程度。同时有效降低磨矿浆中硅的含量，方便后续的选矿工序。整个光电选矿系统包括光谱分析系统、带式输送机、振动给料机、空气喷吹系统、PLC控制系统以及冷却系统六大部分。光电选矿机共9台，分为三段。其中一段入料粒度为70～100mm，设计处理能力为每台420t/h；二段入料粒度为25～70mm，设计处理能力为每台210t/h；三段入料粒度为9～25mm，设计处理能力为每台105 t/h。试验获得精矿产率66.67%、回收率85.49%、SiO_2脱除率60.20%；工业生产精矿产率90.85%、回收率95.89%、SiO_2脱除率44.65%[13]。

为了提高磷资源利用率和降低能耗，近年来国内磷矿光电选矿研究逐渐增多，取得一定进展。针对宜昌磷矿特性，采集具有代表性的磷矿石样品，用于建立XNDT-104识别模型，试验表明X射线分选技术适用于湖北宜昌下层矿：分选粒度在10～20mm范围，抛尾30%效果最好，原矿P_2O_5品位在21%左右，精矿P_2O_5品位达27%左右，尾矿P_2O_5品位在8%左右，精矿回收率在87%左右；宜昌中磷层矿石：分选粒度在10～40mm范围，原矿P_2O_5品位大于17%时，精矿P_2O_5品位在26%以上，尾矿P_2O_5品位在10%以下，精矿回收率在75%～86%之间，当原矿P_2O_5品位大于19%时，精矿回收率在80%以上。云南红富化肥有限公司硅质胶磷矿开展光电选矿预先抛尾工业试验，分选粒度15～40mm，原矿P_2O_5品位为23%～24%，尾矿P_2O_5品位在10%左右，磷精矿P_2O_5品位大于25%，回收率大于91.5%。提高了入选原矿品位，降低了后续浮选生产成本。

针对云南胶磷矿类型较多的特点，采用光电选矿XRT智能干选机系统研究了硅质及硅酸盐类型胶磷矿(高硅矿)、混合型胶磷矿、碳酸盐类型胶磷矿(高镁矿)、碳酸盐型胶磷矿地采矿样等，也取得了比较理想的结果。

硅质及硅酸盐类型胶磷矿(高硅矿)：在原矿P_2O_5品位为17.36%的条件下，使用光电选矿机选别可以得到产率为18.11%的精矿，精矿P_2O_5品位为27.17%，尾矿P_2O_5品位为15.19%，抛废率为81.89%。使用抛尾工艺流程，磷精矿产率为 74.48%，P_2O_5 品位为 19.74%，尾矿 P_2O_5 品位为 10.42%，抛废率为 25.52%。

混合型胶磷矿：原矿 P_2O_5 品位为 17.12%，粉矿 P_2O_5 品位为 20.10%，光电选矿给矿 P_2O_5 品位为 15.78%；作业精矿产率为 56.28%，精矿 P_2O_5 品位为 19.54%，作业回收率为 69.71%；光电选矿作业尾矿产率为 43.72%，尾矿 P_2O_5 品位为 10.93%；光电选矿精矿与粉矿混合后总回收率为 80.76%，混合精矿 P_2O_5 品位为 19.79%，抛废率为 30.13%。

碳酸盐类型胶磷矿（高镁矿）：粒度 10～120mm，破碎筛分处理，总破碎流程采用两段破碎。当抛废率在 40.63% 时，P_2O_5 精矿品位达到 27.52%，回收率为 75.92%，富集比为 1.28，尾矿品位为 12.76%，继续提升抛废率为 64.17%，P_2O_5 精矿品位达到 28.67%，回收率为 47.73%，富集比为 1.33，尾矿品位为 17.53%。

碳酸盐型胶磷矿地采矿样：由于地下采矿过程中顶底板白云石掺入导致废石较多，其特点是磷矿与脉石矿物解离粒度大。原矿经过破碎、筛分后进行分选试验，分选粒级为 10～40mm。通过提前抛出尾矿（P_2O_5 品位 ≤ 11%），可以得到 P_2O_5 平均品位 ≥ 23% 的块精矿，从而达到预先抛出采矿过程中混入的废石提高矿石品位的目的。

光电选矿技术应用于不同类型的中低品位胶磷矿，在有用矿物和脉石矿物相对分离的情况下均具有较好的分选效果，在保证精矿 P_2O_5 品位和回收率的前提下，通过提前抛出部分低品位废石，可以提高磷矿品位。采用光电选矿技术进行原矿预处理，可以提高入选原矿品位，简化后续浮选工艺流程和降低浮选生产成本，提高磷资源利用率。光电选矿装置易于安装，可以安装在露天采场、矿井附近，或者安装在浮选厂破碎车间；设备运行过程中无其他物料、消耗低、生产成本低，满足环保的要求以及国家对于"绿色矿山"的要求[14]。

2.3.1.5 焙烧消化（热化学选矿）

焙烧消化是处理难选磷矿石的有效方法之一。热化学法系采用焙烧、消化、分级除去磷矿石中的碳酸盐脉石矿物，以达到降镁提磷的目的。白云石是磷块岩中的主要脉石矿物，碳酸镁、碳酸钙在焙烧过程中分解为镁和钙的氧化物并析出二氧化碳，这种焙烧习惯上又称煅烧或焙解。碳酸盐矿物在煅烧过程中不发生变化，因此，煅烧后可加水消化，使氧化镁、氧化钙转变成相应的氢氧化物，即氢氧化镁和氢氧化钙，从而达到结构松散、粒度微细，在水中呈白色乳状液，可用分级方法分离杂质。在煅烧过程中还可以除去磷矿石中的有机质，降低氧化铁和氧化铝在酸中的溶解度，改善矿石的结构构造，有利于后续磷矿的加工。

碳酸盐矿物热解离难易程度可用其解离压表示，它与气相中二氧化碳的分压及焙解温度有关，在一定的二氧化碳分压下，解离压小的碳酸盐需要在较高的温度下才能解离。白云石的分子式为 $CaMg(CO_3)_2$，其受热分解分两次进行，在 750℃开始分解为 $CaCO_3$ 和 $MgCO_3$，同时 $MgCO_3$ 分解形成 MgO 并析出 CO_2，在 750～800℃产生第一个吸热效应；在 830～940℃，$CaCO_3$ 分解生成 CaO 和 CO_2，产生第二个吸热效应，不同类型的白云石解离温度稍有差异[15]。

磷矿中含有不同量的铁氧化物、铝氧化物，在一定温度下，经焙烧可降低铁、铝杂质在酸中的分解性能，因而可减少在生产磷肥时的酸耗及提高产品的质量。如新西兰的圣诞岛磷矿，铁磷酸盐、铝磷酸盐含量较高，用焙烧的方法，在加入或不加入一些其他原料的情况下，同样都可以把磷酸铁、磷酸铝盐转化为不能被酸分解的铁氧化物、铝氧化物，从而得到较好的过磷酸钙肥料。

埃及曾将 P_2O_5 含量为 26%的磷矿进行焙烧消化分离，原矿中除含有磷矿物外主要是含白云石及方解石，矿石粗碎到 5mm 左右，在 900℃焙烧 1.5h，加入焙烧矿质量四倍的水，经 20min 搅拌与摩擦，石灰质全部被消化，再经分离可得 P_2O_5 品位达 36%的磷精矿。英国曾对含 P_2O_5 23%的碳酸盐磷矿在 960℃下焙烧，然后在水沸腾的状态下消化，分离出熟石灰后可以得到 P_2O_5 品位达 39%的磷精矿。我国对碳酸盐含量较高、含 P_2O_5 22.56%的陕西某磷矿，先碎至 12mm，在 950℃下焙烧约 30min，矿水比为 5∶1，900℃以下消化 10min，经分离石灰后，可得 P_2O_5 含量为 33%的磷精矿。又如我国湖南含 P_2O_5 为 15.42% 的碳酸盐磷矿，粗碎至 95mm，1200℃焙烧 2～3h，加水消化，经分离石灰后可得 P_2O_5 含量为 28%～29% 的磷精矿。精选分离出来的尾灰浆，经沉降分离，澄清水再返回消化系统中使用，而稠厚的泥浆灰可作为一般民用建筑材料供做碳化砖块用。

由于能耗和加工费用较高，只有在其它选矿工艺所得磷精矿质量满足不了后续加工要求时，才考虑采用焙烧消化法。

2.3.1.6 化学选矿

化学选矿是应用化学方法降低杂质含量，提高有用矿物质量的一种选矿方法。该方法主要适用于碳酸盐矿物含量不高的嵌布粒度极细的碳酸盐型磷矿石，可有效分离浮选出磷矿中的杂质，一方面是将方解石选择性溶解，另一方面是使碳酸盐以不溶于硫酸的化合物形式"固定"，从而减少后续酸法加工的酸耗[16]；浸取剂可用氯化铵、硫酸或者二氧化硫等，以硫酸最为普遍。先期磷矿物损失高达 15%～30%，在经济上很难接受，且设备要求高，加工成本高。近年来，随着浸出技术的进步，产业化工艺磷损失率已经降到 3.0% 左右，原矿 MgO 含量约为 2.0%，精矿中的 MgO 含量降到 0.4% 左右，满足其后续工艺用矿需求，已经实现产业化应用。

通过化学法脱除低磷低镁高硅磷矿中的硅质脉石矿物，研究 NaOH 与胶磷矿反应，反应温度达到 150℃，反应时间 4h，原矿 P_2O_5 含量为 18.89%、SiO_2 含量为 37.11%，精矿 P_2O_5 含量达到 29.6%，SiO_2 含量降低至 11.56%，SiO_2 脱除率达到 79.10%，由于氟磷灰石不与 NaOH 反应，P_2O_5 的回收率为 100.0%[17]。

2.3.1.7 磷矿浮选工艺及药剂

浮选是磷矿选矿产业化应用最早、适应性最强的选矿方法。浮选是利用矿物表面物理、化学性质差异，实现有用矿物与脉石矿物分离的方法。不同矿物颗粒表面性质有一定的差异，如表面润湿性、表面电性以及表面原子的化学键种类、饱和性、活性等，利用这些颗粒表面性质的差异，借助于相界面可实现矿物分离富集，浮选过程涉及气-液-固三相界面。浮选过程中，通常使用浮选药剂人为改变矿物表面性质，扩大矿物间的表面性质差异，增大或减小矿物表面的疏水性，从而提高浮选效率[16]。

2.3.1.7.1 浮选工艺流程种类

（1）直接浮选工艺

采用碳酸钠作为矿浆 pH 值调整剂，调整 pH 值为 9 ~ 10，采用水玻璃等抑制剂抑制磷矿石中的硅酸盐等脉石矿物，用捕收剂将磷矿物富集于浮选泡沫中。该工艺流程简单，但是只适用于高硅低镁硅质型磷矿，产品是浮选泡沫，后续精矿浓缩脱水等相对较难，已经成功应用于岩浆岩型磷灰石和沉积变质型磷灰岩矿石的选矿工业生产中，江苏锦屏磷矿选矿厂和湖北黄麦岭化工有限责任公司等就是利用该工艺流程选矿，原则流程见图 2-2。

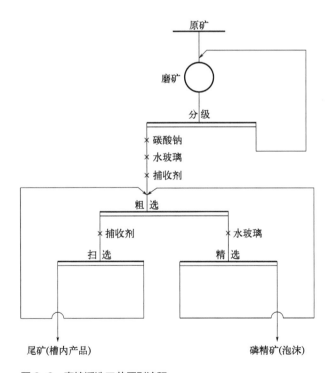

图 2-2　直接浮选工艺原则流程

（2）单一反浮选工艺

主要用于磷矿物和白云石的分离，适用于碳酸盐型磷矿，以无机酸作为矿浆 pH 值调整剂，在 pH 值为 5 ～ 6 的弱酸性介质中用脂肪酸捕收剂浮选出白云石，将磷矿物富集于槽内产品。反浮选工艺受温度影响很小，常温浮选，易于操控，精矿是槽内产品，后续浓缩脱水工艺简单，是目前国内产业化应用最广泛的浮选工艺。该工艺成功应用于贵州瓮福磷矿、云南昆阳磷矿等沉积型磷块岩工业生产，原则流程见图 2-3。

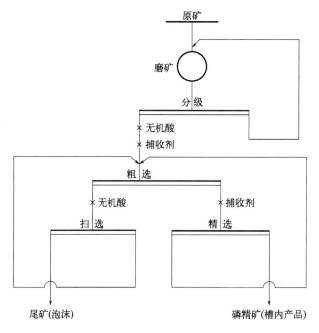

图 2-3　单一反浮选工艺原则流程

（3）正反浮选工艺

正反浮选工艺主要用于处理沉积型硅钙（钙硅）质磷块岩，在碱性（pH 9 ～ 10）介质中，采用捕收剂富集磷矿物，碳酸盐杂质同步富集在泡沫上，硅酸盐杂质留在槽内作为尾矿排除，得到正浮选精矿；在正浮选精矿中添加无机酸作为矿浆 pH 值调整剂，在弱酸性（pH 4 ～ 6）介质中用捕收剂浮选出碳酸盐杂质，将磷矿物富集于槽内产品。正反浮选的适宜性强，能处理 P_2O_5 含量为 15.0% ～ 26.0%、MgO 含量为 1.0% ～ 7.0%、

SiO$_2$ 含量为 15.0% ~ 36% 的中低品位磷块岩矿石，但正反浮选工艺流程复杂、药剂种类多、难以调控、回水处理难度大、生产成本高。

正浮选工艺受温度影响较大，一般 40℃左右浮选效果较好，投资和运营成本较高。湖北大峪口磷矿采用正反浮选工艺富集磷矿，正浮选作业利用其化工余热实现加温浮选以达到降低生产成本的目的。为了解决加温能耗问题，实现常温正浮选，一般在捕收剂中添加少量表面活性剂提高捕收剂活性，例如云南海口 200 万吨/年、安宁 200 万吨/年浮选装置设计为常温正反浮选工艺流程。几套装置试运行初期，入选原矿 P$_2$O$_5$ 含量为 24.0% ~ 26.0%，MgO 含量为 3.0% ~ 5.0%，磷精矿 P$_2$O$_5$ 含量 ≥ 30.5%，MgO 含量 ≤ 0.8%，回收率达到 86.0% 以上。正反浮选工艺流程见图 2-4。

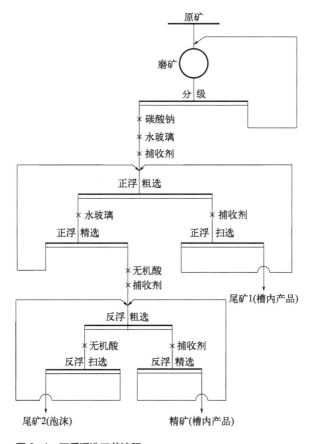

图 2-4 正反浮选工艺流程

（4）双反浮选工艺

双反浮选工艺主要用于磷矿物与白云石和石英的分离，以无机酸作为矿浆 pH 值调整剂，在弱酸性（pH 4～6）介质中，用脂肪酸优先浮选出白云石；在弱酸性（pH 4～6）或弱碱性（pH 值为 8.0 左右）介质中，用脂肪胺浮选出石英。该工艺优点是常温浮选，槽内产品为精矿，易于处理。缺点是反浮选脱硅胺类捕收剂对矿泥比较敏感，需要脱泥，导致流程复杂，浮选泡沫发黏，流动性差，难以调控；胺类捕收剂选择性较差、用量较大，尾矿品位偏高，导致磷精矿的回收率较低。

双反浮选工艺对磷矿的性质有一定要求，已有研究结果表明，原矿中的硅含量不能过高，双反浮选工艺中，重点是脱除碳酸盐杂质，少量脱除硅酸盐杂质，只是为了把磷精矿品位再提升以满足后续磷化工加工需求。国内外很多研究单位和企业均做过双反浮选试验研究，实验室结果均满足要求，但由于反浮选脱硅捕收剂选择性差、泡沫发黏等问题没有突破，尚未有产业化应用的案例。双反浮选工艺原则流程见图 2-5。

2.3.1.7.2 浮选药剂及改进

在磷矿浮选过程中，为了改变矿物表面的物理化学性质，提高或降低矿物的可浮性，以扩大矿浆中各种矿物可浮性的差异，进行有效分选所使用的各种化合物统称为浮选药剂。按照药剂在浮选中的用途并结合药剂的属性以及解离性质等，浮选药剂分为起泡剂、调整剂、捕收剂三大类。

（1）起泡剂

起泡剂是用来降低浮选体系中液-气界面的表面张力，促使气泡形成，使空气在矿浆中分散成大小合适、相对稳定气泡的药剂。浮选泡沫是浮选过程中矿化气泡浮升到矿浆表面，聚集形成的气-液-固三相气泡，泡沫状态是浮选过程中各种工艺因素的综合表现。

大多数起泡剂属于分子型有机物、表面活性物质，一般为醇类、酯类、醚类等，其水溶性较小，机械强度大；能在气-液界面聚集并显著降低气-液界面的表面张力，促进小气泡形成；气泡稳定性好，增加分选界面且不易变形；降低气泡在矿浆中的上浮速度，使矿粒与其碰撞概率增大，提高浮选效率；一般用量较小。

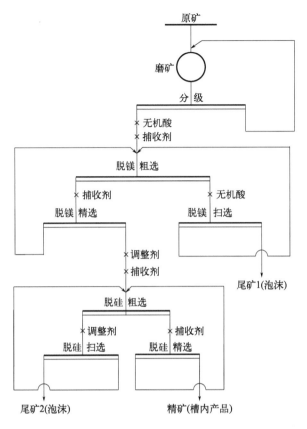

图2-5 双反浮选工艺原则流程

(2)调整剂

调整剂是用于改变捕收剂或起泡剂在固-液界面或气-液界面的作用，以调整矿物表面性质、矿浆性质，提高浮选过程中的选择性。根据具体用途可以分为以下几类：

① 活化剂。与矿物表面作用后，增强捕收剂吸附强度与吸附量，从而增强矿物的可浮性的药剂。

② 抑制剂。为了提高捕收剂对矿物的选择性，用来削减非目的矿物与捕收剂的相互作用，降低捕收剂吸附强度与吸附量，增强非目的矿物表面亲水性的浮选药剂。

正浮选抑制剂：在磷矿浮选中水玻璃主要作为硅酸盐脉石矿物的抑

制剂，有时作为碱性调整剂（正浮选无碱工艺）。浮选过程中使用的水玻璃，实际上是混合的硅酸钠，其中包括偏硅酸钠（Na_2SiO_3）、原硅酸钠（Na_4SiO_4）等多种成分，其分子式为 $Na_2O \cdot mSiO_2$，m 越大抑制性越强，当 $m > 3$ 后，难溶。因此磷矿浮选水玻璃模数 m 在 $2 \sim 3$ 比较适宜。水玻璃的抑制机理，一般认为主要依靠 $HSiO_3^-$ 和 Na_2SiO_3 起作用，由于它们能选择性地吸附在矿物表面，具有较强的亲水性，从而使矿物被抑制，同时由于不同矿物表面对 $HSiO_3^-$ 和 Na_2SiO_3 的吸附能力不同，导致吸附强度不同，故其抑制效果也不同[18]。

碱性介质调整剂：磷矿浮选中直接优先浮选磷矿物，常常在碱性介质中实现，pH 值控制在 $9 \sim 10$。常用的碱性介质调整剂为碳酸钠和氢氧化钠，其中碳酸钠调整的 pH 值较为稳定，还可以改变液相成分，沉淀 Ca^{2+}、Mg^{2+} 等难免离子，原因是矿浆中的 Ca^{2+}、Mg^{2+} 会沉淀捕收剂解离的 $RCOO^-$，削弱了捕收剂的性能，增大用量，碳酸钠中的 CO_3^{2-} 能与 Ca^{2+}、Mg^{2+} 反应生成沉淀，有利于降低捕收剂用量，因此，产业化生产中多数采用碳酸钠作为 pH 值调整剂[19]。

反浮选抑制剂：主要是抑制有用磷矿物，浮选出脉石矿物，通常用的酸性介质有盐酸、硫酸、磷酸及磷酸盐等。中蓝连海设计研究院有限公司发明的一种磷矿反浮选抑制剂硫酸的配制方法是，把质量分数为 $85\% \sim 90\%$ 的浓硫酸加入磷矿浆中，通过搅拌制得的硫酸溶液作为抑制剂，可以减少加药点、缩短浮选时间 30% 左右，硫酸用量节省 50% 左右，反浮选捕收剂可以节省 20% 左右，浮选指标较为稳定。

酸性介质调整剂：在磷矿浮选中，碳酸盐脉石矿物的可浮选性一般高于磷矿物，尤其在酸性介质中，这种差异更大，因此，为了实现碳酸盐脉石矿物和磷矿物的有效分离，往往是在弱酸性介质中进行分选。常用的酸性介质调整剂有盐酸、硫酸、磷酸及磷酸盐等，因盐酸有挥发性及 Cl^- 残留对后续工艺及设备的影响，一般用硫酸、磷酸作为酸性介质调整剂，且通常将硫酸、磷酸混合使用。全硫酸流程，成本相对较低，但是设备结垢严重，而全磷酸流程则成本较高。近年为了降低生产成本，用磷石膏渣库水部分或全部替代硫酸、磷酸作抑制剂逐渐增多，如瓮福磷矿单一反浮选工艺全部采用磷石膏渣库水，云南海口 200 万吨/年、安宁 200 万吨/年浮选厂部分使用磷石膏渣库水，中化云龙有限公司采用磷矿浆脱硫将 pH 值调至 5 进入浮选系统，达到降低生产成本和减少结垢的目的。

有机调整剂：从磷矿石(特别是脉石矿物以碳酸盐为主的磷矿石)中直接优先浮选磷矿物，为了实现两者的有效分离分选，在添加无机调整剂的同时，也会添加少量有机调整剂配合使用，如采用淀粉、栲胶、单宁、S808、S711、木质素磺酸盐、腐殖酸及两性化合物、糖类等有机调整剂，因为 S808、S711 对环境有污染，没有推广应用。

(3)捕收剂

捕收剂是改变矿物表面的疏水性，使悬浮的矿粒黏附于气泡上的浮选药剂，它在矿浆中可以吸附在矿物表面，并使其疏水，从而使矿粒黏附在气泡上随气泡上浮。主要应用的有阴离子捕收剂和阳离子捕收剂，两性捕收剂仅见实验室研究，未见产业化应用的报道。

① 阴离子捕收剂。传统的磷矿浮选捕收剂主要是脂肪酸及皂类，这类药剂虽然有好的捕收性，但其选择性和常温水溶性不好，抗硬水能力差，导致磷矿浮选效率低。多年来，国内外许多专家一直持续研究，取得了一些进展，如采用混合用药及使用增效剂、脂肪酸(皂)改性等方式，以达到降低捕收剂用量、降低生产成本的目的。

无论是哪种改进方式，都需要消耗脂肪酸，难以实现真正的节能降耗。云南磷化集团有限公司利用地沟油制备磷矿浮选捕收剂，突破了地沟油制备磷矿浮选捕收剂的关键技术，于 2016 年实现了产业化应用，每吨原矿消耗 1.29kg(浓度 25.0%)以地沟油为原料制备的胶磷矿捕收剂 YP6。该技术具有以下优势：

a. 具有很好的生态效益。开发了一条地沟油环保利用的新型技术路线，有效防止了地沟油被回流餐桌，实现了地沟油的低成本高附加值利用。

b. 具有较好的经济效益。每吨地沟油原料比原脂肪酸原料价格低 1000 ~ 2000 元。按云南磷化集团有限公司每年使用脂肪酸原料 3000t 计算，每年节约原料采购费用 300 万～ 600 万元。该技术已经在云南云天化红磷化工有限公司等的相关浮选装置上成功推广应用。

② 阳离子捕收剂。从磷矿石中反浮选脱除硅酸盐杂质，主要采用阳离子捕收剂。阳离子捕收剂主要是胺类及改性药剂。除了采用传统的脂肪伯胺外，又有了许多新发展，如醚胺、环烷胺、塔尔油、聚氧乙烯基胺等。针对其存在的选择性差、浮选泡沫发黏的问题进行研究攻关，取得了一定进展，但是由于其对泥质等微细粒级矿比较敏感，需要采用分级处理，脱除微细粒级，粗粒级部分脱硅，工艺流程复杂，回水处理及回用难度大，目前国内尚未有产业化成熟应用的报道。

2.3.2　磷矿特点及选矿工艺特点

磷矿石类型很多，不同磷矿石选别工艺路线不同，必须经过浮选试验研究，得到适宜的浮选工艺路线和药剂制度，因此，这也就造成各地的浮选工艺及药剂差异很大。

2.3.2.1　磷灰石矿矿物特点、选矿工艺特点

入选的原矿品位较低，P_2O_5 一般含量为 3.0%～ 14.0%，其中内生磷灰石平均品位只有 4.1%；变质磷灰石含磷量也低，MgO 含量为 2.0%～ 5.0%；但该类矿石中磷矿物嵌布粒度较粗，为 0.1～ 0.4mm（个别的可达几毫米），磷灰石结晶较完整，多呈自形晶或半自形晶产出。磷矿石中，除了磷灰石外，经常伴生一些其它有回收价值的矿物，如硫铁矿、磁铁矿、钒钛铁矿等。

（1）岩浆岩型磷灰石矿选矿

该类型磷矿石中磷矿物嵌布粒度较粗，结晶较完整，可浮性较好，多采用直接浮选。嵌布比较均匀的磷灰石矿石，一般入选粒度较粗，磨矿细度为 -0.074 mm 45%～ 80%；嵌布不均匀的矿石则采用分段磨矿、

分段浮选。磷灰石的浮选流程结构、药剂制度简单，药剂用量低。

由于该类型矿床经常伴生一些其它有回收价值的矿物，为了充分综合利用矿产资源，通常采用重选、磁电选、浮选方法综合回收其它伴生的有价值矿物。在中国北方的内生磷灰石选矿工艺流程中，大都在浮选磷尾矿中采用重选、磁选方法回收磁铁矿和钒钛磁铁矿等伴生矿物。湖北黄麦岭磷矿采用浮选回收硫铁矿。

河北省矾山磷矿是中国北方的一座年采选120万吨的大型矿山，矿体产于碱性超基性岩体中，主要矿石类型有黑云母辉石岩型、磁铁磷灰石岩型、磷灰石岩型、正长石黑云母辉石岩型四类。矿石主要有自形、半自形、它形结构，如海绵陨铁结构、镶嵌结构。矿石结构以块状、浸染状、片状、条带状结构为主。主要有用矿物为氟磷灰石，脉石矿物为辉石、黑云母、正长石、方解石等。氟磷灰石结晶体自形程度较好，与其它矿物的接触线平整，且粒度较粗，解离发育，容易单体解离，可浮性也好。

(2)沉积变质型磷灰石矿选矿

中国东部自湖北蕲春、黄梅、黄麦岭，经安徽宿松、肥东，至锦屏，分布有一系列中小型沉积变质岩矿床，习惯上称之为"海州式磷矿"，矿体形态以层状、似层状为主，少部分呈透镜状、脉状及不规则状。矿石结构主要有花岗变晶结构、鳞片变晶结构、鳞片花岗变晶结构、淋滤残余结构及碎裂结构等，可以分为氟磷灰石和微碳氟磷灰石两种类型，易于分选。

黄梅磷矿属于地槽型沉积变质磷灰石矿床，矿石类型为硅质磷矿，磨矿细度为 -0.074mm 57.71% 时，采用"一粗一精一扫"的浮选流程，粗选矿浆浓度为33.3%，碳酸钠、水玻璃用量分别为 3.5kg/t、0.5kg/t，浮选温度35℃，粗选捕收剂用量为 0.48kg/t，扫选捕收剂用量为 0.24kg/t，获得的最终精矿 P_2O_5 品位 33.35%，回收率为 94.58%。

黄麦岭磷矿为沉积变质型磷矿床，按自然产出特点可分为锰质磷灰岩、风化浅粒磷灰岩、风化变粒磷灰岩、原生变粒磷灰岩四种。磷矿物由磷灰石组成，通常为粒状、柱状，无色透明或褐色。采用直接浮选，

原矿 P_2O_5 品位在 15.0% 左右，精矿 P_2O_5 品位在 32.0% 以上，回收率在 90.0% 以上。

2.3.2.2 磷块岩矿特点

磷块岩是海底形成的化学沉积岩，磷块岩岩层与其它沉积岩层有着密切关系。由于成矿地质时期有较大变化，矿物与岩石组成复杂，加上磷矿物嵌布高度分散、本身的多变性以及与其紧密共生的多种矿物(如白云石、方解石)性质相近，从而使得磷块岩矿石具有多样性与复杂性。因此，该类矿石是最难选的磷矿石。

中国磷块岩矿床主要是细磨武统梅树村组磷块岩矿床和晚震旦纪陡山沱组磷块岩矿床，这两类磷块岩矿床的主要矿物是胶磷矿，脉石矿物一般是白云石、方解石、石英、玉髓、黏土矿物等。磷矿物主要是微碳 - 低碳氟磷灰石。"胶磷矿"多呈胶状体和假鲕状、碎屑状产出，不论是胶状块体还是颗粒中，经常含有难以分离的白云石、方解石、石英、玉髓和铁质黏结物等微细杂质。有用矿物与杂质镶嵌关系复杂，分选难度大，一般磨矿细度在 -0.074mm 85.0% 以上，要采用正反浮选、双反浮选等联合工艺流程，工艺流程复杂、药剂种类多、生产成本较高。

2.4

磷矿资源化利用关键技术与发展趋势

随着磷资源的日益减少，有些浮选厂因资源枯竭而关闭，如江苏锦屏磷矿。近年来湖北黄麦岭磷矿也通过外购原矿维持生产。而具有磷矿资源的浮选企业，以节能降耗和提高磷资源利用率为目的，开展了新一轮的技术创新。云南胶磷矿浮选起步较晚，矿石类型齐全，分选难度比较大，没有可借鉴的先例，多年来自主研发了不同类型胶磷矿适宜的选矿工艺路线和相匹配的药剂制度，并实现了产业化应用，经过持续不断的优化技改，目前，浮选技术和装备有较大的突破。

2.4.1　云南省磷块岩磷矿选矿历程

云南磷矿主要分布在南起玉溪的华宁、江川，北经晋宁、海口、安宁、寻甸、曲靖、东川、会泽至昭通永善。滇池地区磷矿资源主要分布在安宁市、西山区、晋宁区境内，这三个地区保有资源储量 20.88 亿吨，占全省的 54.6%，其中安宁市保有资源储量 10.16 亿吨，分布在 13 个矿区；西山区保有资源储量 3.67 亿吨，分布在 7 个矿区；晋宁区保有资源储量 7.05 亿吨，分布在 5 个矿区。云南磷矿丰而不富，90% 以上是难选中低品位胶磷矿。云南磷矿具有贫、细、杂的特点，有用磷矿物和脉石矿物镶嵌关系复杂，难以分离。

2000 年，"云南中品位磷矿资源选矿产业化开发"省院省校合作项目，以 P_2O_5 含量为 24% ～ 26.0% 的中品位磷矿进行研究攻关，开发了"常温无碱"正反浮选工艺流程，于 2007 年建成了海口 200 万吨/年浮选装置，该装置是云南省第一套胶磷矿浮选产业化装置，标志着云南胶磷矿浮选产业化应用的开端。2008 年、2011 年又相继建成安宁 200 万吨/年、晋宁 450 万吨/年浮选厂。设计以正反浮选工艺流程为主，随着后续湿法磷酸加工对磷精矿质量要求从 P_2O_5 30.5% 降到 P_2O_5 28.5%，为了简化工艺流程、降低生产成本，均改为单一反浮选工艺，脱除碳酸盐杂质，富集磷矿物。单一反浮选工艺流程简单、易于调控、生产成本相对较低，目前入选原矿 P_2O_5 品位在 21.5% 左右、MgO 含量为 5.0% ～ 6.0%，精矿 P_2O_5 品位 ≥ 28.5%、MgO 含量 ≤ 0.8%。

随着三套浮选装置的成功应用，胶磷矿浮选技术辐射到全云南省。

目前云南省胶磷矿浮选规模在 2000 万吨 / 年左右，呈逐年上升趋势，浮选磷精矿技术已经成为支撑云南磷复肥企业发展的主要原料来源。云南磷化集团有限公司围绕云南胶磷矿开展了一系列技术创新，使入选矿 P_2O_5 品位降低到 18% 左右，盘活云南磷化集团有限公司低品位磷矿资源 2.61 亿吨，滇池周边低品位磷矿资源 2.86 亿吨，云南省中低品位磷矿资源 17.16 亿吨，促进了云南贫、细、杂难选胶磷矿资源的开发利用，延长了矿山服务年限[20]。

2.4.2 浮选设备大型化和大型浮选柱开发及应用

2.4.2.1 浮选设备大型化

基于云南胶磷矿浮选难度大，浮选时间长，为了减少浮选机的用量，减小占地面积，易于实现中间矿浆循环，浮选机选择大型化。安宁 200 万吨 / 年浮选厂采用 30m³ 浮选机，海口 200 万吨 / 年浮选厂采用 50m³ 的浮选机，晋宁 450 万吨 / 年浮选厂柱槽联选工艺使用的是 130m³ 的浮选机。

2.4.2.2 大型浮选柱开发及应用

浮选柱是将压缩空气通过多孔介质（发泡器）对矿浆进行充气和搅拌的充气式浮选机，浮选柱与传统浮选机相比，无机械搅拌装置，没有剧烈的搅拌，有助于提高选择性及微细粒矿的回收率。针对碳酸盐型胶磷矿磨矿细度高、粗细粒级分布不均、浮选速率差异大、有用矿物与脉石矿物都含 Ca^{2+}、分选难度大、工艺流程复杂等技术难点，在系统研究了进口 CPT 空腔谐振式浮选柱性能和分选指标的基础上，针对 CPT 浮选柱底部有矿浆循环泵、能耗高、容易结钙堵塞等缺点，云南磷化集团有限公司与北京矿冶研究总院研究了浮选柱的最佳高径比、给矿点、气容量、液位控制器、发泡器及安装方式等关键核心技术及定型设备参数，共同研制了胶磷矿大型专用直冲逆流式(KYZ)浮选柱。2011年应用于晋宁450万吨／年浮选厂300万吨／年柱槽联选工艺流程中，$\varPhi$4500mm×10000mm 直冲逆流式浮选柱与130m³浮选机组成柱槽联选一粗一精短流程工艺，开创了大型浮选柱和柱槽联选短流程在胶磷矿浮选产业化应用的先例。随着磷资源储量的减少，入选原矿品位逐年降低，目前入选原矿 P_2O_5 含量为21.5%左右，MgO含量为5.0%～7.0%，获得了 P_2O_5 含量 ≥ 28.5%、MgO含量 ≤ 1.0% 的磷精矿，磷回收率85.0%以上。

KYZ浮选柱的结构主要由柱体、给矿装置、气泡发生系统、液位控制系统、泡沫喷淋水系统等构成。

KYZ浮选柱的气泡发生器为空气直接喷射式，高压空气从气泡发生器的端口进入，首先经过喷嘴喉径加速，然后由于激波的作用在扩口段继续加速，气流以超声速状态射入浮选柱的矿浆内，与矿浆强力混合，从而产生大量气泡。喷嘴采用了耐磨的陶瓷衬里，由于只有空气介质通过，使用寿命可达一年左右。气泡发生器内部装有可回弹的单向作用针阀，在气源停机后针阀回复到原位置，矿浆不会回流到空气管路中[21]。KYZ浮选柱工作原理见图2-6。

在产业化应用过程中，针对胶磷矿微细粒级难选的特点，对浮选柱不断优化改进，单台浮选柱发泡器由原来的81只减少为35只，现场使用8台浮选柱，共减少368只发泡器。降低了发泡器购置费用，减少了维护保养工作量。通过分组集中控制模式，把35只发泡器分为4组集中控制，根据中控室气量变化情况，可以很快判断出有问题的发泡器，极大地缩减了发泡器检查、保养工作量，设备配置流程见图2-7，浮选柱产业化应用实景照片见图2-8。

$\varPhi$4000mm×8000mm 大型浮选柱，成功推广应用到云南云天化红磷化工有限公司180万吨／年浅脱镁装置中，采用单一反浮选柱槽联选短流程，原矿 P_2O_5 含量为25%～26%，MgO含量为2.0%～2.5%，细度-200目 ≥ 85% 时，获得 P_2O_5 含量 ≥ 30.5%、MgO含量 ≤ 0.8%、MER ≤ 0.10 [(Fe_2O_3+Al_2O_3+MgO)/P_2O_5]的磷精矿，磷回收率 ≥ 90.0%。

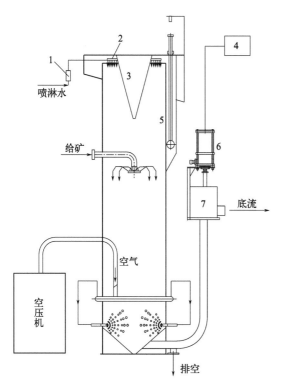

图 2-6 KYZ 浮选柱的工作原理

1—转子流量计；2—喷水管；3—推泡器；4—仪表箱；5—测量筒；6—气动调节阀；7—尾矿箱

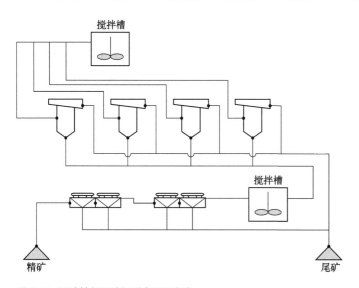

图 2-7 浮选柱与浮选机联合配置方式

图 2-8 产业化浮选柱实景照片

实现浮选柱及柱槽联选工艺流程在磷化工前端增加脱除碳酸盐杂质工序，有效提升磷化工行业的原料品质，为确保磷化工产品质量和转型升级提供有力保障。

为了进一步减少浮选柱发泡器数量，节约能耗，将直冲式充气方式改为管流混合方式进行应用研究。中试试验结果为可以有效地提升矿化效果，一次反浮选抛尾量从 10.49% 提高到 15.92%，脱镁率从 29.91% 提高到 50.93%，缓解了后续精选作业的压力[22]，可以进一步减少发泡器数量，为胶磷矿专属浮选柱节能优化提供有力保障。

2.4.2.3 浮选柱、柱槽联选工艺的优势

(1)浮选柱选矿效率提高

基于胶磷矿矿石性质差异化和浮选设备差异化，发挥工艺和设备差异化优势，胶磷矿由于嵌布粒度细，一般需磨细到 -0.074mm 90% 以上，采用浮选柱粗选，浮选柱高径比大，在同一浮选柱内有不同的分选区，易实现短流程浮选。由于细粒级矿石比表面积大，易吸附于气泡不易脱落，研究表明浮选柱适合于磷矿选矿粗选细粒级作业；而粗粒级矿石，由于气泡上升行程高，粗颗粒矿石附着力较差，容易从泡沫上滑落，粗颗粒矿石超过了气泡的承载能力，气泡几乎难以到达浮选柱顶部，脉石矿物难以脱除。而在机械强烈搅拌下，浮选药剂与矿石附着力增强，不

易脱落，而磷矿精选颗粒相对较粗，一般在 -0.074mm 75% ～ 80%，因此磷矿精选作业采用槽式浮选效率更高。

（2）柱槽联选工艺优势（以晋宁 450 万吨 / 年浮选装置为例）

① 150 万吨 / 年槽浮选工艺流程，采用 33 台 30m³ 的浮选机，而 150 万吨 / 年柱槽联选工艺流程，仅采用粗选 4 台 Φ4500 mm×10000 mm 浮选柱和精选 4 台 130m³ 浮选机，柱槽联选短流程工艺设备少投入 700 余万元。

② 柱槽联选装置是槽浮选装置占地面积的 33.33%。150 万吨 / 年浮选槽设备占地 12000mm²，150 万吨 / 年浮选柱槽装置系列占地 4000mm²，柱槽联选装置减少用地 8000mm²。

③ 节能减排：150 万吨 / 年槽浮选工艺设备配置装机总容量 2798.5kW，与之相比，150 万吨 / 年柱槽联选工艺装机总容量 1773kW 节约 1025.5kW 的装机总容量，每年可以节约 1000 万度电。

（3）同比柱柱浮选工艺流程节能

一般柱柱浮选工艺流程，浮选柱与浮选柱中间矿浆需要循环泵缓冲，而柱槽联选工艺流程，充分利用了浮选柱和浮选机的高差，中间矿浆采用自流配置，较好地发挥浮选柱应用于粗选作业的优势，而精、扫选采用浮选机，易于控制精尾矿品位，可以得到较高的精矿产率和回收率，同时减少中间矿浆循环泵，同比能耗可降低 10% ～ 15%。

2.4.2.4　破碎 - 磨矿系统节能技术

矿山采出的矿石，最大粒径在 500mm 以上，而共生的矿物及脉石矿结合紧密，磷矿物的浸染粒度较细，其浸染粒度决定所采用的选矿方法，所以选别之前，矿石必须经破碎和磨矿，使磷矿物充分解离。晶质磷灰石的浸染粒度一般在 0.1 ～ 0.5mm，胶磷矿浸染粒度更细，一般都在 0.1mm 以下。浸染粒度愈细，要求磨矿粒度也愈细，以确保有用磷矿物与脉石矿物充分单体解离，否则影响分选效果。破碎、磨矿是矿石分选前必须进行的准备作业。由于磨矿作业能耗比较高，因此，要从多碎少磨着手，破碎流程尽可能采用二段、三段闭路破碎，采用破碎比大的破碎机与筛分效率高的筛子组合，尽可能减小破碎粒度，晋宁450万吨/年浮选厂采用强化细碎作业，增加一台筛子和一台破碎机，增大细碎能力，目前入磨粒度在-12mm以下，磨矿作业处理能力提高了10%左右，从而达到降低能耗的目的。

磨矿分级工段是浮选工艺的重要环节，根据矿石磨矿难易程度选择不同的磨矿工艺，有用矿物和脉石矿物嵌布粒度粗、易磨的矿石一般采用一段闭路，例如湖北黄麦岭磷矿、贵州瓮福磷矿等，磨矿细度在-200目70.0%左右，采用的就是一段闭路流程；有用矿物和脉石矿物嵌布粒度细、难磨的矿石一般采用二段闭路，典型的是云南难选胶磷矿，有用矿物与脉石矿物嵌布粒度微细，磨矿细度在-200目90.0%以上，单体解离度也只能在90.0%左右。

针对云南胶磷矿难磨难分的特点，云南磷化集团有限公司自主开发了粗磨粗分与无等降旋流器集成技术，打破了传统磨矿分级理念。建立了磨矿机与旋流器共赢方法，粗磨粗分及无等降旋流器集成技术降低了单位产品能耗。

(1)粗磨粗分和无等降旋流器集成技术

磨矿费用一般占选厂加工费的50%左右，粗磨粗分和无等降旋流器集成技术的意义在于生产工艺流程不变的情况下，电耗降低，产品质量和品质提高，实现降成本、增效益的目标。要点是粗磨，磨矿细度较粗，如以目的细度为-0.074mm 85%为例，粗磨的磨矿细度为-0.074mm 35%，目的细度与磨矿细度的差值约为50个百分点，这个点以上称为沉砂细磨，细度较粗的矿浆送到无等降旋流器分级，称为粗分。磨矿分级是有机的统一体，在粗磨粗分的统一体中，磨矿机与无等降旋流器的关系，不再是主客关系，转变成了共赢关系。50个溢流细度升值是它们的共赢点。共赢关系认为，磨矿机的功能仍然是实现有用矿物与脉石矿物的单体分离，可是单体分离程度改变了，把磨矿机的一部分功能让分级设备来实现，无等降旋流器的溢流细度才是磨矿分级系统最终获得的单体分离度。粗磨粗分改变了单体分离度主要依靠磨矿机来实现的传统方法，通过磨矿机与分级设备两者的功能耦合实现矿物与脉石矿物的单体分离，这就是粗磨粗分的理论基础。粗磨可以提高磨矿机的小时处理量，磨矿效率提高，电耗随之降低。细度较粗的矿浆在无等降旋流器中分级，不但溢流细度很容易达到目标细度值要求，沉砂夹细大幅度降低，如前所述的返回磨矿机有用矿物的单体分离量从45%～50%减少到15%以下，不但节约大量能耗，过磨、泥化现象也得到根本改变，分级效率得到大幅度提高，沉砂夹细更小，溢流细度升值、分级效率更高。粗磨粗分和无等降旋流器集成技术的核心内容就是50个溢流细度升值共赢点加上180～186mm分离锥长度。

(2)共赢点为50个溢流细度升值

共赢方法在细磨细分磨矿机、旋流器条件不变的情况下，用增加小时磨矿量的方法粗磨，矿浆粒级宽、粒度粗，单体解离度约占细磨的50%。在粗磨矿浆中，旋流器分级功能回归、分级效率提高。实现了磨矿机与旋流器功能双双提高，共赢点为50个溢流细度升值。

以云南磷化集团有限公司晋宁选矿分公司浮选厂为例进一步加以说明。

① 处理能力从183吨/时提高至220吨/时，增加37吨/时。

② 二段数据分析。

进浆细度 α=50.61%(-0.074mm)　　　　溢流细度 β=92.56%(-0.074mm)

沉砂细度 θ=29.63%(-0.074mm)

③ 返砂比。

$$S=\frac{\beta-\alpha}{\alpha-\theta}=\frac{92.56-50.61}{50.61-29.63}=2.0$$

④ 溢流产率。

$$\gamma=\frac{\alpha-\theta}{\beta-\theta}=\frac{50.61-29.63}{92.56-29.63}=\frac{20.98}{62.93}=33.34\%$$

⑤ 分级量效率。

$$E_{-74}=\frac{\rho_{\text{实}}}{\rho_{\text{理}}}=\frac{\gamma(\beta-\alpha)}{\alpha(100-\alpha)}\times100\%=\frac{33.34\times(92.56-50.61)}{50.61\times(100-50.61)}$$

$$=\frac{1398.61}{2499.63}=55.95\%$$

⑥ 分级质效率。

$$E_{-74}=\frac{(\alpha-\theta)\times100\times(\beta-\alpha)}{\alpha(\beta-\theta)(100-\alpha)}\times100\%=\frac{(50.61-29.63)\times100\times(92.56-50.61)}{50.61\times(92.56-29.63)\times(100-50.61)}$$

$$=\frac{88011.10}{157301.58}=55.95\%$$

传统方法与共赢方法的比较见表2-2。

表2-2 细磨细分与粗磨粗分指标比较

项目名称	晋宁选矿分公司浮选厂晋宁系列二段		
	细磨细分	粗磨粗分	降或升
溢流细度升值（$\beta-\alpha$）/个	28	41.95	+13.95
磨矿量 /（t/h）	208	220	+12
磨矿细度（-0.074mm）/%	70	50.61	-19.39
溢流产率 γ/%	30	33.34	+3.34
溢流细度（-0.074mm）/%	98	92.56	-5.44
沉砂夹细（-0.074mm）/%	58	29.63	-28.37
返砂比 / 倍	2.33	2.00	-0.33
分级效率 /%	40	55.95	+15.95

在传统方法磨矿机与旋流器条件不变前提下，采用增加磨矿机小时处理量的办法，将细磨转变成粗磨，磨矿细度 $\alpha=50-\beta$，溢流细度确定后，50 减去溢流细度的差值就是磨矿细度。50 个溢流细度升值或 50 个单体解离度升值称为磨矿机与旋流器细度或单体解离度利益共赢点。共赢方法突破了传统方法的束缚，具有实质性技术进步，实现了磨矿分级技术领域的方法创新。

（3）无等降旋流器

① 按磨痕设计单体旋流器结构，旋流器的磨痕记录旋流器生产过程，刻下了旋流器工作原理，在 20 多年磨痕调查中发现，筒体中分级过程与锥体中分离过程的磨痕不尽相同，有明显差别。就分离过程的磨痕来说，磨痕长短、深浅不但与旋流器直径有关，与锥角大小也有关。按

磨痕来设计旋流器是比较科学的方法，比理论计算更为准确。

　　② 无等降旋流器结构设计为筒锥连体，其目的有两个：其一，有效解决旋流器同轴问题，同轴度是旋流器的生命线，不从结构上去解决得不到有效的保证；其二，筒锥体与进浆体分开延长了旋流器本身筒锥体的寿命，分级过程主要在筒锥体进行，进浆体磨损非常严重，因为进浆体磨损换掉一支旋流器不是降低运行成本的做法。

　　③ 常规旋流器按等降比 e_0=1.8 ～ 2.2 设计，即 Φ500mm 旋流器，分离锥长 250mm，锥角 20°；风化胶磷矿按 e_0=1.09 设计，即 Φ500mm 旋流器分离锥长 184mm，Φ660mm 旋流器分离锥长 235mm。无等降旋流器结构见图 2-9。

　　④ 无等降旋流器机组采用人机合一设计结构，沉砂产品和溢流产品看得到、摸得着，目的是便于随时调节磨矿分级工艺条件，便于操作、维护、管理。

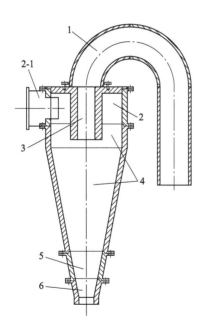

图 2-9　无等降旋流器结构
1—外溢流管；2—进浆体；2-1—进浆管；3—内溢流管；4—筒锥体；5—分离锥；6—沉砂嘴

粗磨粗分和无等降旋流器集成技术的核心内容是两个链值：一个是溢流细度升值(溢流细度与进浆细度差值)β_0=45～50个；另一个是沉砂夹细比(沉砂细度与进浆细度比值)θ_0=0.400～0.420。在这两个链值共同作用下，无等降旋流器与磨矿机共赢，各得其所。云南磷化集团有限公司的实践表明，通过技改，原设计450万吨/年选矿厂的产能提高到475万吨/年，磨机每处理1t原矿电耗下降7.51kW·h，每年可节省电费450.6万元[23]。

2.4.2.5　浮选磷尾矿再选

随着磷资源的减少，浮选磷尾矿再选是提高资源化利用率的有效途径之一。瓮福磷矿新龙坝选矿厂原设计能力250万吨/年，后经扩建能力已达850万吨/年，设计原矿P_2O_5含量为30.75%，精矿P_2O_5含量为35.50%、MgO含量≤1.5%。其尾矿P_2O_5含量为6%～8%，MgO含量为15.0%，经再选获得P_2O_5含量≥28%、MgO含量为2.5%～4%、产率为13%左右、回收率为50%的磷精矿，使总精矿产率提高4.0%以上，总回收率提高5.0%以上，创造了较好的经济与生态效益。

云南磷矿成矿带碳酸盐型胶磷矿嵌布粒度较细、伴生复杂、含磷量低，具有"贫""细""杂"的特性，需要较细的磨矿细度才能使矿物充分解离。一般磨矿细度需要达到-0.074mm 90.0%以上，才能使有用矿物90.0%左右单体解离，进一步细磨一是增加能耗，二是有用矿物过磨，不利于有用矿物回收。而在浮选过程要确保精矿品位达标，使得部分连生体矿物抛出成为尾矿，加上细粒级浮选，浮选泡沫容易形成"夹带"现象，导致浮选磷尾矿品位偏高。

为了提高磷资源利用率，多年来，云南磷化集团有限公司持续开展技术创新研发，从降低入选品位和浮选尾矿品位两个方向着手，取得了阶段性的成果。入选原矿P_2O_5品位从设计的24.5%左右降低到现在的21.0%左右，每降低一个入选品位，可以盘活上亿吨的磷资源；针对浮选磷尾矿品位偏高是由于连生体造成的问题，开发了浮选尾矿预选-再磨-

再选工艺流程，浮选尾矿 P_2O_5 品位从原来的 9.0% ～ 11.0% 降低到 6.0%以下，并成功应用到晋宁 450 万吨/年、安宁 200 万吨/年浮选厂，在入选原矿品位相当、确保精矿质量的前提下，磷精矿产率同比提升 5% 以上，每年多回收磷精矿 30 万吨以上，减少原矿开采 40 万吨以上，直接经济效益上亿元，实现了磷资源高效利用，减轻了尾矿库堆存压力，延长了矿山服务年限，实现了资源效益、环境效益、社会效益、经济效益共赢。浮选磷尾矿品位再选工艺流程见图 2-10。

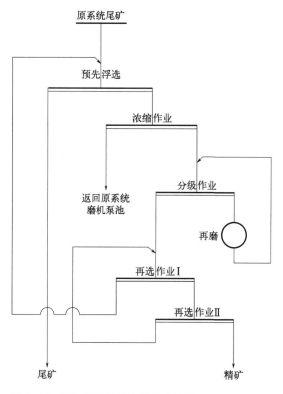

图 2-10　浮选磷尾矿品位再选工艺流程

该技术的特点：

① 采用预先抛尾，抛除总尾矿 75% 左右的已经单体解离的碳酸盐杂质，降低再磨的矿量，减小磨机容积，降低能耗与投资成本；同时避免碳酸盐杂质过磨，有利于分选和降低药剂消耗。

② 采用水力旋流器对预选浮选精矿浓缩处理，提高磨矿效率。预选精矿是槽内产品，浓度很低，采用水力旋流器将预选浮选精矿浓度由 8.0% ~ 12.0% 提高至 20.0% ~ 25.0%，浓缩溢流返回原浮选系统的磨矿工序，实现了浓缩溢流中磷矿物的再次回收，提高了厂内回水利用率，溢流中带回的浮选药剂可以进一步降低药剂消耗 2.0% 左右。

③ 首次将立式搅拌磨机应用于胶磷矿再磨。原浮选尾矿细度 -0.038mm（400 目）占 35.0% 左右，而再磨的连生体需要进一步磨细到 -0.038mm（400 目）达 76% 以上，传统的磨机无法满足需要，立式搅拌磨机有效解决了这一关键技术。

2.4.2.6　碳酸盐型（钙镁质磷矿）浮选磷尾矿的资源化利用

我国磷矿资源多为中低品位胶磷矿，不能直接用于磷化工生产，需要经过选矿处理，这样就产生了大量的磷尾矿，据统计，我国磷尾矿的利用率仅为 10% 左右，大部分磷尾矿堆存于尾矿库中。

国务院发布的《"十三五"生态环境保护规划》明确指出，生态环境治理要强化源头防控，夯实绿色发展基础，做好工业固废等大宗废弃物资源化利用，促进重点区域绿色、协调发展，加快形成节约资源和保护环境的空间布局、产业结构，从源头保护生态环境。因此，磷尾矿的综合利用研究成为我国，尤其是鄂川云贵等几省的研究热点。近年来，磷尾矿制备化学用品、充填材料、固土材料、路基材料、建筑材料等方向都取得了一定的试验进展，云南已经实现了小规模产业化应用，成为浮选磷尾矿综合利用的先行者。

国家"绿色发展"战略要求加强尾矿、矸石、废石等矿业固体废物的产生量和贮存量的管理，云南省发布的《云南省尾矿库专项整治工作实施方案》明确提出严控新建尾矿库，原则上只减不增。因此，尾矿资源化利用直接关系云南省作为国家磷复肥供应基地的可持续发展和我国农业用肥安全。在固废源头减量、资源化利用，严控新建尾矿库的高压态势下，浮选磷尾矿综合利用问题亟待解决。云南磷化集团有限公司浮选磷尾矿化学成分见表2-3。

表2-3　磷矿浮选尾矿化学成分

成分	P_2O_5	CaO	MgO	SiO_2	Fe_2O_3	Al_2O_3
含量 /%	5.96	33.15	16.64	5.02	0.82	0.79

云南磷化集团有限公司尾矿库已经储存 2000 万吨 / 年左右的尾矿，且每年还将新增 300 万吨左右。浮选磷尾矿属于一类固废，其中还含有对农作物有益的磷、镁、钙、铁、铝、硅、氟等资源，结合工艺矿相研究，得出浮选磷尾矿中主要元素的赋存状态，并从化工、材料、肥料等方向研究，开发出不同用途的系列产品，实现浮选磷尾矿资源化利用 [24]。

针对浮选磷尾矿的特点，云南磷化集团有限公司与郑州大学、云南省生态环境科学研究院等高校和科研单位联合攻关，从消纳尾矿和尾矿资源化利用等方面同步着手研究，初步对磷尾矿用于建材道路用砖、道路路基材料垫层、露天开采区矿山修复等多种途径进行探索性试验，取得了初步成效，一定程度地利用了部分磷尾矿。

(1) 浮选磷尾矿制备建材道路砖和用于修筑路面

在浮选磷尾矿占比 70.0% 以上的基础上，添加固结剂，制备得到建材砖和用于修筑路面，经过抗压强度试验，均达到预期要求，目前主要用于采空区修筑路面，建材砖用于砌挡土墙、水沟等。以 70% 磷尾矿、15% 石粉和 15% 固化剂制备的建材砖在自然环境静置 1h 自然养护 7 天条件下，抗压强度为 9.04MPa，吸水率为 8.5%，软化系数为 0.79。所制备的砖与所修的采空区路面见图 2-11。

(2) 磷尾矿制备生态修复基质土

磷矿山采空区进行排土回填后需要完成生态修复，利用浮选磷尾矿制备基质土，应用于采空区土壤重构和生态修复，既解决了浮选磷尾矿的利用问题，又缓解了采空区生态修复原料问题。利用浮选磷尾矿制备基质土的关键是要把浮选磷尾矿中的水溶磷封固，让磷以缓释形态存在。通过种植能够快速吸收磷元素的植物，使水溶磷不进入水体，避免水溶磷渗透对环境造成污染，同时添加植物生长需要的有机质等满足植物生长需要，促进植物快速生长，完成采空区的快速复绿和水溶磷的快速吸收。

图 2-11　浮选尾矿制备建材和修路效果图

2021 年 4 月，云南磷化集团有限公司采用底部铺膜，渗滤液单独收集，利用浮选磷尾矿制备的基质土，完成了采空区 10 亩示范工程，示范工程分为 11 个区域，每个区域采用不同基质土配比，种植相同的植物，试验区域所选植物包括乔木、灌木和地被植物，其中乔木主要为滇柏、三角槭、合欢、刺槐、苦楝树、旱柳、雪松；灌木为沙棘、火棘、青冈栎、球花石楠、巨菌草；地被为三叶草、紫花苜蓿、狗牙根。将渗滤液、土壤委托第三方检测，主要检测指标有 pH 值、重金属、氧化还原电位、氟化物、有机质、全磷、全氮、水溶性盐、有效硼、含盐量等，渗滤液主要检测指标包括 pH 值、SS、COD$_{Cr}$、总有机碳、氨氮、总氮、总磷、磷酸盐、氯化物、氟化物、硝酸盐、硫酸盐、重金属、总 α 放射性、总 β 放射性等。经过一个雨季，植物长势总体良好，其中 4 个区域的植物长势很好。通过比较这四个区域里植物的长势得出最佳的基质土配比，建成 40 万吨 / 年采空区生态修复基质土装置，实现规模使用，完成 1.6 万 m^2 边坡试验，植物长势良好，边坡稳定，为今后大规模使用提供理论依据。浮选磷尾矿制备采空区生态修复基质土应用示范基地见图 2-12。

经过两年的种植试验，植物长势很好，渗滤液满足环保要求，并完成结题验收，各项指标达到预期要求，"浮选磷尾矿基生态修复基质土规范""浮选磷尾矿基生态修复基质土应用技术规范"两个团体标准已经发布实施，为浮选磷尾矿制备生态修复基质土应用于生态修复提供了有力保障。

(3) 浮选磷尾矿农化应用

磷尾矿的农业应用，包括制备土壤调理剂和开发一系列不同植物的专属肥料。浮选磷尾矿中主要成分是碳酸钙、碳酸镁，pH 值在 8.5 左右，通过添加防止植物根系病虫害的物质，所制备的土壤调理剂 pH 值在 8.5 ～ 11，既可以作为酸性土壤调理剂有效改善土壤酸碱度，又可以减少植物根系病虫害，与传统酸性土壤调理剂相比，除了改善酸性土壤之外，其中的有效 P、Ca、Mg、Si 等中量元素，也可以被植物吸收一部分，促进植物生长。经过田间试验，取得初步效果，尤其是土豆、魔芋等根茎作物，植株长势和根茎产量明显提升，该产品已经成功进入市场。

不能被作物直接吸收的 Ca、Mg、Si 等中量元素，通过改性使 Ca、Mg、Si 活化为植物可以吸收的形态并通过添加其它有用元素形成一系列不同植物的专属肥料，目前已经开发出坚果和褚橙专用肥。改性方法有砂性造粒、有机无机复配、化学改性、高温改性、结构改性等；研发中微量元素矿物与钙、镁协同活化联产中微量元素土壤调理剂关键技术与装备。实现钙、镁及中微量元素的协同高效利用。

图2-12　浮选磷尾矿制备采空区生态修复基质土应用示范基地

（4）提取氧化镁、金属镁等系列产品

经探索试验，钙镁磷尾矿采用煅烧-碳化工艺，制备碳酸镁或氧化镁，副产碳酸钙和磷矿。该方案系统不含有毒有害物质，基本没有废水和废渣的排放，不会造成二次污染；而且煅烧产生的废气用于碳化（碳中和），碳排放量少，易处理，经过简单除尘、脱硝（燃料燃烧形成）净化处理后可直接排空。磷尾矿煅烧-碳化工艺中镁直收率80.03%。采用磷浮选尾矿制备 1t 氧化镁生产成本为 3345 元左右，与目前 1t 氧化镁（含 MgO ＞ 95%，轻质氧化镁）销售价格在 5000 ～ 7000 元相比，有一定的利润空间，而且磷浮选尾矿中还可以生产约 6t 碳酸钙和约 1t 磷矿产品，实现了磷尾矿高值化利用。

因为钙镁磷尾矿体量比较大，为了解决磷尾矿高效资源化利用问题，采用多个方向试验研究，实现浮选磷尾矿从易到难的梯级利用，最终实现磷资源全量资源化利用。

参考文献

[1] 吴发富，王建雄，刘江涛，等. 磷矿的分布、特征与开发现状 [J]. 中国地质，2021, 48(01): 82-101.

[2] 薛珂，张润宇. 中国磷矿资源分布及其成矿特征研究进展 [J]. 矿物学报，2019, 39(01): 7-14.

[3] 常苏娟，朱杰勇，刘益，等. 世界磷矿资源形势分析 [J]. 化工矿物与加工，2010, 39(09): 1-5.

[4] 刘文彪，黄文章，马航，等. 我国磷矿资源分布及其选矿技术进展 [J]. 化工矿物与加工，2020, 49(12): 19-25.

[5] 田升平. 中国磷矿基本特征及分布规律 [J]. 化工矿产地质，2000, 22(1): 11-15.

[6] 贡长生，梅毅，何浩明，等. 现代磷化工技术和应用（上册）[M]. 北京：化学工业出版社，2013.

[7] 王青，史维祥. 采矿学 [M]. 北京：冶金工业出版社，2000.

[8] 李耀基，李小双，张东明. 磷矿山深部矿体地下开采技术 [M]. 北京：冶金工业出版社，2013.

[9] 黄杰，李树键，夏钢源，等. 昆阳磷矿二矿缓倾斜中厚矿体地下采矿方法研究 [J]. 现代矿业，2022, (07): 45-50.

[10] 李秀成，文书明. 我国磷选矿现状及其进展 [J]. 矿产综合利用，2010(02): 23-25.

[11] 魏祥松，黄启生，李宇新. 宜昌花果树磷矿重介质选别工业生产实践 [J]. 武汉工程大学学报，2011(03), 48-52.

[12] 罗惠华. 重液分选 - 浮选联合工艺回收宜昌磷矿 [J]. 化工矿物与加工，2016, (07): 6-8.

[13] 李宁，张树洪，彭华，等. 光电选矿在某磷矿中的应用实践及评价 [J]. 非金属矿，2018(002): 73-75.

[14] 魏立军，夏敬源，刘鑫，等. 光电选矿技术在中低品位胶磷矿中的应用研究 [J]. 矿业研究与开发，2023(07): 204-209.

[15] 张文彬. 用焙烧消化工艺处理碳酸盐磷矿 [J]. 矿产综合利用，1998(03): 5-8.

[16] 杨祖武. 磷矿的化学选矿 [J]. 化工矿山技术，1980(03): 59-64.

[17] 赵凤婷，张路莉，张华，等. 化学法脱除某胶磷矿中硅质脉石矿物的研究 [J]. 磷肥与复肥，2020(6): 27-28.

[18] 陈慧. 复配捕收剂在难选胶磷矿浮选中的性能研究 [D]. 武汉：武汉工程大学，2010.

[19] 李显波，刘志红，张小武，等. 难免离子对中低品位钙镁质磷矿矿石反浮选的影响 [J]. 武汉工程大学学报，2017, 39(06): 550-556.

[20] 刘丽芬，李耀基，柏中能，等. 云南磷矿选矿产业化开发利用及发展历程 [J]. 云南化工，2019, 64(11): 36-39.

[21] 夏敬源，杨稳权，柏中能. 浮选柱在云南胶磷矿选矿中的应用研究 [J]. 矿冶，2009(1): 10-14.

[22] 罗昆义，张朝旺，李若兰，等. 胶磷矿柱式浮选优化研究 [J]. 磷肥与复肥，2022, 37(10): 38-42.

[23] 刘朝竹，李海兵，夏敬源，等. 磨矿效率与分级效率共赢关系的研究与应用 [J]. 化工矿物与加工，2018, 2: 4-7.

[24] 刘润哲，刘丽芬，欧志兵，等. 磷矿尾矿资源化利用研究进展 [J]. 化工矿物与加工，2020, 49(02): 52-56.

3

黄磷节能与资源化利用

Energy Saving and Resource Utilization in Phosphorus Chemical Industry

目前工业生产黄磷的方法均为电炉法，即通过电极在磷炉矿层中形成电流产生电阻热，在高温下利用焦炭（或无烟煤）将磷矿石还原为单质磷的方法。

3.1

黄磷生产原理与工艺

3.1.1 黄磷生产原理

电炉法制磷的主要化学反应为：

磷矿还原为单质磷：

$$4Ca_5F(PO_4)_3 + 21SiO_2 + 30C \xrightarrow{1400\sim1500℃} 3P_4\uparrow + 30CO\uparrow + SiF_4\uparrow + 20CaSiO_3 \quad (3-1)$$

碳酸盐的热分解：

$$CaCO_3 \xrightarrow{\text{高温}} CaO + CO_2\uparrow \quad\quad\quad (3-2)$$

$$MgCO_3 \xrightarrow{\triangle} MgO + CO_2\uparrow \quad\quad\quad (3-3)$$

生成的部分二氧化碳还原为一氧化碳：

$$CO_2 + C \xrightarrow{\text{高温}} 2CO\uparrow \quad\quad\quad (3-4)$$

氧化铁被还原为铁：

$$Fe_2O_3 + 3CO \xrightarrow{\text{高温}} 2Fe + 3CO_2\uparrow \quad\quad\quad (3-5)$$

$$Fe_2O_3 + 3C \xrightarrow{\text{高温}} 2Fe + 3CO\uparrow \quad\quad\quad (3-6)$$

铁又与磷化合生成磷铁：

$$4Fe + P_2 \xrightarrow{\text{高温}} 2Fe_2P \tag{3-7}$$

3.1.2 黄磷生产工艺

黄磷生产工艺流程如图 3-1 所示。

将符合生产工艺要求的磷矿石、硅石和焦炭(或无烟煤),由储仓分别按一定比例计量,配成均匀的混合料输送至电炉料仓。混合料通过均匀分布的下料管连续送入密闭微正压黄磷电炉内。电炉电极在其额定功率范围内工作,使进入磷炉的混合料在 1400 ~ 1500℃发生还原反应。生成的炉渣和磷铁定时经炉眼排出,磷铁在铁槽内回收,炉渣经淬渣处理后进入渣仓。磷铁、炉渣作为商品出售,磷铁用于钢铁行业,炉渣用于建筑行业。

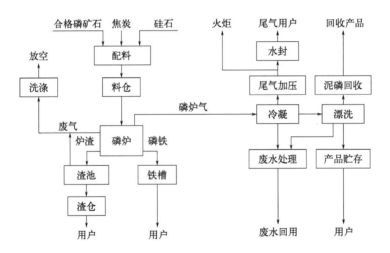

图 3-1 黄磷生产工艺流程

生成的黄磷、一氧化碳、四氟化硅等呈混合气体(以下称磷炉气)态从反应熔区逸出,经过炉内上部连续补充的混合料(也称炉气过滤层)过滤降温,携带一部分混合料中的固体粉尘(这时炉气温度一般降至 220℃以下),通过导气管进入串联的吸收塔,经循环水喷淋冷却,黄磷凝聚成液滴与粉尘一起进入塔底受磷槽内,称为粗磷。粗磷在适宜工艺条件下精制得到成品黄磷。磷炉气进入煤气柜，作为燃料或产品原料供给其它生产单元。在此过程中分离出的含有单质磷及其他杂质的泥磷被污水带走，经过沉淀后进入制酸或蒸磷工序进一步加工处理，产生的不含单质磷的固废作为生产化肥的原材料或成球返回磷炉。

在制磷电炉生产优化工艺中，炉内料层由上而下有序移动，通过电极导入熔融层的电能转化成热能，为硅酸盐熔化提供反应所需的热量，传热使各料层的温度呈线性分布，如图 3-2 所示。当发热量和吸热量平衡时，熔融层温度保持稳定，料层各点温度分布相对稳定。

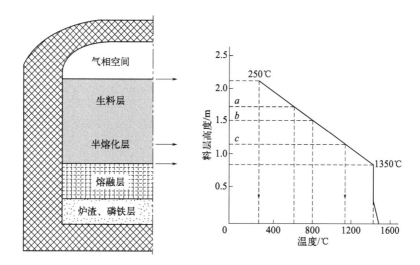

图 3-2　炉内温度分布

炉料中的部分水与炽热的炭接触会产生水煤气，反应式为：

$$C + H_2O \longrightarrow H_2 \uparrow + CO \uparrow \qquad (3\text{-}8)$$

3.1.3　原料对电炉反应的影响

(1)磷矿石

磷矿石的品位以 P_2O_5 的质量分数表示，是衡量磷矿质量最重要的指标。黄磷生产中，磷矿的入炉品位对成本消耗的高低影响很大，入炉混

合料中 P_2O_5 含量每降低 1%，每吨磷电耗将增加 300 ～ 350kW·h，磷回收率下降 0.5% 左右。如果磷矿的品位和质量频繁波动变化，会使工艺操作控制变得复杂，炉况恶化，产量和质量不稳定。因此，稳定的磷矿品位和质量比单纯追求高品位磷矿更为重要。电热法黄磷生产，由于其固固、固液反应特点，不能一味追求单一磷矿品位越高越好，主要是在适宜的 M_k(酸度系数) 值基础上，使混合料(磷矿＋硅石)有较高的入炉品位。磷矿石中五氧化二磷含量低，则杂质含量通常较多，这些杂质会发生许多副反应，增加耗电量、原材料消耗，造成电炉生产能力降低，磷收率降低和黄磷成本升高。

磷矿粒度影响炉气阻力大小、炉料的导电率及炉料分布、反应速率。适宜的入炉磷矿粒度是高温炉气和生料进行充分热交换、净化过滤炉气、降低炉气含尘量的必要条件，也是减少泥磷，提高一次磷收率的重要控制手段。粒度过大，易造成"架桥"堵塞料管，入炉后几种原料容易产生离析现象，改变炉料的电气特性和炉料比电阻，电极容易上抬或不升，破坏电炉熔池的良好形成，使炉况恶化，操作困难。粒度过小，炉气则难以通过生料层，会形成桥形洞穴，结成硬壳，塌料频繁，使炉料不能均匀有序地降入熔融反应区(熔池)，造成炉气压力剧烈变化，出渣时容易发生喷渣事故。所以，大型磷炉一般入炉磷矿粒度应控制在 4 ～ 90mm，其中 30 ～ 90mm 的含量 > 50%，15 ～ 30mm 的含量 > 30%，4 ～ 15mm 的含量 > 15%，4mm 以下的含量 > 5%。中小型磷炉一般控制在 5 ～ 40mm，其中小于 5mm 和大于 40mm 的部分不大于 10%。一般要求见表3-1。

表3-1　入炉矿石控制指标

控制项目	指标要求	控制项目	指标要求
粒度	15 ～ 50mm	粉尘	≤ 2%
水分	≤ 1.5%	P_2O_5	≥ 22%

磷矿石中含有黄铁矿等含铁物质，一般用 Fe_2O_3 表示。在电炉内，磷矿中的铁有 80% ～ 90% 被还原为单质铁，单质铁又和磷化合生成磷铁，从而造成电耗增加和磷收率降低。

磷矿石中的水分增加电耗，加剧炉料结拱、塌料，导致设备损坏和环保风险增加。

(2) 碳酸盐

磷矿石中碳酸盐主要是以方解石($CaCO_3$)或白云石($MgCO_3$)形式存在。碳酸盐含量高，电、硅石、无烟煤用量相应增加。碳酸盐的分解会引起磷矿石爆裂，爆裂产生的粉尘会使炉气含尘量增加，也易引起炉内塌料，同时碳酸盐的热分解会伴随部分二氧化碳还原成一氧化碳，消耗热能。炉料中 CO_2 含量增加 1%，生产 1t 黄磷要多耗电约 200kW·h，多耗无烟煤约 30kg。

(3) 焦炭(无烟煤)

焦炭(无烟煤)用量不足，会导致炉料中的磷酸盐还原率下降，使炉渣中的 P_2O_5 含量升高，同时导致熔融的磷酸盐与电极和炉衬中的碳素砖作用，增加电极消耗，加快炉衬的侵蚀，缩短炉衬寿命。

焦炭(无烟煤)用量过多，将增加炉料导电能力，电极位置抬高，反应区缩小，炉壁、炉底、炉渣温度降低，出渣困难，同时导致炉气过滤层减薄，炉气出口温度升高，炉气含尘增多，产量降低，泥磷增加。通常，焦炭(无烟煤)实际用量稍微高于理论需要用量。

焦炭(无烟煤)粒度过大，反应接触面减少，转化率降低，同时造成炉渣五氧化二磷含量升高，电极消耗增加，电炉寿命缩短；当炉内积存了大粒焦炭(无烟煤)，就会造成电极位置上移，炉内反应恶化，炉气温度和含尘量显著增加，出渣困难和泥磷增多。

焦炭(无烟煤)粒度太小，会降低破碎设备的生产能力，增加粉尘量。若煤粉带入炉内，不仅降低了炉料的透气性，而且容易被炉气带至黄磷精制环节，增加黄磷精制难度，影响成品磷质量。焦炭(无烟煤)控制指标见表 3-2。

表3-2　焦炭（无烟煤）控制指标

控制项目	指标要求	控制项目	指标要求
粒度	15～30mm	粉尘	≤ 2%
水分	≤ 1%	固定碳	≥ 70%

(4)二氧化硅(硅石)

SiO_2 作为助熔剂参加碳还原磷酸盐的反应，加入 SiO_2 生成易熔的硅酸钙，促使反应向正方向移动。磷酸盐还原反应是吸热反应，而生成硅酸盐的反应是放热反应，引起局部温度升高，增加扩散速度，使还原速度和还原率增加。反应生成易熔的炉渣，降低了磷矿还原温度。因此，炉料中的 SiO_2 含量直接影响到磷酸盐的还原温度、还原率，炉渣含磷量，炉渣流动性，炉气含尘量及电能消耗。

炉渣中 SiO_2 和 CaO 的质量比称为酸度指标。酸度指标的高低决定炉渣熔点。通常，把 $SiO_2/CaO > 1.07$ 的炉渣称为酸性炉渣；$SiO_2/CaO < 1.07$ 的炉渣称为碱性炉渣。研究表明，$SiO_2/CaO=0.85$ 和 $SiO_2/CaO=1.29$ 时炉渣的熔点最低。由于酸性炉渣副反应多、电耗高、对炉衬腐蚀性大，所以一般都采用碱性炉渣生产，工业控制的酸度指标为 $0.75 \sim 0.85$(质量比)。硅石的粒度大小也影响磷矿还原速率，控制指标见表 3-3。

表3-3　硅石控制指标

控制项目	指标要求	控制项目	指标要求
粒度	$15 \sim 50mm$	粉尘	$\leqslant 2\%$
水分	$\leqslant 1\%$	不熔物	$\geqslant 95\%$

3.2

黄磷生产节能技术

3.2.1　黄磷生产耗能分析

黄磷节能降耗的重点是降低电炉电耗，电能消耗占黄磷综合能耗的

80%以上。从目前我国黄磷生产的实际消耗分析，电力消耗量远高于理论电耗，理论电耗约为 12000kW·h/t(折热量 $4.32×10^7kJ/t$)，我国黄磷生产平均电耗约为 13500kW·h/t(折热量 $4.86×10^7kJ/t$)，实际电耗是理论消耗的 112.5%。实际电耗高的原因是除了供给电炉内物料进行化学反应所需热量外(热源由电弧产生)，还伴随着一些副反应和热损失。从不同途径统计的黄磷电炉热平衡测试值见表 3-4。

表3-4 从不同途径统计的黄磷电炉热平衡测试值/%

项目	炉内化学反应	炉渣	磷铁	炉壳	短网	炉盖	变压器	炉气	其他
企业 1	55.50	29.30	0.40	6.80	0.60	0.20	1.40	4.10	1.70
企业 2	54.25	29.37	0.20	4.05	2.31	2.13	1.57	2.62	3.51
企业 3	50.00～54.20	27.70～36.00			10.00～13.80			4.00～4.30	无

以测试数据和国内黄磷生产平均电耗 13500kW·h/t 作对比分析，具体如下：

① 炉渣带出热损失。电热法生产黄磷，每生产 1t 黄磷同时要产生约 10t 炉渣，炉渣在高温下水淬，经测算每生产 1t 黄磷，炉渣带出热量折合电耗约为 4000kW·h。

② 炉气带出热损失。每生产 1t 黄磷，排出 2500～3000m³ 尾气，尾气带走的热量折合电耗约为 2300kW·h。尾气中主要含 CO，含量 80%～90%，热值为 10659MJ/m³，不仅是热源而且是很好的化工原料。

③ 原材料杂质和水分增加电能消耗。黄磷生产是将合格的磷矿石、焦炭(无烟煤)和硅石根据不同品位，按照工艺配比，混合均匀后加入炉内，由碳素电极输送电能产生电弧高温进行物料的氧化还原反应，将磷化合物还原成单质磷蒸气。原料中不同杂质产生不同的副反应。原料中带进的水分也要吸收热量。按照 GB 21345—2015《黄磷单位产品能源消耗限额》(磷矿单耗按 10.1t/t)分析，磷矿中 Fe_2O_3 含量每增加 1% 将多消耗焦炭约 22.7kg/t，多消耗电约 477kW·h/t；磷矿中 CO_2 增加 1%，多消耗电约 180kW·h/t，多消耗焦炭约 27.5kg/t；原料中水分含量每增加 1%，多消耗电约 150kW·h/t，多消耗焦炭约 25kg。

④ 磷收率的高低对能耗影响极为重要，磷回收率与能源消耗成反比。提高磷收率是降低电炉电耗、提高黄磷电炉生产效益的根本途径之一。增大电炉容量、合理的电炉结构设计、提高入炉料的质量、有效的尾气除尘、高效回收泥磷中的黄磷等，对提高磷收率、降低电能消耗有显著作用。

⑤ 炉体热损失。主要包括炉盖和电极水封涡流损失，炉底、炉壁散热损失。为防止炉气漏出，耐热混凝土炉盖外层采用钢炉盖并和钢外壳连接，当载有大电流的电极穿过钢炉盖时便感应产生涡流，使部分电能转化成热能散发而损失。受电炉设计和工艺控制影响，炉壁"挂料"减薄、反应熔池过大、反应区偏低等都会使炉壁或炉底温度升高导致热损耗。一般情况下，20000kV·A的黄磷电炉炉体热损失折电能约为1000～1400kW·h/t。

⑥ 变压器损耗、短网及电磁涡流磁滞产生的电能损失。黄磷电炉在大电流下操作，短网的阻抗和三线之间产生的涡流、磁抗等因素造成较大的电能损失。变压器损耗包括铜损和铁损，损耗大小决定于装置的设计和制作水平。在我国较早投运的磷炉变压器，总损耗是变压器额定容量的1.5%～2.0%。短网损耗包括铜排、软母线、电极夹持器的损耗，其损耗取决于电网能量是否最有效地输入电炉和制磷装置的效率。

3.2.2 黄磷生产节能的技术途径

① 精料入炉。通过生产实践，为使黄磷生产长周期稳定运行，必须减小炉料中磷、碳、硅等主要成分的化学和物理性能变化，如原材料的定点供应、分类堆放、按序加工，均有利于稳定组分、优化炉况。目前兴发集团利用低品位磷矿通过解粒、重选、色选选出中高品位磷矿，配合磷矿烧结技术，减少磷矿中碳酸盐含量，可在综合利用磷矿资源的情况下降低消耗。

② 合理的磷矿、焦炭（无烟煤）、硅石粒度及湿度。做到精加工，并

将炉料充分混合均匀，采用调整电极中心圆的合理位置、改变炉顶结构等措施保持炉体中炉料的最佳阻抗和降低炉气的导出温度、炉渣的排放温度，以减少带出热损失量。在黄磷生产中，焦炭（无烟煤）作为还原剂和导电体，其用量多少一方面影响着炉内反应的还原率和炉内副反应发生程度，另一方面还影响到炉料的电阻率，从而影响到黄磷电炉的运行和操作控制。因此，黄磷生产过程中将焦炭用量作为控制和调节手段，使电炉在工艺条件下稳定运行、降低单位产品焦耗。目前我国黄磷企业焦耗相差不大，实际消耗用量约为理论计算量的 103%。入炉焦炭粒径一般要求为 15 ～ 30mm，对大块焦炭需要进行破碎、烘干、筛分，该过程产生的小于 4mm 的细粒焦炭，不能用于黄磷生产，如果利用冶金工业筛选出来的粒度为 5 ～ 25mm 的小粒焦炭，既降低了预处理能耗，又提高了焦炭的有效利用率。

③ 添加低熔点物质，降低黄磷还原反应温度。

④ 提高黄磷收率。通过消除设备管道的跑冒滴漏，改造磷吸收系统，优化尾气除尘效果，减少泥磷产生量，增加泥磷回收装置等措施提高收率，降低消耗。

⑤ 通过改善炉面装置布局，尽量缩短短网，将裸露的铜母线改为水冷电缆，改善电极铜瓦、夹持器结构以增加与电极的接触面，取消钢炉盖或将炉盖材质改用抗磁不锈钢等措施，减少炉面磁涡流及磁抗导致的热损失。

⑥ 加速装置更新换代，淘汰落后产能。改建大容量黄磷电炉，同时采用微机自控系统，提高装置的自动化、智能化，减少人工操作产生的失误，保持电炉最佳运行状态，发挥电炉最佳效益，降低综合能耗。

⑦ 熔渣封闭水淬，水汽冷凝循环利用。将淬渣过程由开放式改为全封闭式，渣水分离、水汽冷凝收集后作为冲渣水循环使用，实现零排放，既节约水资源又保护环境。

⑧ 综合利用黄磷尾气。一是将黄磷尾气收集后作为电炉入炉原料干燥、下游聚合产品的热源或锅炉燃气，综合利用资源的同时避免火炬放空造成的环境污染；二是尾气经脱硫脱磷处理后生产甲酸钠、甲酸钾等产品；三是通过深度净化后生产甲酸、草酸等高附加值碳一化学品。

⑨ 降低动力装置用电消耗。主要包括各种动力装置用电，照明、检修临时用电等。重点节能措施是淘汰高耗能落后机电设备，替换为高效节能设备，降低动力装置用电消耗。

⑩ 磷炉渣汽、泥磷与水循环利用。清洁生产技术开发重点在于黄磷尾气、渣汽、泥磷和污水等资源化利用，减少废气污染物排放，改善环境。其中，渣汽通过封闭系统换热冷凝收集，减少水汽污染；电炉含磷污水经过预沉、絮凝、叠螺脱水后循环使用，泥磷送至泥磷回收装置或烧酸装置，回收黄磷或产生磷酸作为下游产品原料，磷渣作为磷肥原料。

⑪ 能源合理利用。黄磷生产过程中采用饱和蒸汽直接加温或间接保温，消耗较多蒸汽，利用磷炉尾气作为热源烘干原料、回收泥磷。主要包括：泥磷升温回收黄磷，受磷槽夹套保温，精制锅夹套保温，磷矿石、硅石干燥。为降低能源消耗量，可以将渣汽换热后的热水用于设备夹套保温，受磷槽、精制锅保温等。

3.2.3 磷炉渣回收

(1)淬渣及水汽收集

电炉法生产黄磷通常是将高温熔融炉渣排入水池进行水淬，水淬时产生大量水汽，同时产生大量磷化物、硫化物、砷化物以及玻璃纤维等有害渣汽，不仅对职工健康造成危害，也对环境造成严重污染。兴发集团开发了一种水淬黄磷炉渣的方法及设备[1]。采用机械手自动出炉排渣及堵炉，熔渣通过冲渣箱高压水在封闭的冲渣沟内水淬后流入到粒化塔，水汽收集进入换热塔冷凝，渣水混合物在粒化塔底部缓冲后进入渣水分离器，分离出的渣通过皮带输送机送至渣仓储存外运，分离出的水进入冲渣水池循环使用。高温熔融炉渣经过冲渣、渣汽分离及两级吸收处理，水淬效果好，通过收集水汽，循环利用，减少水资源流失。该技术解决了电炉出渣时产生大量有害杂质及蒸汽无组织排放问题，改善了黄磷生产工作环境，降低了操作人员劳动强度，消除了传统方式出炉烟雾及水淬渣汽的视觉污染。淬渣水量消耗由传统工艺的 10t 减少到 1t 以下，氟化物含量由 50mg/m³ 以上下降到 0.5mg/m³ 以下，淬渣水和氟化物排放总量削减 90% 以上，节能、环保效益十分显著。

黄磷炉渣主要化学成分是氧化钙和二氧化硅，还含有少量的五氧化二磷、氟及氧化铝、氧化镁等，如表 3-5 所示。由于水淬骤冷，熔融渣以无定形态存在，具有潜在活性，为磷渣的资源化利用提供了条件，水淬渣为 3～5mm 的不规则粒状，外观灰白色，常称粒化磷渣。图 3-3、图 3-4 分别为典型水淬磷渣及空冷磷渣的 XRD 谱图。

表3-5　国内外黄磷炉渣化学成分及其含量

项目	SiO_2	CaO	Al_2O_3	Fe_2O_3	MgO	F	P_2O_5
质量分数 /%	34～40	43～50	0.5～6.0	0.1～1.0	0.3～2.0	2.0～3.0	1.0～3.0

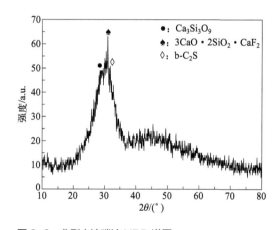

图 3-3　典型水淬磷渣 XRD 谱图

目前黄磷炉渣的资源化利用主要集中于水淬渣，包括黄磷炉渣用于制砖、砌块、仿石材、水泥、混凝土，农业，微晶玻璃等。

① 黄磷炉渣制砖、砌块、仿石材。粒化磷渣主要矿物相为玻璃相，含有大量的 SiO_2 和 CaO，经高温煅烧并控制一定的冷却速度，可生成 β- 硅灰石，替代部分黏土烧结普通砖。曹建新、陈前林等[2] 将黏土、磷

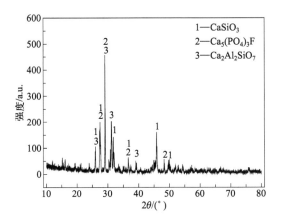

图 3-4　典型空冷磷渣 XRD 谱图

渣、粉煤灰按一定比例烧结普通砖，磷渣掺量为 40% 时，烧成温度比一般烧结普通砖降低约 100℃，成品抗压强度增加 20.9%，工艺流程见图 3-5。夏举佩等 [3] 等将黄磷炉渣湿磨至一定细度加入水玻璃、助剂和铝粉制备成料浆，料浆在常温条件下静置发泡，养护得到生坯，蒸汽养护即得到加气砌块产品，工艺流程见图 3-6。杨林等 [4] 将磷石膏和磷渣粉按质量比 75∶25 配合，外掺 3% 外加剂混合均匀，加入适量水制备成料浆，在蒸压釜中 200℃ 条件下养护 8h 即可制备出抗压强度 12.32MPa、软化系数 0.86 的耐水蒸压砖。

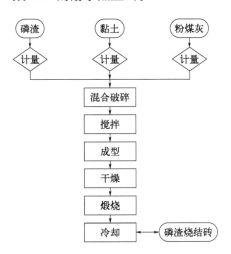

图 3-5　黄磷炉渣烧结砖工艺流程

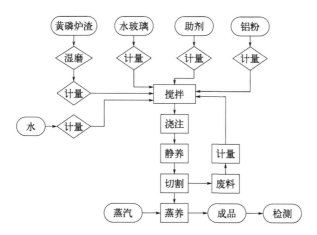

图 3-6　黄磷炉渣制备加气砌块工艺流程

由于粒化磷渣氧化铝的含量较低，因此活性不及矿渣好。彭泽斌等[5]将不同细度级配的磷渣作为原料，按粉状磷渣：细磷渣：粗磷渣＝35：45：20 的比例混合均匀，外掺水玻璃基激发剂，水胶比 0.28 制备成型，常压蒸汽养护 24h，制备的人造石材试件抗折强度大于 13MPa，抗压强度接近 90MPa。朱丽苹[6]根据磷渣的化学组成和矿物相分析，将磷渣粉与粉煤灰和熟石灰复配制备胶凝材料，骨料由炉渣、细磷渣和粗磷渣按一定比例组成，胶骨比 1：1.5、水胶比 0.18 制备料浆，采用振动成型制备人造大理石，抗折强度 12.09MPa，抗压强度 94.38MPa，均高于天然大理石。

② 黄磷炉渣在水泥行业的应用。水泥熟料以石灰石和黏土、铁质原料为主要原料，按适当比例配制成生料，烧至部分或全部熔融，并经冷却而获得的半成品，主要成分是氧化钙、二氧化硅、氧化铝和氧化铁。黄磷炉渣中 CaO 和 SiO_2 含量合计约为 80%，可以代替部分黏土和石灰石煅烧制备水泥熟料，且磷渣中磷、氟等微量元素在煅烧过程中具有矿化作用，对水泥熟料的品质具有益处。

李毅等[7]将黄磷炉渣作为原料替代部分石灰石和黏土煅烧制备水泥熟料，加入磷渣以后熟料烧成温度下降，熟料品质有所提高，3 天和 28 天抗压强度比掺入磷渣前平均提高了 5MPa，但是凝结时间延长了

30 ～ 40min。林发尧[8]欲通过掺入磷渣提高水泥熟料强度，实验证明磷渣中的 P_2O_5 和 CaF_2 在熟料煅烧过程中起矿化作用，改善生料易烧性，降低熟料高温液相黏度，促进熟料 C_3S 形成及析晶，改善熟料矿物组成，提高熟料 28 天强度。王涛等[9]通过磷渣与硅酸盐水泥熟料化学组成分析，利用磷渣与熟料复配，石膏、硫酸钠、硫酸铝、氢氧化钠作为外加剂激发，制备出少熟料磷渣水泥，该水泥性能可达到 PO 52.5 级别。

③ 黄磷炉渣在农业方面的应用。黄磷生产过程中，磷的回收率大约在 90%，有超过 5% 的磷随磷渣排出，并以枸溶磷形式残留于磷渣中，可被植物吸收，改善作物品质，提高作物产量。同时炉渣中含有大量的硅和钙，少量的铁、镁等元素，可促进植物光合作用，增强植株抗病虫害、抗倒伏能力，另外，磷渣中的硅可使土壤变得疏松利于植物生长。因此，将黄磷渣通过简单粉磨处理，可直接用作硅钙多元肥。

④ 黄磷炉渣在微晶玻璃行业的应用。微晶玻璃是将特定组分的基础玻璃通过热处理方式使其晶化，同时含有微晶相和玻璃相的一种复相材料，具有较好的机械性能、耐腐蚀性能、耐磨性能、抗氧化性能。利用工业废渣制备微晶玻璃，可以降低原料成本，提高产品附加值，实现固体废弃物资源化利用，改善环境，推动绿色和可持续发展。目前微晶玻璃的制备方法有烧结法、熔融法和溶胶凝胶法。

管艳梅等[10]以黄磷炉渣作为钙质材料，煤矸石作为硅质材料，不加任何化学外加剂，二者按 80∶20 质量比混合均匀后，在 1250℃温度下熔融制备得到基础玻璃，通过水淬处理得到基础玻璃粉，将基础玻璃粉与磷渣外掺，通过烧结法制备 $CaO-Al_2O_3-SiO_2$ 系微晶玻璃，制备工艺见图 3-7。李然等[11]用黄磷炉渣和铜渣作为原料，添加一定比例焦炭，分两步采用熔融法制备微晶玻璃，首先高温熔融制备基础玻璃，再进一步晶化，得到的微晶玻璃晶相均为钙长石($CaAl_2Si_2O_8$)和镁黄长石($Ca_2MgSi_2O_7$)，制备工艺见图 3-8。王伟杰[12]采用低铁型煤矸石替换硅石助熔剂，添加少量晶核剂和转晶剂，将 SiO_2/CaO 比提升至 $1.0 ～ 1.1$，在满足电炉法黄磷生产操作情况下，直接利用高温熔融磷渣生产高钙微晶玻璃，制备的微晶玻璃试件抗折强度大于 75MPa，抗压强度为

750MPa，具有良好的耐酸碱、盐等腐蚀性，该方法充分利用了磷渣的高温熔融热，产品附加值高，是电炉法黄磷生产节能降耗、绿色生产的最为有效的发展途径之一。

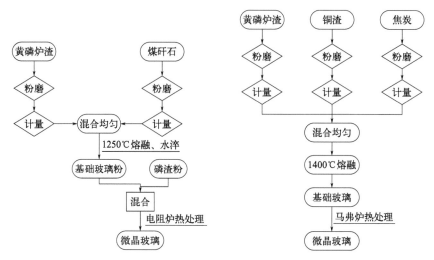

图 3-7 黄磷炉渣、煤矸石制备微晶玻璃工艺　　图 3-8 黄磷炉渣、铜渣制备微晶玻璃工艺

(2)干法排渣与部分热量回收

贵州省瓮安县瓮福黄磷有限公司开发了一种黄磷炉渣风淬冷却方法[13]。该方法如图 3-9 所示，磷渣为二次冷却，磷炉出来的高温炉渣通过带有链条式的钢斗首先经过一次冷却，出口风温控制在 600 ～ 900℃，一次冷却风采用二次冷却的二段冷却风。二次冷却分两段进行冷却，一段冷却风的温度控制在 600 ～ 900℃，同一次冷却出来的热风一起送去锅炉生产蒸汽，二段冷却出口风温控制在 200 ～ 400℃。熔融炉渣依次进入一次冷却、二次冷却一段、二次冷却二段，一次冷却后炉渣温度降至 800 ～ 1100℃，二次冷却后降至 65 ～ 100℃，经冷却后的炉渣外销。该方法由于热损较高，仅仅回收了部分炉渣热量，且生产的炉渣为结晶型，胶凝活性较差，制约了炉渣的进一步利用。

Ma 等[14]利用辐射换热和自然对流的传热原理，通过改造废热回收窑装置，在窑内设置多层换热管束，内壁敷设一层耐高温反射膜（PAP），废热回收窑顶端设置通气孔，利用热压效应使窑内的热气流产生流动，外掠管束，增加磷渣流动时的均匀性，并适当增加出渣时间，提高磷渣潜热利用率，回收后的废热主要用于黄磷生产工艺中磷矿石的烘干以及其他需要加热和烘干的场所。

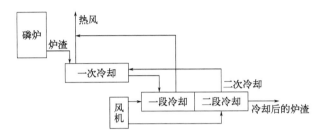

图3-9 一种黄磷炉渣风淬冷却方法

3.2.4 磷铁资源化利用

磷铁是电炉法生产黄磷伴生产物之一，因其密度大于磷渣，沉于电炉底部，排渣时随磷渣排出，并沉于排渣沟底部，冷却后分离附着的磷渣即得。每吨黄磷副产磷铁 $100 \sim 200kg$ ，磷铁中磷含量 $60\% \sim 72\%$ ，铁含量 $18\% \sim 26\%$ 。目前，磷铁主要作为原料直接外销，售价较低。如何将磷铁资源有效利用，制备高附加值的产品，对黄磷企业显得十分重要。

磷铁制备催化剂。磷酸铁最初被人们应用在防锈涂料、农业、冶金等领域。陈通等[15]将磷化渣提纯得到磷酸铁，以磷酸铁和乙醇作为原料通过溶剂热法合成羟基磷酸铁，再进一步通过高温改性获得具有良好光催化性能的磷酸铁催化剂，该催化剂对于印染废水中有机染剂的降解有很好效果。夏海岸等[16]以磷酸铁作为催化剂，在研究磷酸铁对左旋葡萄糖酮收率的影响中发现，磷酸铁降低了反应活化能，促使反应进行。

磷铁制备电极材料。磷酸铁可以制备锂离子电池正极材料，磷铁中含有大量的磷和铁，可作为原料提供磷源和铁源。马毅等[17]使用硫酸和硝酸将磷和铁从磷铁废渣中提取，通过沉淀法制备出纳米磷酸铁，并研究了酸浓度、反应温度以及反应时间对磷溶出率的影响，通过调整磷与铁摩尔比，制备电池级纳米磷酸铁。赵曼等[18]用水热法以磷铁制备电池级磷酸铁，以磷铁、磷酸、硝酸作为原料，结果表明最终得到的材料为正磷酸铁，磷铁中存在的微量元素改善了其电化学性能，将该材料在高温下改性所得的电池材料首次充放电容量可达 148.9mA·h/g。

3.2.5 泥磷回收

电炉法生产黄磷的炉气中含有 CO、磷蒸气、SiF_4，并夹带矿粉、煤粉、硅粉等物质；炉气通过导气管进入喷淋塔进行水洗冷凝，磷蒸气冷凝成液态黄磷沉积到受磷槽。在受磷槽中各种粉尘包裹少量黄磷形成胶状物或者块状物泥磷，大部分泥磷在压磷操作时随粗磷进入精制槽，少部分随喷淋水溢流进入污水循环系统。进入精制槽的泥磷含磷量很高，最高达 90% 以上，称之为富磷泥；该部分泥磷经过多次加温漂洗，使磷含量降到 50% 以下（干基），形成贫磷泥。泥磷为危险物质，不能外排，通常采用蒸磷法回收泥磷中的单质磷。

每生产 1t 工业黄磷副产泥磷 0.05～0.2t（干基），进入泥磷中的黄磷量占黄磷产量的 2.5%～10%。当前常用的泥磷处理方法为物理处理法和化学处理法。蒸磷和离心分离是常用的物理处理法，泥磷制酸是常用的化学处理法。

（1）蒸磷法

蒸磷是指在密闭环境下，对泥磷进行加热，使液态磷在高温状态下汽化，再通过水洗冷凝液化回收的过程。

① 转锅蒸磷。将泥磷输入到一个可以转动的锅内，以黄磷尾气为热源，对转锅逐步升温。随着温度上升，水分和磷逐步汽化。蒸出的气态磷及其他气体沿导气管进入水洗冷凝塔，黄磷液化后收集于受磷槽，不凝性气体送入碱洗装置，处理后尾气从放空管放空，残渣由排渣口排出。

由于转锅不停转动，转锅内的泥磷受热较平衡，可使残渣含磷降至1%以下，回收率在99%以上，每锅蒸磷作业周期一般在6～8h。每次进泥磷和出渣时均需要人工操作，危险性较大；无法避免磷燃烧现象，现场操作环境恶劣，存在严重的二次环境污染，生产效率低下，能耗高，难以达到环保要求，面临逐步淘汰。

② 回转窑蒸磷。将泥磷在密闭的回转筒体内反应[19]，是一种连续式蒸磷法。兴发集团自主开发了在线黄磷污水分离技术及其关键装备，将黄磷精制岗位充分回收后的泥磷在储存池内收集，池内布置蒸汽管用蒸汽升温，一次回收后将贫磷泥与电炉喷淋循环污水按一定比例充分搅拌混合后，连续进入卧式离心机实现磷、渣、水分离。黄磷进入储存槽；污水进入污水收集池，加入石灰石和絮凝剂，再通过叠螺分离机分离杂质后供黄磷生产喷淋循环使用；分离后水分含量较低的泥磷进入置于燃烧室中的回转窑，燃烧室以黄磷尾气燃烧产生的高温烟气作为热源，在燃烧室设置隔焰板，通过热辐射对筒体进行加热（火焰不直接对筒体进行加热），回转窑温度一般设置为700～800℃。回转窑通过电机驱动，有倾斜角度，窑内物料随着转动会自动向前推进。回转窑后部安装有动密封装置，保证旋转的窑体和固定尾箱之间的相对密封；回转窑中的水蒸气和磷蒸气通过烟道进入水洗冷却塔进行冷凝；反应后的灰渣呈灰白色粉状，在窑体后部尾箱定期放出。湖北兴发集团的生产实践表明，磷收率在95%以上。放出的灰渣可作为肥料加工使用。该技术利用卧式螺旋离心机和叠螺分离机协同运行，强制沉降分离黄磷污水中的固形物，实现了对黄磷污水中液态黄磷 - 泥磷 - 污水（液 - 固 - 液）三相实时高效分离。泥磷不与空气接触，改善了作业环境。全工艺过程的关键是卧式螺旋离心机三种物料的有效分离与外热式回转窑的密封。

③ 黄磷漂洗系统与泥磷连续回收一体化装置[20]。该装置采用卧式螺旋离心机分离泥磷的固液相，固体出料通过管道进入自洁式双螺杆蒸磷机。自洁式双螺杆蒸磷机由壳体和两端机械密封组成，壳体内设有两个空心长轴，任一空心长轴的周边焊接有若干T形齿，两个空心长轴上的T形齿在旋转时相互耦合，两个空心长轴的一端分别与减速机相连接，

减速机的另一端与电机连接；两个空心长轴的另一端与设有加热介质的加热装置连接。具体方法包括：黄磷漂洗系统产生的含泥磷的漂洗水进入第一贮槽，在 60 ~ 75℃下进行搅拌，经搅拌匀化后通过第一液下泵送入卧式螺旋离心机；含泥磷的漂洗水经卧式螺旋离心机分离为液相和固相，液相中含有粗磷和漂洗水，液相流入第二贮槽，并经第二液下泵送回至黄磷漂洗系统进行进一步精制；经卧式螺旋离心机分离的固相为脱水后的泥磷，含水量小于 25%，固相送入自洁式双螺杆蒸磷机进行蒸磷，蒸磷后的磷蒸气送入冷凝洗涤装置进行冷凝回收，蒸磷后的泥磷渣经过渣贮槽和螺杆输送机输出。其中蒸磷温度为 200 ~ 450℃，蒸磷时间为 0.5 ~ 2h，自洁式双螺杆蒸磷机的转速为变频控制。该技术的特点是自洁式双螺杆蒸磷机的密封件不与物料直接接触，关键是自洁式双螺杆蒸磷机的加热与控制(图 3-10)。

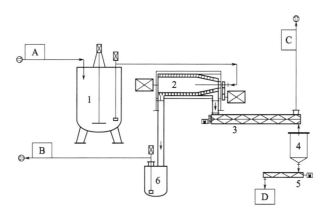

图 3-10　黄磷漂洗系统与泥磷连续回收一体化装置示意

1—第一贮槽；2—卧式螺旋离心机；3—自洁式双螺杆蒸磷机；4—渣贮槽；5—螺杆输送机；
6—第二贮槽；A—含泥磷漂洗水；B—粗磷及漂洗水；C—磷蒸气；D—泥磷渣

(2)泥磷制酸

泥磷制酸如图 3-11 所示[21]。泥磷用泵送入泥磷处理槽，加入复合分散剂、搅拌、蒸汽加热、蒸煮、分散、均化泥磷；用变频调速的液下泵把 $w(P)=30\%$ 以上的泥磷送至燃烧炉，通过设在炉顶的空气雾化喷头喷入炉内。雾化喷头用 0.5 ~ 0.6MPa 的压缩空气先经空气预热器加热至

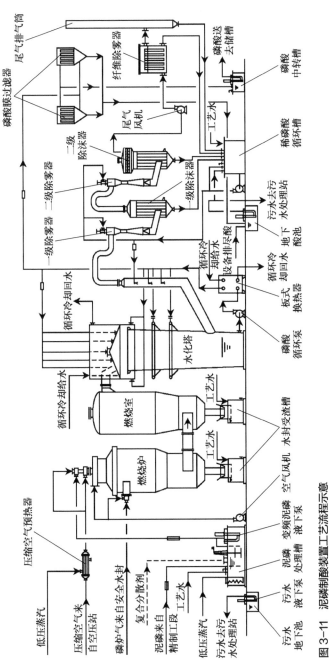

图 3-11 泥磷制酸装置工艺流程示意

80 ～ 90℃。为维持炉温，稳定黄磷燃烧过程，在燃烧炉上部设置了 3 支切向进炉的磷炉尾气烧嘴，可燃的磷炉尾气通过烧嘴燃烧，高温气体以切向旋流的形式进入燃烧炉。反应后的混合气体温度高达 1200℃。在此高温下，泥磷中的水分全部汽化，所含黄磷亦在高温、过量 10% 氧气的条件下燃烧，同时泥渣也被高温熔融。熔融态炉渣沿内壁流淌至炉底，经由出渣套管落入水槽淬渣并冷却。含磷酸酐的高温炉气则经由燃烧炉下侧的管道进入燃烧室。在该设备中，炉气中残余的熔融泥渣进一步分离，残磷进一步氧化，分离了炉渣后的高温炉气由燃烧室上部排出，进入水化塔吸收，工艺气体温度从 1200℃降至 90℃，随后进入除雾系统，尾气达标排放。所得成品酸浓度由进入泥磷制酸系统的水、单质磷含量所确定，一般低于 75%（以 H_3PO_4 计）。泥磷制酸存在的问题在于热量不平衡，泥磷中水含量高，其中的磷含量不足以支撑泥磷的充分燃烧，需要黄磷尾气补充热量；所制得的磷酸品质达不到工业磷酸标准，附加值低；设备运行周期较短，没有获得大规模推广应用。

泥磷还有其他处理与回收方法。如盐酸 - 硝酸法回收黄磷，盐酸 - 硝酸溶液与泥磷反应后，泥磷中的胶体被破坏，磷矿粉中的化合磷也被萃取出来进入废液中，经过滤后制取磷肥，未反应的磷沉淀在底部。碱法处理泥磷制次磷酸钠，氧化 - 碱液吸收法处理贫磷泥也有相关报道。但是为避免环境污染，化学法处理黄磷产生的废液和废渣均需进行二次处理，效率低，成本高，目前未见产业化报道。

3.2.6　智能制造

围绕本质安全要求，通过对黄磷生产进行自动化、智能化技术改造，降低员工劳动强度，促进黄磷行业持续健康发展。

（1）实时通话系统

黄磷生产具有一定的危险性，通信时效性要求高，厂区内通信主要依靠电信、移动、联通等网络运营商提供通信服务，通信网络与民用网络公用，存在网络延时、通信不畅等问题，存在一定的安全风险。利用数字集群通信系统，可实现实时通话。通过在厂区内建设基站，组建内部通信网络，配备通话终端，设置分组识别权限；在后台对系统进行管理、记录等。通过现场高清监控系统，设置定位信息固定接收终端，借助操作人员手持终端，对现场人员进行实时定位，解决了黄磷乃至整个化工生产中的通信技术难点：一是通过实时通话系统，解决了通话信号差、信号受干扰、通话不能实时对讲的技术难点，实现了厂区通信无死角，通话高效率的目的；二是解决了人员实时追踪定位的问题，借助现场定位模块，利用手持终端定位平台，全方位、全立体地实现装置内人员位置追踪，并能通过视频系统实时进行定位和通信；三是通过通信分组系统的开发，实现多种呼叫模式和权限，互相通话不受影响。

(2) 黄磷生产的集中控制

传统黄磷行业均将配电室、煤气中控室设置在黄磷电炉区域内，不符合安全、消防规定，不利于紧急情况应急。在远离生产装置区域外新建中控综合操作室。系统梳理现有装置配电系统的保护系统，增加变保护测控、监测装置，将原机械保护升级为微机保护，满足安全联锁要求。通过信号转换，将微机保护系统数据与DCS系统(分散控制系统)相融合，实现DCS自动化操作。配电和视频系统运行正常后，将控制信号引入综合控制室，实现电炉配电和炉气自动控制的融合，人员操作更方便，联锁时效性和可靠性更高，实现了数字化联锁，提高了炉气中控与配电人员的沟通效率，结束了黄磷电炉配电必须设置在炉面的历史。

(3) 黄磷精制自动化控制

黄磷行业压磷、漂磷精制等涉磷操作，传统均为手动阀门切换，输送采用真空虹吸等。富磷泥回收一般采用先蒸汽蒸煮再静置分离磷与贫磷泥的方式，蒸煮过程有无组织烟气排放，不利于作业现场的管控，自动化程度低，劳动强度大，操作过程存在极大的安全风险。新建富磷泥回收工艺实行串联加并联，每一级回收罐溢流到下一级，形成四级回收。每个回收罐上方均安装有反洗泵进行自反洗搅动。在搅拌的作用下，泥磷中的黄磷分离并沉降至罐底。精制锅、回收罐设有放磷管线，放磷阀为气动阀，将放磷操作编入 DCS 系统，可在中控室实现远程自动操作。放磷管线安装有质量流量计，既可计量，也可依据密度判断放磷终点，自动停止放磷。新建热水保温罐，充分利用渣汽水热量（水温 80℃），通过换热器，将热水罐的保温清水同渣汽热水进行热交换，用于精制锅、受磷槽、回收罐供热，以保证整个精制回收系统长期处于保温状态（不低于 45℃），改变了传统黄磷生产过程中依靠人工操作和蒸汽蒸煮处理泥磷的操作模式。通过精制保温自动阀门、在线计量系统、锥形多级回收装置等实现了黄磷精制回收自动化控制、数字计量，提升了黄磷回收效率；实现了漂磷系统的全密闭，改善了现场环境；同时，有效利用了渣汽余热，提高了能源利用率。

(4)原矿自动化计量配料

黄磷原矿采用普通抓斗，起抓过程中因其抓斗角度问题，受空间限制存在工作死角，工人现场作业劳动强度大且高空作业存在风险。原矿计量采用人工分斗称量，操作烦琐。将黄磷抓斗进行改造，由原来的普通两瓣抓斗改成六瓣抓斗，实现无死角抓矿；通过增加现场限位、摄像头、程序控制联锁，将进料、出料、计量称重等信号接入 DCS 系统，实现自动化进出料、自动配料称重与远程操作。

(5)黄磷电炉自动接电极技术

黄磷电炉在反应过程中石墨电极逐渐消耗，当电极夹头上端电极高度不足 200mm 时，需加接新电极。原黄磷企业采用人工方式操作，每次安装电极，电炉需停电 15～20min，破坏了炉内的还原性气氛，导致电炉损耗大，电耗增加；加接电极、接头需要工人爬到炉顶，现场温度高且存在安全风险；拧紧操作至少需要 5 人同时作业，劳动强度大，且存在电极对接不紧现象，导致生产过程中电极易折断。需对黄磷电炉炉面结构进行改造，安装石墨电极自动接长、电极倾翻装置。接长电极时，将装入新电极的接长装置吊至电炉顶部并接触到电炉上的旧电极后，利用遥控器使底座上的抱闸张开夹住旧电极，启动下部夹紧油缸使抱闸夹紧电极进行自动定位，再通过遥控操作使夹紧旋转筒旋转并使提升机下降，随着接长装置的下降和旋转，新电极和旧电极丝扣自动对接，只需要一个人就可实现电极带电状态下遥控自动接长拧紧，减轻了劳动强度，消除了安全风险，减少了电炉停电时间，保证了磷炉的稳定连续操作。

3.2.7 降低磷矿还原温度

黄磷生产过程中，添加助熔剂能够降低黄磷还原反应温度，从而降低黄磷生产能耗。目前助熔剂的研究主要集中在 SiO_2、Al_2O_3、MgO、含钾硅酸盐矿物和碱金属盐。

3.2.7.1 SiO_2 对磷矿还原的影响

硅石是目前工业上应用的黄磷生产原料之一，SiO_2 含量高达 86% 以上，其作为助熔剂能够显著降低磷矿还原初始温度。如图 3-12 所示，通过热力学软件 HSC 6.0 计算表明，无 SiO_2 时，氟磷酸钙还原温度高达 1570℃[反应式(3-9)]。添加 SiO_2 时，还原温度降低至 1274℃[反应式(3-10)]。图 3-13 给出了 SiO_2-CaO 体系相图，SiO_2 存在时能够形成低共熔物，对 $Ca_3(PO_4)_2$ 混合物料熔点降低有显著作用。

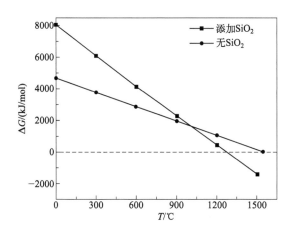

图 3-12　氟磷酸钙还原吉布斯自由能与温度的关系

$$2Ca_5(PO_4)_3F+15C \xrightarrow{\text{高温}} 9CaO+15CO+3P_2+CaF_2 \tag{3-9}$$

$$4Ca_5(PO_4)_3F+21SiO_2+30C \xrightarrow{\text{高温}} 20CaSiO_3+6P_2+30CO+SiF_4 \tag{3-10}$$

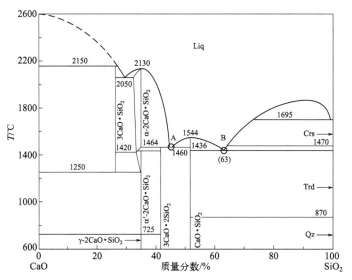

图 3-13　SiO_2-CaO 体系相图

对于硅石在磷矿还原中的作用，早在 20 世纪 60 年代，就有文献[22]证明在磷矿还原反应中，当温度达到 1500℃以上时，SiO_2 能被碳还原成 SiO；李艳[23]研究了硅藻土和二氧化硅两种硅源对磷矿还原反应的影响，发现硅藻土在 1300℃时，相比二氧化硅展现出更好的促进作用；郑光亚等[24]通过对比研究，得出磷矿自身携带 SiO_2 比使用硅石助熔剂更容易反应；魏晓丹等[25]认为 SiO_2/CaO（质量比，下同）取 0.86～1.1 比较适宜；胡彪[26]在温度为 1450℃、碳过剩系数为 1.5、反应时间 60min 的条件下，探究了 SiO_2/CaO 对磷矿还原反应的影响，提出最佳 SiO_2/CaO 在 1.5～2.5之间，当 SiO_2/CaO 大于 2.4 后，还原率随 SiO_2/CaO 的增大而减小；李秋霞等[27-29]对 SiO_2 对氟磷酸钙碳热还原制磷的过程进行了研究，提出在低于 1450℃时，添加 SiO_2 有利于提高还原率。李贤粉等[30]在 1Pa、14%配碳量下，研究了不同 SiO_2/CaO 对磷矿碳热还原反应体系的影响，结果表明当 SiO_2/CaO 为 0.86 时，对磷还原的促进效果最为明显。研究者们对不同地区的磷矿采用不同的实验条件，都得出 SiO_2/CaO 对磷矿还原有促进作用，如表 3-6 所示。

表3-6   不同条件下磷矿还原反应的SiO₂/CaO

原料来源	实验条件	最佳 SiO₂/CaO（摩尔比）	磷还原率	参考文献
云南、四川	1350℃，100min	1:1，1.2:1，1:1	84.1%，78.9%，91.6%	[25]
云南、湖北	1450℃，60min	1.5～2.5	87%～98%	[26]
云南某企业	1250℃，60min，1Pa（真空）	0.8	33.09%	[30]
云南	1430℃，60min	2.4	80% 左右	[31]
云南某地	1400℃，120min	0.71	60% 左右	[32]
云南	1400℃，40min	1.52	83.98%	[33]

在磷矿还原反应中添加一定量的 SiO_2，能在一定程度上增加磷矿的还原率。但 SiO_2 含量过高，磷矿还原率会降低，原因是当温度升高时，随 SiO_2 的增加，$CaSiO_3$ 生成物不断增多，会附着在反应物表面，减小了 $Ca_3(PO_4)_2$ 与还原剂碳之间的接触面积，降低传质效率，导致磷矿还原率下降。因此，合理控制 SiO_2 的量是促进磷矿还原的关键因素之一，目前国内磷炉的 SiO_2/CaO 一般控制在 0.75～0.85 之间。德国伍德公司（UHDE）K 厂以 0.9 作为配料基础，并根据处理的矿渣量、炉况和矿渣样品分析对配料再进行相应调整。

3.2.7.2   Al₂O₃ 对磷矿还原的影响

炉料中的 Al_2O_3 会与矿料中的 CaO、SiO_2 反应形成化合物，图 3-14 指出，Al_2O_3 含量增加到约 11%，能降低 $CaO-Al_2O_3-SiO_2$ 系统的熔融温度[34]，因此炉料的 Al_2O_3 可以代替 SiO_2 作为助熔剂。

Al_2O_3 作为助熔剂是由伯尔特[35]在电炉冶炼磷矿制造磷铁时提出来的，他的研究得出，当炉料中 Al_2O_3 和 SiO_2 的总量大于 38% 时，磷矿能充分熔融，有利于生产操作；汤建伟等人[36]测量了 Al_2O_3/CaO（摩尔比）为 0.1～0.5 的磷酸钙 $[Ca_3(PO_4)_2]$ 混合物的熔化温度，发现 Al_2O_3 的

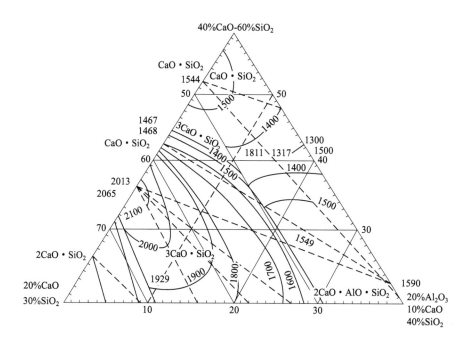

图 3-14　CaO-Al$_2$O$_3$-SiO$_2$ 系统平衡图

加入引起了样品的部分变形和软化，改善了材料的熔化性能；兰方杰[37]用 Ca$_3$(PO$_4$)$_2$ 模拟物料，用 Al$_2$O$_3$ 与 SiO$_2$ 复合配料来研究其对磷矿熔点的影响，结果表明当 SiO$_2$ 与 Al$_2$O$_3$ 助熔剂结合使用时，助熔剂系统中存在两个低共熔区，使熔化温度比未添加 SiO$_2$-Al$_2$O$_3$ 助熔剂时低约 100℃，如表 3-7 所示。

表3-7　SiO$_2$-Al$_2$O$_3$复配物料配比

复配物	低熔点区	熔融温度 /℃	物料配比（摩尔比）
SiO$_2$-Al$_2$O$_3$	2 个	1400 ～ 1420	SiO$_2$/CaO=0.3 ～ 1.25 Al$_2$O$_3$/CaO=0.25 ～ 1.0 或 SiO$_2$/CaO=1.4 ～ 1.75 Al$_2$O$_3$/CaO=0.3 ～ 1.25

对反应前后 SiO$_2$-Al$_2$O$_3$ 体系物料进行 X 射线衍射分析，推测 SiO$_2$-Al$_2$O$_3$ 复配体系磷矿高温熔融过程中发生的反应如下：

$$Ca_{10}(PO_4)_6F_2+15C+2SiO_2 \longrightarrow 3/2P_4+15CO+9CaO \cdot 2SiO_2+CaF_2 \qquad (3\text{-}11)$$

$$3Al_2O_3 + 2SiO_2 \longrightarrow 3Al_2O_3 \cdot 2SiO_2 \qquad (3-12)$$

$$3(Al_2O_3 \cdot SiO_2) \longrightarrow 3Al_2O_3 \cdot 2SiO_2 + SiO_2 \qquad (3-13)$$

$$3Al_2O_3 \cdot 2SiO_2 + CaO \longrightarrow CaO \cdot 3Al_2O_3 \cdot 2SiO_2 \qquad (3-14)$$

$$3Al_2O_3 \cdot 2SiO_2 + 2CaO \longrightarrow 2CaO \cdot 3Al_2O_3 \cdot 2SiO_2 \qquad (3-15)$$

Al_2O_3 在高温下与 SiO_2 形成易熔矿物，如莫来石，莫来石随后形成钙长石和钙铝黄铁矿，与磷矿石分解时生成的 CaO 形成低共熔物，降低了磷矿石的熔点。

3.2.7.3　MgO 对磷矿还原的影响

MgO 在磷矿石中主要以白云石形式存在。高温下，白云石分解成氧化镁。穆刘森[38] 的研究结果，表明 MgO 的引入所产生的镁质矿物能和硅酸盐矿物形成低共熔物，在更低的温度下熔融，提高炉渣的活性，有效降低反应温度。兰方杰[37] 通过 MgO 与 SiO_2 复合配料研究其对磷矿熔点的影响，结果表明熔融温度比不加 SiO_2-MgO 助熔剂条件下降低 100℃ 左右，复配体系物料存在一个熔点较低的配料区间，物料配比与熔点如表 3-8 所示。

表3-8　SiO_2-MgO复配物料配比与熔点

复配物	低熔点区	熔融温度 /℃	物料配比（摩尔比）
SiO_2-MgO	1 个	1260 ~ 1290	SiO_2/CaO=0.75 ~ 1.75 MgO/CaO=0.75 ~ 1.5

用 $Ca_3(PO_4)_2$ 模拟物料进行熔融实验，单独添加 SiO_2、MgO、Al_2O_3，结果表明，三种物质对物料熔点影响大小趋势为：$SiO_2 > Al_2O_3 > $ MgO，且 SiO_2 分别与 MgO、Al_2O_3 复配，在降低物料熔点方面均存在协同效应，SiO_2-MgO 协同助熔效果优于 SiO_2-Al_2O_3；但如果采用添加白云石的方法增加 MgO，会导致 $MgCO_3$ 分解，增加能耗和粉尘，因此，工业生产不在原料中添加白云石，但磷矿中含有白云石。

考虑 Al_2O_3 与 MgO 对磷矿还原的影响，黄磷生产引入了四元酸度，表达式见式(3-16)：

$$M_k=m[(SiO_2+Al_2O_3)/(CaO+MgO)] \tag{3-16}$$

Al_2O_3 的存在会影响炉渣的流动温度，增加黏度，造成排渣困难，因此在确定酸度值时，需从 $CaO\text{-}Al_2O_3\text{-}SiO_2$ 三元体系进行分析，确保正常生产。

3.2.7.4 含钾硅酸盐矿物对磷矿碳热还原反应的影响

钾页岩、钾长石和霞石均属含钾硅酸盐矿物。对硅石、钾页岩、钾长石、霞石进行 X 射线衍射分析(XRD)，分析结果表明，钾页岩和硅石的主要矿物相是 SiO_2，而钾长石和霞石的主要矿物相是微斜长石 $(KAlSi_3O_8)$[39]。郭峰等[40-41]提出在生产磷钾肥时使用钾长石而不是硅石作为助熔剂，从热力学和动力学的角度研究了钾长石的还原反应机制以及 CaO 对还原过程的影响，发现无论热分解还是还原，钾长石都应该在 CaO 存在下进行反应。

李银[39]用钾页岩、钾长石、霞石替换硅石作为黄磷生产助熔剂，探究了其对磷矿还原的影响，反应式见式(3-17)～式(3-24)，其中式 (3-17)～式(3-19)为磷矿-无烟煤-硅石体系和磷矿-无烟煤-钾页岩体系可能发生的反应方程式，式(3-20)～式(3-24)为磷矿-无烟煤-钾长石体系和磷矿-无烟煤-霞石体系可能发生的反应方程式。利用热力学软件分别对硅石、钾长石、霞石三种物质作为助熔剂体系在 $25 \sim 1600℃$ 下磷矿的碳热还原反应进行了吉布斯自由能随温度变化的计算(图 3-15、图 3-16)。

$$4Ca_5(PO_4)_3F+30C+21SiO_2 =\!=\!= 6P_2+20CaSiO_3+SiF_4+30CO \tag{3-17}$$

$$24Ca_5(PO_4)_3F+180C+46SiO_2 =\!=\!= 36P_2+40Ca_3SiO_5+6SiF_4+180CO \tag{3-18}$$

$$12Ca_5(PO_4)_3F+90C+43SiO_2 =\!=\!= 18P_2+20Ca_3Si_2O_7+3SiF_4+90CO \tag{3-19}$$

$$4Ca_5(PO_4)_3F+7KAlSi_3O_8+30C =\!=\!=$$

$$6P_2+3.5CaAl_2SiO_6+16.5CaSiO_3+SiF_4+3.5K_2O+30CO \tag{3-20}$$

$$4Ca_5(PO_4)_3F+8.4KAlSi_3O_8+30C =\!=\!=$$

$$6P_2+4.2CaAl_2Si_2O_8+15.8CaSiO_3+SiF_4+4.2K_2O+30CO \tag{3-21}$$

$$4Ca_5(PO_4)_3F+6KAlSi_3O_8+30C =\!=\!=$$

$$6P_2+3Ca_2Al_2SiO_7+14CaSiO_3+SiF_4+3K_2O+30CO \quad (3\text{-}22)$$

$$4Ca_5(PO_4)_3F+7KAlSi_3O_8+30C =\!=\!=$$

$$6P_2+3.5Ca_3Al_2Si_3O_{12}+9.5CaSiO_3+SiF_4+3.5K_2O+30CO \quad (3\text{-}23)$$

$$4Ca_5(PO_4)_3F+6KAlSi_3O_8+30C =\!=\!=$$

$$6P_2+3CaAl_2O_4+17CaSiO_3+SiF_4+3K_2O+30CO \quad (3\text{-}24)$$

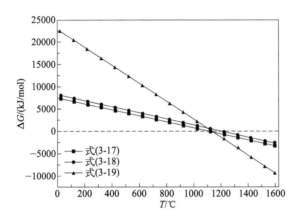

图3-15 硅石为助熔剂时吉布斯自由能与温度的关系图

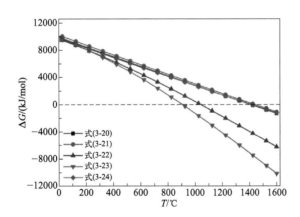

图3-16 钾长石、霞石为助熔剂时吉布斯自由能与温度的关系图

式(3-17)～式(3-19)的吉布斯自由能随温度升高而降低，且式(3-17)、式(3-18)和式(3-19)在1120℃、1210℃和1132℃时$\Delta G=0$。这一结果表

明，当硅石作为助熔剂使用时，式(3-19)更有可能发生，而式(3-20)、式(3-21)和式(3-24)在大于1500℃温度下更有可能发生，与硅石助熔剂相比，这些反应发生的难度较大。式(3-23)，ΔG在905℃时为0，表明此反应在高于905℃时就开始发生，与硅石或钾页岩相比，钾长石或霞石作为助熔剂，在热力学上可使温度降低将近215℃。

其它实验结果也与热力学的计算结果一致，即当使用钾长石或霞石作为助熔剂时，流动温度、黏度更低，残渣流动性更好，炉渣更容易清除，反应更容易进行。与传统的硅石和钾页岩助熔剂不同，钾长石和霞石助熔剂有效地提高了磷矿的转化率。在温度1400℃、反应时间40min、硅钙比1.02、碳过剩系数1.5的实验条件下，分别添加硅石、钾页岩、钾长石和霞石作为助熔剂，还原率为88.49%、96.47%、96.71%和96.12%，表明含钾硅酸盐矿物在磷矿石的还原反应中是有效的。

3.2.7.5 碱金属对磷矿还原反应的影响

碱金属盐被广泛用作煤气化和冶金炼焦的添加剂。许多研究人员研究了各种无机碱金属添加剂对磷矿石还原反应的影响。杜先奎等[42]发现，碱金属单质及盐的加入提高了焦炭的热活性；加入适量的碱金属，碱金属离子破坏了矿物的晶粒结构，使其晶粒结构重整，从而增加了矿物反应活性，提高了还原反应速率和降低了反应温度[43]。

赵禹等[32]选用云南某地的磷矿和焦炭，在焦炭中添加钾系碱金属盐与氢氧化钾改变炭活性，考察不同钾系物质(KCl、K_2CO_3、K_2SO_4、KOH)对磷矿转化率的影响。实验在1250℃、反应时间80min、碳过剩系数1.5、$SiO_2/CaO=0.71$的条件下进行，以钾离子为衡算标准，以焦炭量为基准分别添加0.5%～4.0%的钾离子，对磷转化率的影响如图3-17所示。

图3-17表明，钾系碱金属物质作为催化剂均能促进磷矿的碳热还原反应，不同碱金属物质促进效果为$K_2SO_4 > KOH > K_2CO_3 > KCl$；在相同转化率下，$K_2SO_4$、$KOH$加入量远少于$KCl$、$K_2CO_3$，其中$K_2SO_4$对于碳热还原反应的促进效果最好，1250℃时转化率为60%左右。

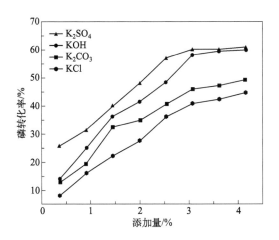

图 3-17　不同钾系碱金属添加量对磷转化率的影响

K_2CO_3 和 Na_2CO_3 作为碱金属碳酸盐催化剂也被用于煤气化和冶金等许多领域[44]；Kopyscinski 等[45]发现，在 750℃下，将无灰煤与 20%（质量分数）的 K_2CO_3 溶液混合气化，其气化速率比未添加催化剂的煤大大提高，且当催化剂用量从无灰煤质量的 20% 提高到 45% 时，气化率同时提高；Bai 等人[46]发现，加入碳酸钠可以促进菱铁矿的还原。曹任飞等[47]在焦炭中加入碱金属碳酸盐（Na_2CO_3、K_2CO_3）进行磷矿还原的试验研究，结果见图 3-18。

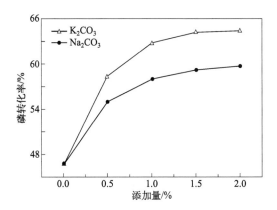

图 3-18　不同碱金属碳酸盐添加量对磷转化率的影响

在温度 1300℃、碳过剩系数 1.05、反应时间 50min、硅钙比 SiO_2/CaO=1.02 时，分别添加焦炭量 0.5% ～ 2.0% 的 K_2CO_3、Na_2CO_3，结果表明，

加入碱金属碳酸盐可以增强炭活性，提高磷的转化率，明显降低残渣的流动温度，改善残渣黏度，K_2CO_3 促进效果优于 Na_2CO_3，最佳加入量为焦炭量的 1.5%。相较于无添加体系，添加 K_2CO_3，磷矿的还原率从 46.7% 提升至 64.22%；添加 Na_2CO_3，磷矿的还原率从 46.7% 提升至 59.14%。电炉法黄磷生产反应物停留时间一般为 4h[48]，为使磷转化率达到工业要求，在 1300℃ 下，继续延长反应时间至 4h，添加 K_2CO_3 体系，磷矿的转化率从 66.41% 提升至 91.32%；添加 Na_2CO_3 体系，转换率从 66.41% 提升至 87.24%。

综上，在磷矿还原中加入助熔剂，能够有效降低熔融温度和磷矿还原温度，节能减碳。传统的黄磷生产通过添加硅石形成低共熔物，硅钙质量比一般控制在 0.7 ~ 0.9。在硅石基础上分别添加 Al_2O_3 和 MgO，在一定程度上能进一步降低硅石体系中的磷矿还原熔融温度，改善物料熔融特性，且 Al_2O_3 优于 MgO；将 SiO_2 与 Al_2O_3、MgO 复配均有协同作用，且 SiO_2-MgO 协同助熔效果优于 SiO_2-Al_2O_3。含钾硅酸盐矿物作为黄磷生产中新型助熔剂，与传统硅石助熔剂对比，残渣的流动温度、黏度更低，流动性更好，排渣更容易。在焦炭中添加碱金属盐可以增加炭活性，促进磷矿的碳热还原反应。钾系碱金属物质对磷矿还原反应的促进效果 K_2SO_4 > KOH > K_2CO_3 > KCl；碱金属碳酸盐促进效果 K_2CO_3 > Na_2CO_3。

3.3

黄磷尾气的资源化利用

3.3.1 黄磷尾气组成

黄磷尾气指在黄磷生产过程中，收取黄磷产品后的工艺气体。黄磷尾气含 CO 80%～90%（体积分数）、H_2 5%～7%，热值为 10.5～11.4MJ/m³，属中热值煤气。除此以外，尾气中还含有硫化物（有机硫和无机硫）、氟化物（主要为 HF 和 SiF_4）、磷化物（以 PH_3 为主）和砷化物（以 AsH_3 为主）等杂质。

自 2009 年 1 月 1 日起实施，由工业和信息化部制订的《黄磷行业准入条件》明确规定[49]：磷炉尾气不得直排燃烧，必须实现能源化或资源化回收利用，新建黄磷装置尾气综合利用率必须达到 90% 以上。鼓励黄磷生产企业利用黄磷尾气作为热源生产精细磷酸盐或发电，鼓励企业开发应用磷炉尾气生产碳一化学品技术。

新建、在建和现有黄磷装置必须分别达到表 3-9 中的经济技术指标，其中电炉电耗不包括贫矿选矿装置或（和）粉矿成球、烧结或其他粉矿综合利用装置能源消耗（数据为吨黄磷消耗值，电力折标系数为 0.1229kg/kW·h）。

表 3-9　黄磷装置经济技术指标

项目	新建、在建装置	现有装置
综合能耗 / 吨标准煤	≤ 3.2	≤ 3.6
磷矿消耗 (30% 折标)/t	≤ 8.7	≤ 8.7
电炉电耗（按配比炉料 P_2O_5 24% 折算）/kW·h	≤ 13200	≤ 13800
磷炉炉渣综合利用率 /%	≥ 95	≥ 90
尾气综合利用率 /%	≥ 90	≥ 85
粉矿利用率 /%	100	100

黄磷尾气可作为燃料气和合成气使用。黄磷尾气中丰富的一氧化碳净化后可作为化工原料合成多种化工产品，如合成甲醇、二甲醚、甲酸甲酯、碳酸二甲酯等碳一化工产品，也可作为合成氨原料气。但由于黄磷尾气含有磷、硫、砷、氟等杂质（表 3-10），燃用未经处理的黄磷尾气，燃烧气具有较强的腐蚀性；如果用作合成气，合成气各种催化剂对杂质要求更为苛刻，因此，黄磷尾气必须通过净化才能获得进一步利用。

表3-10 黄磷尾气的组分

黄磷尾气组分	CO	CO_2	N_2	H_2	O_2	CH_4
含量(体积分数)/%	85.8	2.6	4.3	6.4	0.5	0.4
黄磷尾气组分	COS	H_2S	CS_2	HF	总P	AsH_3
含量/(mg/m³)	500~1500	1500~8000	60~120	350~450	2000~2500	2~8

(1)硫化氢

硫化氢为无色、有毒、酸性气体。有特殊的臭鸡蛋味,即使是低浓度的硫化氢,也会损伤人的嗅觉。比空气重,其相对密度为1.189(15℃,0.10133MPa)。能溶于水,在0℃时1体积水可溶解4.65体积的硫化氢,溶解热为18.9kJ/mol。溶有硫化氢的水溶液呈弱酸性,生成的氢硫酸有腐蚀性,易造成设备腐蚀。

硫化氢能与碱作用生成盐,反应如下:

$$H_2S + 2NH_4OH \xrightarrow{\quad\quad} (NH_4)_2S + 2H_2O \tag{3-25}$$

$$Na_2CO_3 + H_2S \xrightarrow{\quad\quad} NaHS + NaHCO_3 \tag{3-26}$$

利用碱溶液与硫化氢反应,可吸收黄磷尾气中的硫化氢。

硫化氢有很强的还原能力。在酸性或碱性溶液内,硫化氢可作为还原剂,而本身被氧化成硫黄。

$$\text{在酸性溶液内} \quad H_2S \xrightarrow{\quad\quad} 2H^+ + 2e^- + S \tag{3-27}$$

$$\text{在碱性溶液内} \quad S^{2-} \xrightarrow{\quad\quad} S + 2e^- \tag{3-28}$$

硫化氢在空气不足或微氧作用下氧化析出硫黄:

$$2H_2S + O_2 \xrightarrow{\quad\quad} 2S + 2H_2O \tag{3-29}$$

H_2S的这一性质被应用于氧化法脱硫工艺上,在催化剂作用下,用空气氧化使硫黄析出。

完全干燥的硫化氢在室温下不与空气中的氧气发生反应,但点火时能在空气中燃烧,空气充足时,硫化氢与空气中的氧发生氧化反应,生成二氧化硫和水:

$$2H_2S + 3O_2 \xrightarrow{\quad\quad} 2SO_2 + 2H_2O \tag{3-30}$$

当硫化氢与空气或氧气以一定比例混合(4.3%~46%)形成爆炸性气体,遇火爆炸。

H_2S 较易与金属、金属氧化物或金属的盐类作用生成金属硫化物。绝大部分催化剂由金属氧化物组成，这就是 H_2S 能使各种催化剂中毒的根本原因。不少金属氧化物难溶于水，但在高温下与水蒸气作用可析出 H_2S，高温变换催化剂 H_2S 中毒后，在高温下加大水蒸气量，可以使催化剂恢复活性，就是这个原因。

硫化氢与亚砷酸钠盐的反应速度很快，这就是砷碱法脱硫的基本原理，反应如下：

$$3H_2S + Na_3AsO_3 \Longrightarrow Na_3AsS_3 + 3H_2O \qquad (3-31)$$

硫化氢能发生氧化还原归中反应。其中硫化氢是还原剂，二氧化硫是氧化剂，硫是氧化产物，克劳斯法脱硫就基于这个原理。

$$2H_2S + SO_2 \Longrightarrow 3S + 2H_2O \qquad (3-32)$$

$$H_2S + 3H_2SO_4(浓) \Longrightarrow 4SO_2 + 4H_2O \qquad (3-33)$$

$$2H_2S + H_2SO_3 \Longrightarrow 3S + 3H_2O \qquad (3-34)$$

(2) 有机硫

以无烟煤为原料制磷的黄磷尾气硫化物的形态主要是 COS 和 H_2S，一般在经过脱硫和脱磷工序后，H_2S 已经被脱至 $20mg/m^3$ 以下，但对 COS 脱除效果不显著。黄磷尾气作为燃料用，对硫化物要求不高，经脱硫和脱磷后的净化黄磷尾气已满足要求。黄磷尾气作为合成气(合成氨、甲醇、合成天然气等)的生产过程中，氨合成、甲烷化等过程中所用的催化剂对"硫毒"很敏感。因此，必须对黄磷尾气中的有机硫进行脱除。

① 硫氧化碳(COS)。硫氧化碳(COS)在常温常压下为具有类似臭鸡蛋味的无色可燃性有毒气体。与氧混合可形成爆炸性气体，遇溴水或高锰酸钾被氧化生成 CO_2 和硫酸。

硫氧化碳与氢反应，能被氢气还原放出 CO 和 H_2S：

$$COS + H_2 \longrightarrow CO + H_2S \qquad (3-35)$$

硫氧化碳遇水反应，缓慢放出 CO_2 和 H_2S。黄磷尾气中的硫氧化碳加热至 $50 \sim 100℃$，在催化剂作用下，发生水解反应，生成 CO_2 和 H_2S：

$$COS + H_2O \longrightarrow CO_2 + H_2S \qquad (3-36)$$

在催化剂作用下，硫氧化碳与氧反应，生成单质硫：

$$COS + 0.5O_2 \longrightarrow S + CO_2 \qquad (3\text{-}37)$$

可利用上述性质脱除黄磷尾气中的硫氧化碳。

② 二硫化碳（CS_2）。二硫化碳（CS_2）在常温下为无色或淡黄色透明液体，有刺激性气味，易挥发，难溶于水。

二硫化碳与强碱的水溶液发生如下反应：

$$3CS_2 + 6KOH \longrightarrow K_2CO_3 + 2K_2CS_3 + 3H_2O \qquad (3\text{-}38)$$

在高温下，二硫化碳与水蒸气作用，几乎完全转化为 H_2S：

$$CS_2 + 2H_2O \longrightarrow 2H_2S + CO_2 \qquad (3\text{-}39)$$

3.3.2 黄磷尾气的净化方法

黄磷尾气组分复杂，且杂质含量高，对于不同的用途采用不同的净化方法。黄磷尾气作为燃气利用已经工业化，除甲酸盐外，黄磷尾气制碳一化工产品尚处于工业试验阶段。

水洗、碱洗因其简单易行，是黄磷尾气净化的第一步。

碱洗法是黄磷尾气经水洗后，在填料塔中用 8% ～ 12% NaOH 溶液进行洗涤，除去尾气中大量的 H_2S、CO_2 等酸性气体，其主要反应如下：

$$H_2S + 2NaOH =\!\!=\!\!= Na_2S + 2H_2O \qquad (3\text{-}40)$$

$$CO_2 + 2NaOH =\!\!=\!\!= Na_2CO_3 + H_2O \qquad (3\text{-}41)$$

$$HF + NaOH =\!\!=\!\!= NaF + H_2O \text{ 或}$$
$$\qquad\qquad (3\text{-}42)$$
$$3SiF_4 + 4NaOH =\!\!=\!\!= 2Na_2SiF_6 + SiO_2 \cdot 2H_2O$$

$$P_4 + 3NaOH + 3H_2O =\!\!=\!\!= 3NaH_2PO_2 + PH_3 \qquad (3\text{-}43)$$

碱洗的脱硫效率在 80% ～ 99%。脱氟效率高达 99%，脱 CO_2 的效率在 50% 左右。碱洗效果与碱液浓度关系密切，当碱液浓度逐渐下降时，吸收效果波动很大。该工艺对 P_4 及 PH_3 的脱除效果不理想。碱洗法是一种最简单的脱 H_2S 方法，对于小型净化装置简便可行[50]。

黄磷尾气中 CO_2 等酸性气体含量较高，碱洗时消耗大量的 NaOH，每立方米黄磷尾气消耗 NaOH 0.05 kg 以上，费用在 0.15 元以上，运行费用高，生成的碳酸钠溶液再生困难，尤其是不能脱除 PH_3，因此目前主要用氢氧化钙替代氢氧化钠。这是一种初级净化技术。

黄磷尾气经水洗、碱洗后，还含有较多不同数量的无机硫化物(H_2S)和有机硫化物(COS、CS_2)。H_2S 对后续脱磷催化剂有很大的影响，脱磷催化剂具有微小多孔结构和很大的比表面积，黄磷尾气在催化剂和微氧存在下，硫化氢与氧反应生成单质硫，单质硫为黄色固体，沉积在催化剂表面上，堵塞催化剂空隙，增大催化层阻力；同时催化剂空间大量沉积单质硫，用空气再生时单质硫燃烧，放出大量热，致使催化剂床层温度上升，甚至烧毁催化剂，危及吸附器，因此，为了保护脱磷催化剂，在脱磷之前，需要脱除黄磷尾气中的 H_2S。

3.3.2.1 黄磷尾气脱硫

黄磷尾气作为合成氨或碳一化工生产的合成气使用，在合成生产过程中的各种催化剂对脱硫的要求不同。碳酸丙烯酯脱碳系统，空气气提过程中 H_2S 会被氧化生成硫黄，特别是有铁离子存在时，会加速氧化过程，硫黄的析出会堵塞填料和管道设备，影响正常运行。热钾碱法脱碳系统，加入偏钒酸钾作防腐剂，要求五价钒与四价钒维持一定比例，H_2S 能将五价钒还原为四价钒，造成比例失调，防腐性能下降，导致碳钢腐蚀加剧，引起钾碱溶液发泡。因此，这些脱碳过程要求原料气 H_2S 含量越低越好，一般要求 $< 5mg/m^3$。原料气中的有机硫也会导致催化剂中毒，许多催化剂对总硫(无机硫和有机硫的总称)提出了要求，如甲醇合成催化剂和甲烷化催化剂对原料气脱硫要求总硫 $< 0.1mg/m^3$。

为此，黄磷尾气必须根据用途、原料气中硫化物的组分和含量、各种工艺过程对净化程度的要求，选用适当的和有效的脱硫方法。

脱硫方法大体上可分为干法脱硫和湿法脱硫两种。湿法脱硫可以归纳分为物理吸收法、物理-化学吸收法、化学吸收法和氧化法等。

物理吸收法是采用有机溶剂作为吸收剂，加压吸收 H_2S，再经减压

将吸收的 H_2S 释放出来，吸收剂循环使用，如低温甲醇洗、聚乙二醇二甲醚法等。

物理 - 化学吸收法兼有物理吸收和化学反应两种性质，如甲基二乙醇胺(MDEA)法、环丁砜法等。

化学吸收法是以弱碱性溶液为吸收剂，与 H_2S 进行反应形成化合物，再用加热的方法将化合物分解放出 H_2S，如碱性盐溶液法、烷基酸胺法等。

氧化法是以碱性溶液为吸收剂，并加入载氧体为催化剂，吸收 H_2S，并将其氧化成单质硫，溶液再生循环使用，如砷碱法、GV 法、改良 GV 法、氨水催化法、改良 ADA 法、栲胶法和 PDS 法。

煤气干法脱硫技术应用较早，最早的焦炉煤气干法脱硫技术是以沼铁矿为脱硫剂的氧化铁脱硫技术，为增加脱硫剂孔隙率，以木屑为填充料，再喷洒适量的水和少量熟石灰，其 pH 值一般为 8 ～ 9，该种脱硫剂脱硫效率较低，采用塔外再生，将脱硫剂从脱硫箱内取出，放置于场地上，人工反复翻晒再生，氧化铁脱硫剂再生是一个放热过程，如果再生过快，放热剧烈，脱硫剂容易起火燃烧，这种火灾现象曾在多个企业发生，放出的 SO_2 污染环境，不久便被其他脱硫剂所取代。现在 TF 型脱硫剂应用较广，该种脱硫剂脱硫效率较高，并可以进行塔内再生。锰矿脱硫、氧化锌脱硫是干法脱硫中反应活性好、硫容高的方法。

1920 年由科佰斯公司(Koppers Company)提出，斯贝(Sperry)加以详细说明的西博(Seaboard)法用稀碳酸钠溶液吸收 H_2S，并用空气再生，建成了第一套湿法脱硫的大规模工业装置，该法由于会造成二次污染，现在已被改进和代替。20 世纪 60 年代，氮肥厂和焦化厂采用砷碱湿法脱硫，砷碱液硫容 0.4 ～ 0.5g/L，脱硫效率 99% 以上。少数小氮肥厂采用氨水中和法，绝大部分工厂则采用以对苯二酚为催化剂的氨水液相催化法，当水煤气中 H_2S 含量不高时，这些方法都能满足生产要求。氨水液相催化法的缺点是硫容低(约 0.1g/L)，氨耗大，副反应多，易发生堵塞，若水煤气中 H_2S 含量超过 3g/m³ 时，脱硫效果就不能满足要求了。同期，南京化工研究院试验成功了改良 GV 法，GV 法硫容高达 1 ～ 2g/L，溶液循环量低，能耗低，脱硫效率99%以上，多家氮肥厂将老砷碱法改为改良 GV 法，但砷碱法和 GV 法溶液均含有较高的 As_2O_3，主要缺点仍是堵塞问题，As_2O_3 又是剧毒品，影响人员身体健康，污染环境，20 世纪80 年代开始逐步被淘汰。

20 世纪 50 年代初国外发明 ADA 法后，60 年代我国也研制开发了改良型 ADA 法，其活性比氨水液相催化好，硫容较高($0.1 \sim 0.2g/L$)，副反应少(约为 3%)，无毒，很快在中型氮肥厂及焦化厂推广使用。

20 世纪 70 年代，广西化工研究院研究的栲胶法脱硫获得成功。

20 世纪 80 年代，东北师范大学开发了以酞菁钴为催化剂的 PDS 法。其主要优点是硫颗粒较粗，不易堵塔，便于使用，其缺点是副反应较多。

(1)改良 ADA 法脱硫化氢

ADA 是蒽醌二磺酸钠的缩写，为染料中间体的钠盐，有四种异构体，其分子结构见图 3-19。

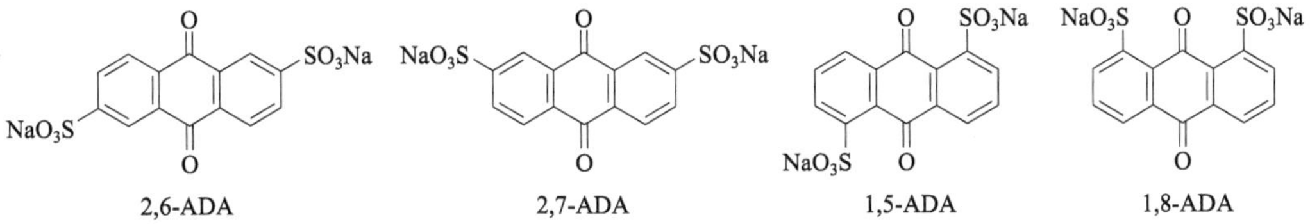

图 3-19　ADA 分子结构

改良 ADA 法是在稀碳酸钠溶液中加入蒽醌二磺酸钠(2,6-ADA)为主催化剂、酒石酸钾钠为助催化剂进行反应，该法脱硫效率高，可降低脱磷工序的负荷，操作简单，运行费用低。

ADA 分子异构体不同，脱硫活性有差异，其活性顺序为 2,7-ADA ＞ 2,6-ADA ＞ 1,5-ADA ＞ 1,8-ADA。ADA 产品一般是 2,7-ADA 与 2,6-ADA 的混合物，采购时应选择这两种异构体含量较高的产品。

改良 ADA 法基本原理：

① pH=8.5 ～ 9.2 的范围，以稀碳酸钠溶液吸收硫化氢形成硫氢化钠。

$$H_2S + Na_2CO_3 \longrightarrow NaHS + NaHCO_3 \qquad (3\text{-}44)$$

② 液相中硫氢化钠与偏钒酸钠反应，生成还原性二钒酸钠，并析出硫。

$$2NaHS + 4NaVO_3 + H_2O \longrightarrow Na_2V_4O_9 + 4NaOH + 2S \qquad (3\text{-}45)$$

③ 还原性焦钒酸钠与氧化态的 ADA 反应，生成还原态的 ADA，而焦钒酸钠则为 ADA 所氧化，再生为偏钒酸钠。

$$\underset{\text{(氧化态)}}{Na_2V_4O_9 + 2ADA} + 2NaOH + H_2O \longrightarrow 4NaVO_3 + \underset{\text{(还原态)}}{2ADA} \qquad (3\text{-}46)$$

④ 还原态 ADA 被空气氧化而再生。

$$\underset{\text{(还原态)}}{ADA} + O_2 \longrightarrow \underset{\text{(氧化态)}}{ADA} + H_2O \qquad (3\text{-}47)$$

黄磷尾气中还含有氧、二氧化碳和氰化氢等杂质，在脱硫液中会产生如下副反应：

$$2NaHS + 2O_2 \longrightarrow Na_2S_2O_3 + H_2O \qquad (3\text{-}48)$$

$$Na_2CO_3 + CO_2 + H_2O \longrightarrow 2NaHCO_3 \qquad (3\text{-}49)$$

$$Na_2CO_3 + 2HCN \longrightarrow 2NaCN + CO_2 + H_2O \qquad (3\text{-}50)$$

$$NaCN + S \longrightarrow NaCNS \qquad (3\text{-}51)$$

$$2NaCNS + 5O_2 \longrightarrow Na_2SO_4 + 2CO_2 + SO_2 + N_2 \qquad (3\text{-}52)$$

黄磷尾气中的少部分单质磷在碱性溶液中与 Na_2CO_3 反应生成 PH_3：

$$2P_4 + 3Na_2CO_3 + 9H_2O \Longrightarrow 2PH_3 + 6NaH_2PO_2 + 3CO_2 \qquad (3\text{-}53)$$

吸收 H_2S 均为瞬时反应，溶液的总碱度和碳酸钠含量是影响吸收效果的主要因素，随着溶液总碱度和碳酸钠含量的增大，传质系数逐渐加大。

从以上反应基本原理可知，硫化氢首先被碱溶液吸收生成硫化物，然后再与钒酸盐、ADA 反应，因此，ADA 溶液的性质就与硫化物的反应速率和还原态 ADA 的氧化速率有关。从图 3-20 pH 值和硫化物与 ADA 溶液的比反应速率关系曲线可看出，溶液 pH 值越低，比反应速率越快，对反应有利。实际生产中综合考虑，溶液 pH 值控制在 8.5 ～ 9 范围内。

要使 H_2S 彻底地还原为硫黄，偏钒酸钠和 ADA 是否足量是重要因素，溶液中硫化物转化为硫的量与钒含量成正比，见图 3-21。实际生产中，偏钒酸钠数量应比理论量要大一些。反应速率在氧存在下也是很快的，但是还原态焦钒酸钠不能直接被空气氧化再生，而必须依赖 ADA 将它氧化而恢复活性，因此要求维持溶液中 ADA 与偏钒酸钠的化学当量比,按化学反应的当量计算 ADA 含量必须等于或大于偏钒酸钠含量的 1.69 倍,工业上实际采用 2 倍左右。表 3-11 给出了 ADA 脱硫液组成(N 为化学当量)。

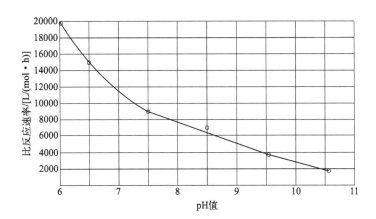

图 3-20 pH 值和硫化物与 ADA 溶液比反应速率的关系曲线

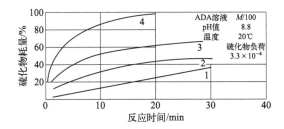

图 3-21 ADA 钒酸盐溶液的反应曲线

1—含钒酸盐为0;2—含钒酸盐为N/1000(N为化学当量);3—含钒酸盐为N/500;4—含钒酸盐为N/100

表3-11 ADA脱硫液组成

序号	原料名称	含量/(g/L)	
		$H_2S < 4g/m^3$	$H_2S > 4g/m^3$
1	总碱(Na_2CO_3)	35~40	50~60
2	蒽醌磺酸钠	6~7	9~10
3	偏钒酸钠(V_2O_5)	3~3.5	4.5~5
4	酒石酸钾钠	1~1.4	1.5~2

偏钒酸钠在五价钒还原成四价钒过程中提供氧，使吸收和再生的反应速率大大加快，增加了溶液的硫容量，使反应槽容积和溶液循环量大大减少。

要使偏钒酸钠浓度高，焦钒酸钠是否完全转化为偏钒酸钠是反应的关键，要使再生完全要有一定的 ADA 浓度和足够的再生空气。

析硫反应速率较慢，但在无氧条件下，只要有足够的停留时间，硫氢化物与偏钒酸钠的氧化析硫反应是很完全的，保持溶液在富液槽内停留一定时间，也就是保持一定的液位，对再生是有利的。

温度升高，反应速率明显加快，溶液析硫反应速率增加，就会造成堵塔。温度升高，同时加快了副反应产物硫代硫酸钠的生成速度，碱消耗增加。温度过低，溶液黏度增大，对反应也不利。最佳温度为 $35 \sim 42℃$。

在改良 ADA 溶液中添加适量的酒石酸钾钠可以防止钒形成"钒-氧-硫"态复合物黑色沉淀析出，导致脱硫液活性下降，这样使 ADA 法脱硫工艺更完善，从而提高了气体净化度和硫的回收率。

黄磷尾气中有二氧化碳但含量不高，碱液吸收二氧化碳的速度比吸收硫化氢的速度慢，有少部分二氧化碳与碳酸钠反应，对 ADA 溶液影响不大。

黄磷尾气中含有氰化氢，氰化氢与 ADA 溶液在吸收和再生过程中按上述反应方程式进行反应。黄磷尾气在洗涤工序以石灰乳洗涤，氰化氢已大部分脱除，进入脱硫工序含量已不高了，因此，该副反应不会对溶液产生影响。

随着反应的进行，循环槽顶部空间有 PH_3 气体积聚，气态的 PH_3 属易燃气体，有毒，与空气易形成爆炸性气体，遇明火会发生爆炸，应特别注意。

(2) PDS 或 "888" 法脱硫化氢

PDS 是一种脱硫催化剂的商品名称，是酞菁钴磺酸盐系化合物的混合物。在碳酸钠溶液中加入 PDS 催化剂后，水溶液吸氧速度加快，活性提高，单体硫容易分离，在脱除 H_2S 过程中同时脱除部分有机硫。"888"

脱硫催化剂是在 PDS 催化剂基础上的进一步改进，是以三核酞菁钴磺酸盐金属有机化合物为主体的脱硫催化剂的商品名称。"888"使用效果比 PDS 更好。该法特点如下：不需要加入其它助催化剂；脱硫效率高，使用稳定；硫黄回收率高，贫液中悬浮硫含量低，不堵塔；在相同的工况和负荷下，脱硫费用降低 20%。

PDS 的主要成分为双核酞菁钴磺酸盐，其分子结构如图 3-22 所示。

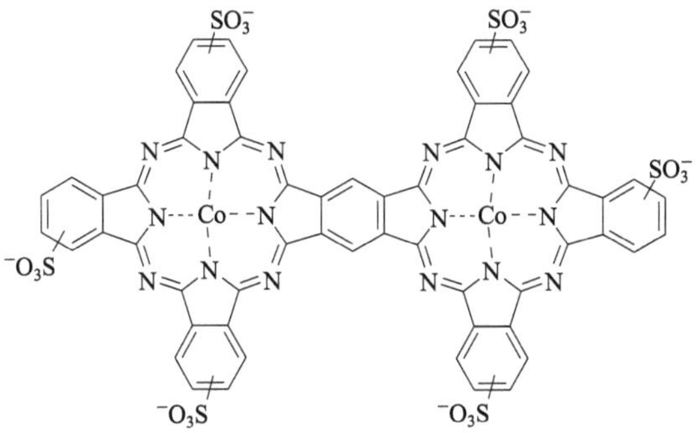

图 3-22　PDS 分子结构

酞菁钴磺酸盐呈蓝色，化学稳定性和热稳定性好，在 300℃不分解，在酸碱溶液中不分解，也不变色，无毒。

PDS 或 "888" 为单一催化剂，与纯碱水溶液组成脱硫液，其反应机理：

碱洗溶液吸收 H_2S 的反应：

$$H_2S + Na_2CO_3 \Longrightarrow NaHS + NaHCO_3 \tag{3-54}$$

再生反应：液相 HS^- 被氧化生成单质硫，同时生成多硫化物。

$$2NaHS + O_2 \xrightarrow{888} 2S \downarrow + 2NaOH \tag{3-55}$$

$$NaHS + (x-1)S + NaHCO_3 \xrightarrow{888} Na_2S_x + CO_2 + H_2O \tag{3-56}$$

$$Na_2S_x + H_2O + 0.5O_2 \xrightarrow{888} 2NaOH + S_x \tag{3-57}$$

脱有机硫的化学吸收反应：

$$COS + 2Na_2CO_3 + H_2O \Longrightarrow Na_2CO_2S + 2NaHCO_3 \tag{3-58}$$

$$RSH + Na_2CO_3 \Longrightarrow RSNa + NaHCO_3 \tag{3-59}$$

"888"是高分子配合物，由于其分子结构的特殊性，具有很强的吸氧能力，且能将吸附的氧进行活化。"888"也能吸附 H_2S、HS^-、S_x^{2-}，并与被吸附活化了的氧进行氧化还原反应而析硫，反应速率大大提高。"888"能成为良好的脱硫催化剂的根本原因是其吸氧后，成为氧化态的载氧体，而氧化 HS^- 后变成了还原态的载氧体，氧化还原电极电位为 0.41V，符合脱硫要求。"888"吸氧活化输出 HS^-，还能继续吸氧活化，在脱硫液的脱硫过程中，"888"自身结构稳定，可进行吸氧、活化氧、输出氧、再吸氧，反复催化循环，在低浓度下就具有很强的催化能力。

溶液中生成的单质硫脱离"888"后，形成的微小硫颗粒互相靠近结合，颗粒增大，变成悬浮硫。"888"脱硫工艺的析硫速度快，在脱硫塔内的析硫百分数可达到 80% 以上。

(3) COS 和 CS_2 的脱除

湿法脱硫如栲胶法、ADA 法不能脱除 COS；PDS 或"888"法不能脱除 COS 和 CS_2。

DEA 法是脱除有机硫的有效方法，但能耗、成本高。

目前，国内除有机溶剂脱除 COS 外，还有固体催化剂脱除 COS，其中脱除 COS 催化剂有两种类型，一是中国科学院大连化学物理研究所开发的转化吸收型催化剂，即 3019 脱硫剂（用该催化剂脱 COS 简称一步法）。一步法催化氧化羰基脱硫可将有害的 COS 转化为无害的单质硫，实现 COS 和 H_2S 一体化脱除，具有流程短、硫容高等优势。转化吸收型催化剂虽然硫容较高，但不能再生，特别是硫化物含量高时，更换频繁、成本高，更换催化剂劳动强度大、条件差，卸出的废催化剂遇空气即氧化生成 SO_2，造成二次污染，一步法生成的单质硫吸附在脱硫剂上，吸附剂微孔很快被堵塞，阻力增加很快。黄磷尾气采用一步法催化氧化羰基脱硫，常压下操作，脱硫剂寿命短。二是湖北省化学研究院开发的转化型催化剂，即常温 T504 COS 水解催化剂，先将 COS 水解成 H_2S，然后再用湿法脱硫脱除硫化氢（简称二步法）。转化型催化剂（二步法）流程长、设备复杂，但脱硫剂使用寿命长、操作环境好、成本低，硫还可以回收，因此推荐二步法。

(4)低温甲醇洗脱硫脱碳

低温甲醇洗属于物理吸收法，其是基于气体中硫化物在不同温度、不同压力条件下在甲醇溶剂中的溶解度不同来分离和脱除的。德国林德公司和鲁奇公司于20世纪50年代联合研发出了低温甲醇洗净化工艺。1954年，世界上第一套低温甲醇洗工业化装置在南非萨索尔合成液体燃料厂建造成功，随后应用于净化城市煤气中的硫化物、轻质油、CO_2、水分以及 H_2 提纯、天然气脱硫等领域。20世纪60年代以后，以渣油和煤为原料的大型合成氨装置不断发展，使得低温甲醇洗这一技术得以推广[51]。20世纪70年代后期，中国石化集团兰州设计院对低温甲醇体系进行了气液平衡计算的数学模型研究；浙江大学和上海化工研究院有限公司通过测定和计算，确定了各类气体在低温甲醇中的溶解度以及相平衡常数，为进一步的工艺计算奠定了基础[52]。1993年，大连理工大学成功研制出"低温甲醇洗装置模拟系统"。目前，低温甲醇洗技术已应用在石油工业、化肥工业、煤化工、城市天然气工业等领域。

在低温下，$-50 \sim -40℃$ 时，H_2S 的溶解度比 CO_2 大6倍，可以选择性地从原料气中先脱除 H_2S，实现含硫气体以及 CO_2 气体的选择性分离，即气体脱硫脱碳可在两个塔或同一个塔内分段选择性进行脱除，而在甲醇再生中则可先解吸 CO_2。由表3-12可以看出，$-40℃$ 时，甲醇对 H_2S、COS、CO_2 吸收能力较强，而相比之下，甲醇对 CH_4、CO、H_2 的吸收能力较弱[53]，可以选择性地优先吸收 H_2S、COS、CO_2 等气体。

表3-12　-40℃各种气体在甲醇中的相对溶解度

气体	相对于 H_2 的溶解度	相对于 CO_2 的溶解度
H_2S	2540	5.9
COS	1555	3.6
CO_2	430	1
N_2	2.5	—
CO	5	—
CH_4	12	—
H_2	1	—

低温甲醇洗脱除硫化物的过程与下列因素有关：温度、压力、甲醇

循环量、甲醇纯度、甲醇再生过程中的质量、循环量、原料气中硫化物浓度的变化等。

低湿甲醇洗脱硫工艺中，影响硫化物脱除效果最重要的因素是温度。H_2S 在甲醇中溶解度随温度的降低而增加，尤其是在 -30℃降到 -60℃时，溶解度急剧增加。另外，低温下甲醇的饱和蒸气压低、黏度小、流动性好，不容易损失。因此甲醇洗吸收温度在 -50 ～ -20℃。

压力差是硫化物气体在甲醇中吸收的传质推动力，气体中硫化物的分压越大，甲醇吸收 H_2S 的推动力就越大，H_2S 吸收速率就越快。另外，总压力加大可增加 H_2S 在甲醇中的溶解度。因此，吸收塔采用加压操作，吸附压力在 2 ～ 8MPa。相反，再生采用低压或负压操作。

低温甲醇洗脱硫脱碳工艺具有以下优点：①甲醇作为物理溶剂在脱硫同时也可以脱除气体中其他杂质，如 CO_2、HCN、NH_3、NO、H_2O 等；②低温下酸性气体在甲醇中的溶解度较大，低温甲醇洗吸收能力大，溶剂循环量小，吸附设备少，能耗低；③低温下甲醇对 H_2S、COS、CS_2、CO_2 这些气体吸收能力很强，且溶解度系数随温度的降低而显著增加，而对 CH_4、CO、H_2 这些气体吸收能力相对较低，且溶解度随温度的降低而减小，低温甲醇洗选择性高；④脱硫净化度非常高，总硫可脱至 $0.2mg/m^3$；⑤甲醇的沸点低，低温甲醇洗再生能耗低；⑥低温下甲醇平衡蒸气压非常低，相较于其他湿法脱碳脱硫工艺，在吸收气体过程中，甲醇溶剂损失小；⑦甲醇溶剂的热稳定性、化学稳定性好；⑧甲醇原料来源广，价廉易得。

低温甲醇洗工艺也存在不足：①甲醇是一种易燃液体，且具有毒性；②甲醇洗在低温下操作要求具有冷源，换热设备多，对设备材质要求高；③需要空分装置提供惰性气体用于甲醇吸收剂回收；④甲醇容易挥发，在再生循环利用过程中甲醇会有一定损失，且为防止甲醇变质影响吸收效率，需要定期更换甲醇。

3.3.2.2 黄磷尾气脱磷

国内外对脱除 H_2S 和有机硫的方法的研究和使用起步较早，目前已有诸多较成熟的方法和催化剂，但磷的脱除方法刚刚起步，昆明理工大学对黄磷尾气脱磷的方法和催化剂经过多年深入研究，提出了催化氧化脱磷法。

从理论和实践上讲，如果能够找到在常温下脱除黄磷尾气中杂质的吸附剂是非常理想的，常温吸附不用加热而额外消耗能量，而且对于黄磷尾气这种易燃、易爆的气体来讲，常温吸附是一种非常安全的选择。为了寻找脱磷方法，首先对普通活性炭进行了脱磷试验，吸附柱高30cm，流量为0.5L/min，结果如图3-23所示。

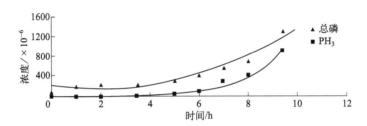

图3-23　活性炭脱磷效果比较

从图3-23可知，磷化氢可以被活性炭吸附，出口浓度最低为1×10^{-6}，1h后升到7×10^{-6}，5h后升到30×10^{-6}，然后逐渐穿透。总磷出口最初为100×10^{-6}，1h后即升到200×10^{-6}，很快就上升到300×10^{-6}左右。随着磷化氢的穿透，总磷出口浓度也上升。总磷未被吸附的是单质磷，说明采用普通活性炭作催化剂能够脱除磷，但仅仅依靠活性炭常温吸附不能完全除去磷，且吸附时间短，达不到预期效果。为此，在活性炭的基础上，昆明理工大学采用添加多种金属和稀土金属作为助催化剂，对提高活性炭脱磷效率进行了系统研究，最终制成了黄磷尾气脱磷催化剂TP201，使黄磷尾气中的总磷浓度降到$0.1mg/m^3$以下，满足碳一化工产品生产对原料气的要求，为黄磷尾气的利用提供了技术途径。

利用活性炭为载体，浸渍铝、铁、钙、锰、钛、铜、钾等元素，当浸渍平衡后，将剩余的液体除去，再进行干燥、煅烧、活化制得脱磷专用催化剂TP201。其技术特点是：脱磷效率高，PH_3浓度可小于0.1×10^{-6}；催化剂可再生，黄磷尾气净化运行成本低。脱磷催化剂TP201性能见表3-13。

表3-13 脱磷催化剂TP201性能指标

项目	指标
外观与规格 /mm	黑色条状 ϕ（3～4）×（5～15）
堆密度 /（kg/m³）	480～540
磷容 /%	≥10
脱除精度 /×10⁻⁶	PH_3 ≤ 0.1
强度 /%	≥90
水容量 /%	≥68
孔容积 /（cm³/g）	≥0.7
水分 /%	≤5
操作压力 /MPa	≤0.1
操作温度 /℃	100～120
空速 /h⁻¹	300～800

3.3.2.3 黄磷尾气催化氧化脱磷原理

当活性炭加入了无机物质后经过改性，表面具有了极性，由于极性分子具有很强的永久性偶极矩，使得更多的反应物分子成为活化分子，降低了反应所需的能量，大大提高了单位体积内活化分子的百分数，从而成千上万倍地增大了反应速率。然而，试验表明，要完全脱除PH_3还要增加必要的能量，即通过提高黄磷尾气的温度使反应物分子获得能量，使一部分原来能量较低的分子成为活化分子，增大有效碰撞次数，加快反应速率。参与PH_3氧化反应各物质与生成物的标准生成热、标准生成自由能的数据列于表3-14。

表3-14 参与反应物质与生成物的标准生成热、标准生成自由能的数据

物质	$\Delta H_{298}^{\ominus}$/ (kJ/mol)	$\Delta G_{298}^{\ominus}$/ (J/mol)	物质	$\Delta H_{298}^{\ominus}$/ (kJ/mol)	$\Delta G_{298}^{\ominus}$/ (J/mol)
$PH_3(g)$	23.01	25.5	$H_2(g)$	0	0
$P(g)$	255.2	221.8	$H_2O(g)$	−241.8	−228.6

物质	$\Delta H_{298}^{\ominus}/$ (kJ/mol)	$\Delta G_{298}^{\ominus}/$ (J/mol)	物质	$\Delta H_{298}^{\ominus}/$ (kJ/mol)	$\Delta G_{298}^{\ominus}/$ (J/mol)
$O_2(g)$	0	0	$H_3PO(l)$	−1254.4	−1111.7
$P_4(g)$	128.9	72.4	$H_3P_4(s)$	−1266.9	−1112.5
$P_2(g)$	146.2	103.8	$P_4O_{10}(s)$	−2940	−2675.2
$H_2(g)$	−20.2	−33.0	$SO_2(g)$	−296.9	−310.4
S(斜方)	0	0	$SO_3(g)$	−395.2	−370.4

根据热力学分析，黄磷尾气中的 PH_3 与氧反应有几条途径：

① 黄磷尾气中的 PH_3 与氧反应，首先脱氢生成 PH，然后 PH 与氧反应生成五氧化二磷与氢：

$$PH_3 + 0.5O_2 \xrightarrow{\text{催化剂,110℃}} PH + H_2O \tag{3-60}$$

$$4PH + 5O_2 =\!=\!= 2P_2O_5 + 2H_2 \tag{3-61}$$

② 黄磷尾气中的 PH_3 与氧反应生成五氧化二磷和水：

$$4PH_3 + 8O_2 =\!=\!= 2P_2O_5 + 6H_2O \tag{3-62}$$

③ 黄磷尾气中的 PH_3 与氧反应直接生成磷酸，反应如下：

$$2PH_3 + 4O_2 \xrightarrow{\text{催化剂,110℃}} 2H_3PO_4 \tag{3-63}$$

3.3.3 黄磷尾气作燃气

黄磷尾气主要用于蒸汽锅炉燃气，或用于干燥或焙烧的燃烧气体。

黄磷尾气含有磷、硫、砷、氟等杂质及较多水分，不净化直接作为燃气使用，对结构复杂的热工设备会产生严重腐蚀及脆化。一般来说，热工设备的腐蚀按设备结构分为内腐蚀和外腐蚀两类。内腐蚀即换热介质侧腐蚀，对蒸汽锅炉而言，主要由锅炉给水中的溶解氧造成，以电化学腐蚀为主，其表现为金属受热面水侧出现凹坑、斑点等腐蚀现象，水侧腐蚀为锅炉固有腐蚀而普遍存在，而非燃用黄磷尾气所造成。外腐蚀即烟侧腐蚀，因所用燃料不同而情况各异。燃用黄磷尾气的热工设备外腐蚀主要为酸性腐蚀。未经净化处理的黄磷尾气，除富含 CO 外，还含有许多有害而且强腐蚀性的物质，主要为磷、硫、砷、氟等杂质。由于黄磷尾气中的 PH_3、P_2 和 H_2S 燃烧后生成 P_2O_3、P_2O_5 和 SO_2、SO_3 等酸性气体，这些酸性气体与尾气中的水发生进一步反应，形成腐蚀性很强的氢氟酸、磷酸、偏磷酸、亚硫酸和硫酸等，并与燃烧气中的粉尘结合，黏附于换热面上，从而产生酸性腐蚀。

3.3.3.1 分段式黄磷尾气燃气锅炉

武汉东晟捷能科技有限公司与昆明理工大学联合开发了分段式黄磷尾气燃气锅炉，该黄磷尾气热能回收系统由燃烧黄磷尾气的燃气锅炉、余热回收装置和引风系统所组成。经过水洗、碱洗粗净化处理后的黄磷尾气，通过专用燃烧器点燃后喷入锅炉本体的高温辐射段(又称炉膛或膜式壁炉膛)，并在膜式壁炉膛燃烧放热，形成 1000℃左右的高温火焰，高温辐射段内的水冷壁管以及中尾端布置的多束对流管共同组成金属换热面，以辐射传热、对流传热、传导传热等换热方式对尾气燃烧的热能进行吸收，将热能转化为高品位过热蒸汽输出。

该燃气锅炉结合理论分析与试验研究中所获得的数据，对不同温度区间的材料采用分段防腐处理技术，即利用一定反应温度下反应产物的不同物理性质来控制腐蚀性物质的产生及其对锅炉材质的腐蚀。燃气锅炉的本体结构由高温辐射段(膜式壁炉膛)、对流过热段、对流饱和蒸汽段组成，分别高效回收黄磷尾气燃烧时的高中低不同品位的热能，副产450℃、压力 2.5 ~ 3.9MPa 的过热蒸汽外供或供汽轮机发电。燃气锅炉的结构如图 3-24 所示。具体流程为：黄磷尾气经过一级水洗、一级碱洗后，依次进入高温辐射段、对流过热段、对流饱和段，控制高温辐射段的燃烧温度在磷氧化合物的挥发温度以上，使其超磷酸固体结膜物附着于辐射段水冷壁管管壁；控制对流过热段换热管壁面温度在结膜物挥发温度以上，确保没有酸性冷凝物质在过热管壁面产生；对流饱和段采用等离子喷碳和无机涂层技术防腐。

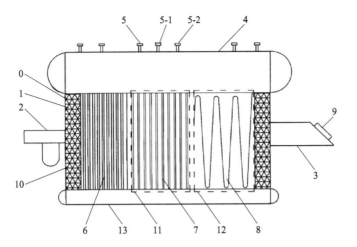

图 3-24　黄磷尾气燃气锅炉结构示意

0—锅炉本体；1—膜式壁炉膛；2—专用燃烧器；3—烟气连接通道；4—锅筒；5—气阀；5-1—主气阀；5-2—安全阀；6—水冷壁管；7—对流过热蒸汽管；8—对流饱和蒸汽管；9—重力防爆门；10—炉墙；11—对流过热段；12—对流饱和蒸汽段；13—集箱

　　燃气锅炉的结构创新主要体现为分段式结构设计，即：锅炉本体采用了具有高温辐射吸收功能的膜式壁炉膛、对流过热蒸汽段管束、对流饱和蒸汽段管束的三级热能利用分段式结构，也即高温辐射段、对流过热段、对流饱和段。高温辐射段采用膜式水冷壁结构，炉膛两侧具有炉墙，每一侧的多束水冷壁管部分嵌入同侧的炉墙内，这样的结构有利于保护炉墙，减轻炉墙的厚度与重量，同时减少炉墙漏风。膜式水冷壁管吸收锅炉的高品位辐射热能，通过对锅炉进行结构优化提高锅炉对辐射热的吸收率，充分回收高温辐射热，提高锅炉热效率。在锅炉本体内适当位置设置对流过热蒸汽段，利用黄磷尾气燃烧所产生的热量对膜式水冷壁炉膛段、对流饱和蒸汽段所产生的饱和蒸汽进行再次加热，产生过热蒸汽。锅炉本体内设置有多束对流饱和蒸汽段，借助于强迫对流换热充分吸收黄磷尾气燃烧所释放的热能，产生饱和蒸汽。通过合理的管束配置，控制黄磷尾气燃烧的烟气流速，强化换热效果。

　　锅筒与水冷壁及其对流管束形成 A 形结构（见图 3-25），有利于燃烧后产生的高温烟气通过，避免出现烟气死角，减少烟气阻力，避免形成垢下腐蚀，提高了燃烧烟气的穿透力，杜绝了炉管的堵塞，减轻了烟气对材料的腐蚀。

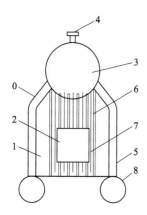

图 3-25　燃气锅炉的 A 形结构示意

0—锅炉本体；1—膜式壁炉膛；2—专用燃烧器；3—锅筒；4—气阀；5—水冷壁管；6—对流过热蒸汽管；7—对流饱和蒸汽管；8—集箱

　　该技术可实现热能合理利用及热效率最大化，燃气锅炉热效率≥90%，实现了回收热能的高效梯级利用。黄磷尾气燃烧热能梯级利用流程如图 3-26 所示。

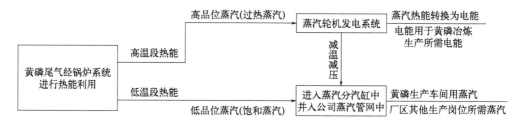

图 3-26　黄磷尾气燃烧热能梯级利用流程

3.3.3.2　炉内脱硫脱磷燃气锅炉

　　炉内脱硫脱磷燃气锅炉的关键技术是：采用脱硫脱磷剂(煤矸石、磷矿粉、石灰石等)在燃烧室内循环参加反应，在燃烧过程中使 SO_2、P_2O_5

与脱硫脱磷剂反应生成 $CaSO_4$、$Ca_3(PO_4)_2$，防止 H_2SO_4、H_3PO_4 对锅炉金属受热面的腐蚀。流程见图 3-27。

燃气热能回收装置主要由脱磷剂粉仓、黄磷尾气焚烧锅炉、黄磷尾气燃烧器、一次鼓风机、二次风机、返料风机、布袋除尘器、引风机、石灰石-石膏法脱硫塔等设备组成。

炉内脱磷燃气锅炉采用循环流化床燃烧方式，燃料适应性好，能适用不同品位的燃料，通过向炉内添加脱磷脱硫剂，使黄磷尾气中的 P 和 S 在燃烧室内与脱磷剂反应，实现炉内脱磷、脱硫，能显著降低磷对金属受热面的腐蚀以及二氧化硫的排放。由于采用烟气再循环，实现低温燃烧，NO_x 的排放量明显降低，减轻了对设备的腐蚀和对环境的污染，炉渣综合利用率高，可以做水泥等材料的掺合料。本锅炉为自然循环，M 形布置，框架支吊结构，采用带旋风分离器的循环燃烧系统，炉膛为膜式水冷壁，过热器分高温、低温过热器，中间设一级喷水减温器，尾部设两级省煤器和一、二次风空预热器，在省煤器之间预留 SCR 脱硝的烟气进出口空间，具有燃烧效率高、低污染的典型特点。

炉内脱磷燃气锅炉的燃料为黄磷尾气，黄磷尾气燃烧器点火用黄磷尾气；燃烧系统由炉膛、旋风分离器和返料器所组成，炉膛下部是密相料区，最底部是水冷布风板，布风板上均匀布置了风帽，经预热器的一次风由风室经过这些风帽均匀进入炉膛，脱硫剂(石灰石、磷矿粉)经设在炉前的 2 个给料口送入燃烧室。整个燃烧在较高流化风速下进行，炉膛内呈微正压燃烧工况。

燃烧温度通过调节一次风、二次风及黄磷尾气流量，使温度控制在 850～900℃之间，含灰烟气经炉膛出口进入旋风分离器，旋风分离器由耐磨浇注料整体浇注而成，分离下来的颗粒经返料器返回炉膛进行循环燃烧，离开旋风分离器的烟气经过换热器进入尾部烟道，随烟气排走的微细颗粒由后部的除尘器收集。

为防止黄磷尾气燃烧器的堵塞，采用带有蒸汽吹扫的黄磷尾气燃烧器，实现在线自动吹扫，避免了管道和燃烧器的堵塞，保证锅炉连续运行。

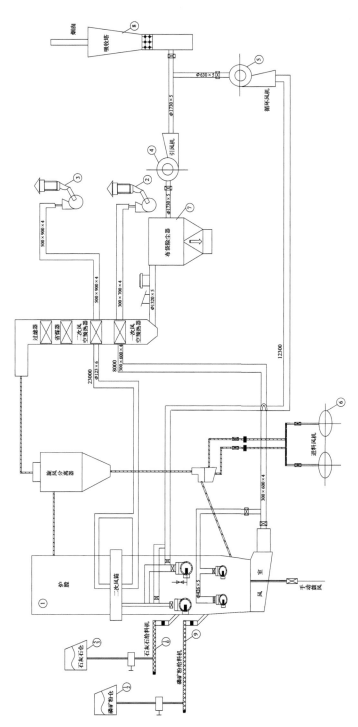

图 3-27　工艺流程

　磷化工节能与资源化利用

工程应用运行的锅炉参数：蒸汽压力 1.25 ～ 9.8MPa；蒸汽温度 194 ～ 540℃；蒸汽流量 15 ～ 170t/h。

该技术已在云南弥勒市磷电化工有限责任公司的 60t/h 掺烧黄磷尾气的锅炉使用，装置已运行 8 年，锅炉受热面没有明显腐蚀。锅炉主要参数：最大风量 20000m³/h；蒸发量 60t/h、蒸汽压力 3.82MPa、蒸汽温度 450℃、给水温度 150℃、排烟温度 145℃。2019 年 5 月 3 日，云南宣威磷电有限责任公司 170t/h 黄磷尾气锅炉投入运行，锅炉主要参数：最大风量 35000m³/h，蒸发量 170t/h，蒸汽压力 9.8MPa，蒸汽温度 540℃，给水温度 210℃，排烟温度 135℃。2021 年 10 月 20 日，云南晋宁黄磷有限公司 20t/h 磷炉尾气锅炉投入运行，黄磷尾气处理量 5700m³/h，蒸发量 20t/h，蒸汽压力 2.5MPa，温度 300℃。2022 年 4 月 25 日，攀枝花众立诚实业有限公司 75t/h 磷炉尾气燃气锅炉投入运行，黄磷尾气处理量 19000m³/h，锅炉蒸发量 75t/h，蒸汽压力 9.8MPa、温度 540℃。

3.3.3.3　黄磷尾气净化气燃气锅炉

黄磷尾气净化气燃气锅炉是采用黄磷尾气净化流程，将黄磷尾气净化到磷、硫均在 10mg/m³ 以下再进入燃气锅炉的技术。

黄磷尾气净化烧锅炉工艺因企业制磷车间原始设计不同而有所差异，流程框图如图 3-28 所示。

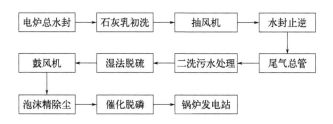

图 3-28　黄磷尾气净化烧锅炉工艺流程框图

电炉总水封用抽风机抽出加压，相继通过石灰乳洗涤塔，将黄磷尾气中的酸性物质如 P_2O_5、HF、HCN 等除去，再通过除尘塔除去粉尘，然后经水封止逆进入总管。

黄磷尾气从总管再经二次洗涤，进一步除尘洗涤后进入湿法脱硫系统，脱硫液采用 ADA 脱硫液或"888"复合脱硫液，将黄磷尾气中的 H_2S 脱至 100mg/m³ 以下。脱硫前系统阻力由抽风机提供，因抽风机出口压力不高，脱硫前的设备采用阻力小的设备，洗涤塔及脱硫塔均采用空塔。

脱硫后的黄磷尾气用煤气鼓风机加压至 35kPa，经泡沫除尘后进入脱磷工序。为了防止固体物带入脱磷催化剂层，泡沫塔应采用新鲜水或经处理后的循环水。精除尘后的黄磷尾气进入蒸汽加热器，用蒸汽加热至 100~120℃进入吸附器，在氧存在下用脱磷催化剂除去磷，脱磷后的净化气，磷、硫均在 10mg/m³ 以下，送往锅炉燃烧器进行燃烧，在燃烧器前应设置止逆水封，防止回火。

3.3.3.4 净化黄磷尾气烧制石灰

钢铁工业、电石工业、氧化铝工业、耐火材料工业等都是石灰消耗大户，利用黄磷初净化尾气烧制石灰既利用了黄磷尾气资源，又生产一个新产品。

石灰窑按燃料分有混烧窑（即烧固体燃料焦炭、焦粉、煤等）和气烧窑。气烧窑的燃气包括高炉煤气、焦炉煤气、电石尾气、发生炉煤气、天然气等。按窑形分，有竖窑、回转窑、套筒窑、西德维马斯特窑、麦尔兹窑（瑞士）、弗卡斯窑（意大利）等。按操作压力分，有正压操作窑和负压操作窑。黄磷尾气含有浓度很高的 CO，CO 是一种易燃、易爆、有毒气体，若用正压操作易造成黄磷尾气向外泄漏，使人员中毒，不安全，且只能烧大块石灰；负压操作可用于烧小块石灰，使用范围广，烧制的石灰质量好，操作安全，故采用负压操作窑。具体工艺与原理为：将石灰石装入石灰窑，净化后的黄磷尾气通过燃烧器送入，将石灰石预热后到 850℃开始分解，到 1200℃完成煅烧，再经冷却后，卸出窑外，即完成生石灰产品的生产。反应式为

$$CaCO_3 \xrightarrow{\text{高温}} CaO + CO_2 - 177.9kJ/mol \qquad (3\text{-}64)$$

3.3.4 黄磷尾气制甲酸钠（钾）

黄磷尾气作为碳一化工产品的原料气，其特点是规模小、杂质多、净化成本高，因此，需要开发附加值高、净化简单的碳一化工产品及其制备方法。

甲酸钠是一种最简单的有机羧酸盐，为白色结晶或粉末，稍有甲酸气味，略有潮解性和吸湿性，易溶于水及甘油，微溶于乙醇、辛醇，不溶于乙醚，其水溶液呈碱性。甲酸钠受热时分解为氢气和草酸钠，接着生成碳酸钠。甲酸钠主要用于生产保险粉、草酸和甲酸。在皮革工业中用作铬鞣法制革中的伪装酸，用作催化剂和稳定合成剂、印染行业的还原剂。

甲酸钾为白色固体，极易吸潮，具有还原性，能与强氧化剂反应，密度为 $1.9100g/cm^3$，易溶于水，无毒无腐蚀性。甲酸钾体系作为性能卓越的钻井液、完井液、修井液被广泛应用于油田行业。甲酸钾是环境友好型钻井液体系，具有强抑制、配伍性好、污染小、油层保护、防塌抑制能力强、流变性能优越、降失水能力好等突出优点，能够实现高密度，保持低黏度，提高钻井速度，延长钻头使用寿命；其抑制黏土水化分散膨胀能力强，返出的钻屑呈小圆粒状，内部呈干性，钻井液不糊振动筛，不跑浆，抑制性强、失水造壁性好、润滑性好、机械钻速快、成本低。使用甲酸钾泥浆，有利于提高聚合物稳定性，稳定页岩，降低对岩层的破坏，保证钻井、完井、油井维修处于最佳的工作状态。

利用黄磷尾气富含的 80% ～ 90% 的 CO 合成甲酸钠（钾），是高效利用黄磷尾气的途径之一。其工艺流程示意见图 3-29。

通过水洗、碱洗净化后的黄磷尾气进入合成工段，在 1.6 ～ 2.5MPa、180 ～ 200℃下，黄磷尾气中的 CO 与氢氧化钠(钾)溶液合成甲酸钠(钾)，合成过程中控制黄磷尾气过量，使氢氧化钠(钾)反应完全，合成得到的甲酸(钠)钾溶液经过蒸发浓缩、精密过滤得到所需的甲酸钠(钾)成品溶液。水洗、碱洗后含有磷、钠(钾)的溶液送三聚磷酸钠或六偏磷酸钠车间作为原料生产相应的工业产品。

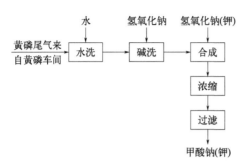

图 3-29 黄磷尾气制备甲酸钠（钾）工艺流程示意

3.3.5 黄磷尾气制甲醇

（1）甲醇生产方法

甲醇是一种最简单的饱和醇，是基础的有机化工原料和优质燃料，主要应用于精细化工、塑料等领域，用来制造甲醛、醋酸、氯甲烷、甲胺、硫酸二甲酯等多种有机产品，也是农药、医药的重要原料之一。甲醇在深加工后可作为一种新型清洁燃料。

目前，我国甲醇生产原料路线有天然气制甲醇、煤制甲醇、焦炉气制甲醇。

① 天然气制甲醇生产工艺简单、流程短、占地少、投资小、装置规模易于大型化，属于清洁生产工艺，三废排放少。

② 煤制甲醇工艺流程长且复杂，煤气化炉台数多、占地大，操作管理复杂，投资大，有大量的煤渣和 CO_2 排放，污染严重，造成很大的环保压力。

③ 焦炉气制甲醇能够对副产物进行回收，其生产工艺与天然气制甲

醇生产工艺相同，其规模受到焦炉气规模的限制。

甲醇生产原料路线和工艺技术的选择是由建设地点的资源、价格等情况所决定的，如果仅仅从工艺技术角度比较，天然气制甲醇生产要优于煤制甲醇。新版《天然气利用政策》自2012年12月1日起正式实施，政策规定，新建或扩建以天然气为原料生产甲醇及甲醇生产下游产品装置和以天然气代煤制甲醇项目被列入禁止类。因此，天然气制甲醇原料路线在我国不能再有大的发展。

黄磷尾气制甲醇属废气资源化利用，是节能减排的重要手段，生产工艺与煤制甲醇相似，利用属性与焦炉煤气制甲醇相似，属清洁生产工艺。

黄磷尾气制甲醇规模受到黄磷尾气产量限制，不可能很大。如果从全产业链看，其竞争力较弱；从资源化利用看，可以在黄磷的规模化园区建设装置。

目前，国内正在推广使用MTG甲醇合成油工艺，该工艺可直接生产汽油，而不是作为添加剂的甲醇汽油。甲醇作为汽车内燃机的燃料消费将会大幅增长。

(2) 甲醇对黄磷尾气净化的要求

甲醇是用CO、CO_2和H_2在一定的压力和温度下，通过铜基催化剂在甲醇合成塔内反应合成的，主要反应为：

$$CO(g) + 2H_2(g) == CH_3OH(g) - 90.8kJ/mol \tag{3-65}$$

气体中有CO_2时也能发生合成甲醇反应：

$$CO_2(g) + 3H_2(g) == CH_3OH(g) + H_2O(g) - 49.5kJ/mol \tag{3-66}$$

在反应过程中，主要为生成甲醇反应，同时发生一些副反应，生成少量烃类、醇类、醚类、酯类等化合物，副反应有：

生成甲烷：

$$CO + 3H_2 == CH_4 + H_2O \tag{3-67}$$

$$2CO + 2H_2 == CH_4 + CO_2 \tag{3-68}$$

$$CO_2 + 4H_2 == CH_4 + 2H_2O \tag{3-69}$$

生成醇类：

$$2CO + 4H_2 == C_2H_5OH + H_2O \tag{3-70}$$

$$3CO + 6H_2 \Longrightarrow C_3H_7OH + 2H_2O \tag{3-71}$$

$$4CO + 8H_2 \Longrightarrow C_4H_9OH + 3H_2O \tag{3-72}$$

生成醚类：

$$2CO + 4H_2 \Longrightarrow (CH_3)_2O + H_2O \tag{3-73}$$

$$2CH_3OH \Longrightarrow (CH_3)_2O + H_2O \tag{3-74}$$

生成高级烃类：

$$CO + 3H_2 \Longrightarrow CH_4 + H_2O \tag{3-75}$$

$$2CO + 5H_2 \Longrightarrow C_2H_6 + 2H_2O \tag{3-76}$$

$$3CO + 7H_2 \Longrightarrow C_3H_8 + 3H_2O \tag{3-77}$$

$$8CO + 17H_2 \Longrightarrow C_8H_{18} + 8H_2O \tag{3-78}$$

$$nCO + (2n+1)H_2 \Longrightarrow C_nH_{2n+2} + nH_2O \tag{3-79}$$

式中　n——碳原子数，为 $4 \sim 44$。

变换逆反应：

$$CO_2 + H_2 \Longrightarrow CO + H_2O \tag{3-80}$$

由 CO、CO_2 和 H_2 合成甲醇的反应是放热反应，又是体积缩小的反应，副反应也是如此。从热力学上说，降低反应温度和提高反应压力有利于生成甲醇，但同时也有利于副反应，副反应消耗了有效气体，对生产不利，因此，为了多产甲醇，必须选择性能良好的催化剂，严格控制工艺条件，提高主反应速率，减少副反应的发生。

根据选定的反应条件和催化剂的性质对原料气提出下述要求：

① 原料气要维持一定的 H_2/CO 比例。甲醇生产需要 H_2 和 CO 摩尔比为 $2:1$，在原料气中的 CO_2 也参与生成甲醇反应，原料气的组成比例要满足化学计量要求。在生产中要控制原料气中的 H_2、CO_2 和 CO 的量，它们之间的关系应按 (H_2-CO_2) 与 $(CO+CO_2)$ 之比在 $2.05 \sim 2.15$ 的范围内调节。黄磷尾气中的 H_2 和 CO 的比例采用部分变换制氢控制。

② 原料气中二氧化碳含量。合成原料气保持一定量的二氧化碳对合成甲醇有利，一般要求控制在 $4\% \sim 6\%$，最佳含量在生产时作调整，CO_2 含量由脱碳工序控制。

③ 在甲醇合成循环气中惰性气体（氮、氩、甲烷）要用排出燃料气的

方法控制循环气组分，惰性气越多，排出量越大，因此，要求黄磷尾气中氮气含量尽量低，黄磷尾气中的氮和氩是由制磷车间原材料带入的，在净化过程中应减少空气带入量。

④ 原料气中毒物的含量。合成甲醇催化剂为铜基催化剂，铜基催化剂对硫、磷、砷等毒物敏感。作为甲醇原料气的黄磷尾气，必须进行净化，净化包括粗脱和精脱，粗脱的任务是清除黄磷尾气中的油水、尘粒、氯化物、硫化物、磷化物和砷化物等有害物质；精脱的目的是彻底清除残留的硫化物、磷化物和砷化物。尤其重要的是硫化物，根据国内铜基催化剂对硫化物的要求，合成气含硫量应低于 0.2×10^{-6}，磷化物要在 0.1×10^{-6} 以下，有毒物含量越低，催化剂寿命越长。

(3) 黄磷尾气制甲醇流程

黄磷尾气制甲醇工艺是在黄磷尾气净化工艺基础上，进一步精净化后加上甲醇合成工艺，黄磷尾气制甲醇流程如图 3-30 所示。

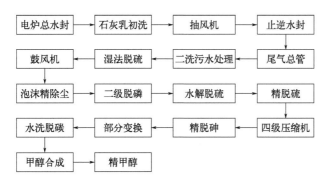

图 3-30　黄磷尾气制甲醇流程框图

在黄磷尾气净化工艺基础上将脱磷改为二级脱磷，将磷含量降至 0.1mg/m^3 以下，然后进行水解脱硫，将有机硫 COS 和 CS_2 脱至 20mg/m^3 以下，再用精脱硫剂将总硫脱至 0.1mg/m^3 以下。

采用低压法合成甲醇[54]，压缩和甲醇合成工艺流程见图 3-31。由精脱硫送来的净化气和变换送来的部分变换气，在常温及压力为 2～3kPa 下，设初始黄磷尾气的吸气量为 V_0，经过一段气水分离器(1)后被压缩机一段气缸吸入，并在其中压缩至 0.26MPa 左右排出，一段气缸压缩后净化气温度上升至155℃左右，进入一段水冷器(2)，水冷器有冷却气体和分离冷凝水的作用，将净化气冷却到常温，并从底部将净化气中的冷凝水和润滑油排出。冷却后的净化气进入压缩机二段气缸。黄磷尾气在二段气缸中压缩至0.75MPa左右排出，经压缩后的气体温度上升至160℃，进入二段水冷器(3)再次冷却至常温，并从底部排出净化气中的冷凝水和润滑油；然后，进入精脱砷塔(4)将净化气中的AsH_3脱至$0.05×10^{-6}$以下，再进入压缩机三段气缸压缩至1.8MPa左右，经三段气缸压缩后的变换气温度上升至140℃左右，进入三段水冷器(5)冷却至常温，在此进行油水分离后，进入脱碳塔(6)脱除CO_2，脱碳气量为$1.03627V_0$；进入压缩机四段气缸，并在其中压缩至5.0MPa，净化气温度上升至约150℃，进入四段水冷器(8)冷却至常温，然后进入四段油水分离器(9)进行油水分离。

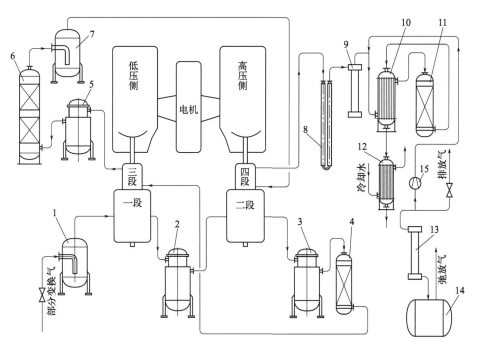

图3-31 压缩与甲醇合成工艺流程

1—气水分离器；2——段水冷器；3—二段水冷器；4—精脱砷塔；5—三段水冷器；6—脱碳塔；7—气液分离器；8—四段水冷器；9—四段油水分离器；10—合成气换热器；11—甲醇合成塔；12—甲醇水冷却器；13—气液分离器；14—粗甲醇槽；15—循环机

分离后水洗气(或称新鲜气)与循环机(15)来的循环气混合进入合成气换热器(10)，将温度提高至220℃，进入甲醇合成塔(11)，在此进行甲醇合成反应，合成反应多余的热量由中压蒸汽引出，控制反应温度在280℃，反应后的合成气通过换热器将温度下降至119℃左右，进入甲醇水冷却器(12)，冷却器用循环水冷却，将合成气冷却至38℃以下，在此可凝性物质被凝结成液体，冷却后的合成气与冷凝物如甲醇进入气液分离器(13)进行分离，分离出来的粗甲醇进入粗甲醇槽(14)，供精制甲醇使用。

气液分离器出来的合成气，根据气体中的惰性气含量进行控制排放，其余的由循环机(15)送回合成系统参与循环。

3.3.6　黄磷尾气制合成氨

氨是基本化工原料之一，主要用于制造氮肥。制取合成氨的原料气为 H_2 和 N_2。获取合成氨原料气的原料主要有焦炭、煤(包括褐煤、烟煤、无烟煤)、天然气和重油，目前我国主要采用煤制合成气的技术路线。

几种工业运行煤气化装置生产的煤气成分见表 3-15。而黄磷尾气($CO+H_2$)约 90%，含量比加压纯氧气化高，而甲烷含量比加压纯氧气化低，但杂质组分较复杂，只要去除杂质就可以作为合成氨的原料气。

表3-15　几种工业运行煤气化装置生产的煤气成分

气化方式	原料	煤气成分 /%					
		CO	CO₂	H₂	N₂	CH₄	O₂
间隙式气化	焦炭	30.5	8.3	39.4	21.1	0.5	0.2
富氧连续气化	焦炭	38.85	14.5	25.99	20.22	0.25	0.19
加压纯氧气化	褐煤	32.0	14.5	38.5	1.2	12.5	0.2
Shell 纯氧气化	煤	62.07	6.45	29.3		0.00	
水煤气化	焦炭	35～38	5～7	48～50	8～12	0.3～0.5	0.3

黄磷尾气受黄磷企业规模制约，单独建设合成氨装置投入大、成本

高，因此，黄磷尾气制合成氨的最佳组合方式是将黄磷尾气净化后，经压缩并入煤制合成氨系统。

3.3.7　黄磷尾气部分变换制原料气技术

要实现黄磷尾气制碳一化工产品，氢气的制备是其中的关键环节。若高浓度一氧化碳采用传统的全程变换，会因为变换的强放热产生高温，致使催化剂烧毁。而用于合成甲醇或合成汽油的合成气，按理论配比为 $H_2/CO=2$，仅仅要求 CO 变换率达 60%～67% 即可。为此，昆明理工大学开发了"部分变换制氢方法"，即气体中的一氧化碳部分转化为氢的一种方法。高浓度一氧化碳部分变换后再接全程变换，也可以将一氧化碳全部转化为氢气，达到一氧化碳全制氢的目的。

一氧化碳部分变换的优点：

① 变换气不需要用冷凝水冷却，蒸汽用量少，能耗低；

② 催化剂层不产生积壳现象，无机盐类少，阻力低，使用寿命长；

③ 催化剂层温度控制容易，运行稳定。

一氧化碳与水蒸气作用生成氢和二氧化碳，其反应式如下：

$$CO + H_2O \Longrightarrow CO_2 + H_2 \tag{3-81}$$

从反应式(3-81)可看出，如有一体积一氧化碳被变换掉，就会产生一体积的氢气和一体积的二氧化碳。

变换反应是可逆反应。根据所处的条件不同，可向正方向进行，也可向逆方向进行。在一定的一氧化碳量下，增加水蒸气量可以使反应向右移动，氢和二氧化碳浓度提高；反之，减少水蒸气量，反应向左移动，氢和二氧化碳浓度降低。由此，人为控制一定比例的水蒸气与黄磷尾气混合，进入装有催化剂的变换炉中，在一定温度下，生成氢和二氧化碳量也就一定。

一氧化碳的变换程度通常用变换率来表示。若反应前气体中有质量为 $a(g)$ 的一氧化碳，变换后气体中剩下质量为 $b(g)$ 的一氧化碳，则变换

率 x 为：

$$x = \frac{a-b}{a} \times 100\% \qquad (3-82)$$

在实际生产中，煤气中除含有 CO 外，尚有 H_2、CO_2、N_2 等组分，生产控制是测定变换炉前、后的气体组分，变换后气体体积增大，变换率不能直接用上式计算，应用变换反应的气体成分进行计算。

设　V_{CO}、V'_{CO}——变换前后气体中 CO 的体积分数，%；

　　V_{CO_2}、V'_{CO_2}——变换前后气体中 CO_2 的体积分数，%；

　　x——变换率。

变换后气体中 CO 的体积分数按下式计算：

$$V'_{CO} = \frac{V_{CO} - x \cdot V_{CO}}{100 + x \cdot V_{CO}} \times 100 \qquad (3-83)$$

从上式得变换率计算公式：

$$x = \frac{V_{CO} - V'_{CO}}{V_{CO}(100 + V'_{CO})} \times 100 \qquad (3-84)$$

用变换气循环以降低黄磷尾气中一氧化碳初始浓度控制变换率。根据变换率的高低控制催化剂层温度。根据表 3-16 黄磷尾气组分，通过调整变换气与黄磷尾气进入变换炉的比例，获得不同的变换率（表 3-17），从表 3-17 看出，变换气 / 黄磷尾气比例愈大，部分变换率愈低，催化剂层温度也愈低，随之能耗增大，设备增大。试验表明，变换气 / 黄磷尾气比例控制在 0.8～1.0 之间，变换炉出口变换气中 CO 含量控制在 19%～20% 之间就能控制好温度，此时的氢含量为 40%～42%（表 3-18）。

表3-16　黄磷尾气组分

项目	CO	CO_2	N_2	H_2	CH_4	O_2
含量 /%	85.8	2.6	4.3	6.4	0.4	0.5

表3-17　各种循环比下循环气的组分

黄磷尾气：变换气	CO /%	CO_2 /%	H_2 /%	N_2 /%	CH_4 /%	O_2 /%	部分变换率 /%	总变换率 /%
1：1.2	49.42	17.86	24.82	3.46	0.32	0.23	51.5	65.3
1：1.0	52.46	20.16	23.28	3.54	0.33	0.25	53.4	65.3

黄磷尾气：变换气	CO /%	CO₂ /%	H₂ /%	N₂ /%	CH₄ /%	O₂ /%	部分变换率 /%	总变换率 /%
1：0.8	55.16	18.2	21.4	3.62	0.34	0.39	54.9	65.3
1：0.6	60.79	15.77	19.06	3.73	0.35	0.41	57.6	65.3

表3-18　预计的部分变换气气体组分

项目	CO	CO₂	H₂	N₂	CH₄
含量 /%	19.11	37.71	40.16	2.77	0.26

参考文献

[1] 王杰, 向良勇, 万庆成, 等. 一种水淬黄磷炉渣的方法及设备: CN103801549A[P]. 2014-05-21.
[2] 曹建新, 陈前林, 林倩, 等. 磷渣在粘土烧结砖中的应用研究 [J]. 新型建筑材料, 2002(7): 11-14.
[3] 夏举佩, 李国斌, 苏毅, 等. 一种黄磷炉渣基加气砌块的方法: CN103864455A[P]. 2014-06-18.
[4] 杨林, 杨三可, 周永波, 等. 高掺量磷石膏耐水蒸压砖的研制 [J]. 非金属矿, 2010(2): 45-47.
[5] 彭泽斌, 宋科鹏, 王涛. 磷渣基仿石材的制备及机理初探 [J]. 硅酸盐通报, 2019,38(2): 351-355.
[6] 朱丽苹. 磷渣基人造大理石的实验研究 [J]. 无机盐工业, 2020, 52(4): 72-74.
[7] 李毅, 翟亚萍. 利用磷渣生产水泥熟料 [J]. 水泥, 2011(9): 25-27.
[8] 林发尧. 用磷渣配料提高熟料强度 [J]. 四川水泥, 2017(3): 1-2.
[9] 王涛, 宋科鹏, 彭泽斌, 等. 少熟料磷渣基水泥的研究 [J]. 硅酸盐通报, 2019, 38(6): 1805-1811.
[10] 管艳梅, 陈伟, 孙道胜. 利用磷渣和煤矸石制备建筑微晶玻璃的研究 [J]. 陶瓷学报, 2020, 41(1): 88-92.
[11] 李然, 潘洁, 蒋明, 等. 黄磷炉渣和铜渣协同制备微晶玻璃 [J]. 人工晶体学报, 2018, 47(8): 1722-1727.
[12] 王伟杰. 黄磷炉渣制备高钙微晶玻璃基础研究 [D]. 昆明: 昆明理工大学, 2017.
[13] 王绍东, 段仕东, 韦国祖, 等. 一种黄磷炉渣风淬冷却方法: CN104556752A[P]. 2015-04-29.
[14] Ma L, Wei D, Long E, et al. New processes and experimental study on yellow phosphorus slag of waste heat utilization[J]. Modern Chemical Industry, 2013, 33(4): 112-115, 117.
[15] 陈通, 孙方静, 韦连梅, 等. 磷酸铁催化剂降解印染废水中的有机染剂 [J]. 上海第二工业大学学报, 2018, 35(4): 18-22.
[16] 夏海岸, 黄彩燕, 肖媛媛, 等. 磷酸铁催化热解纤维素制备左旋葡萄糖酮 [J]. 广东化工, 2013, 40(18): 15-16.
[17] 马毅, 沈文喆, 袁梅梅, 等. 磷铁渣制备电池级纳米磷酸铁 [J]. 化工进展, 2019, 38(11): 216-224.
[18] 赵曼, 肖仁贵, 廖霞, 等. 水热法以磷铁制备电池级磷酸铁的研究 [J]. 材料导报, 2017, 31(5): 25-31.
[19] 余有平, 向良勇, 曹清章, 等. 一种用于泥磷回收工艺的外热式回转窑: CN106542510A[P]. 2017-03-29.
[20] 梅毅, 杨亚斌, 何锦林, 等. 一种黄磷漂洗系统与泥磷连续回收的一体化装置及方法: CN112499605A[P]. 2021-03-16.
[21] 赵进. 10kt/a 泥磷制酸装置设计总结 [J]. 硫磷设计与粉体工程, 2014, 5: 1-8.
[22] Zintl E, Brauning W, Grube H L, et al. Siliciummonoxyd[J]. Zeitschrift Für Anorganische Und Allgemeine Chemie, 1940, 245(1): 1-7.
[23] 李艳. 低品位磷矿热解还原过程热分析及其动力学研究 [D]. 武汉: 武汉工程大学, 2019.
[24] 郑光亚, 曹任飞, 夏举佩, 等. 不同掺杂剂对磷矿碳热还原反应的影响 [J]. 化工进展, 2020,

39(12): 5112-5118.

[25] 魏晓丹, 魏广学, 徐建华, 等. 磷矿石还原新工艺研究 [J]. 硫磷设计, 1995(03): 5-10.

[26] 胡彪. 磷矿熔态还原工艺优化及机理研究 [D]. 武汉: 武汉工程大学, 2014.

[27] 刘予成, 陈秀敏, 李秋霞, 等. 氟磷酸钙真空碳热还原反应机理的分子动力学研究 [J]. 真空科学与技术学报, 2017, 37(01): 89-93.

[28] 李秋霞, 夏利梅, 李琮, 等. 真空法由磷矿石一步制备红磷 [C]. 第九届真空冶金与表面工程学术会议, 2009: 149-151.

[29] 刘予成, 李秋霞, 邱臻哲, 等. SiO₂ 对氟磷酸钙真空碳热还原反应的影响 [J]. 真空科学与技术学报, 2013, 33(03): 293-296.

[30] 李贤粉, 武庆慧, 吕晓东, 等. SiO₂/CaO 比对中低品位磷矿真空碳热还原的影响 [J]. 真空科学与技术学报, 2021, 41(07): 687-693.

[31] 胡彪, 马超, 桂坤, 等. 无机添加剂对磷矿石熔态还原反应的影响 [J]. 化工矿物与加工, 2014, 43(06): 1-2, 8.

[32] 赵禹, 夏举佩, 曹任飞, 等. 钾系添加剂促进磷矿碳热还原的可行性研究 [J]. 硅酸盐通报, 2018, 37(12): 3983-3988.

[33] 朱晃莹, 屈敏, 李银, 等. 助熔剂硅石及钾页岩对磷矿碳热还原反应的影响 [J]. 硅酸盐通报, 2018, 37(09): 2908-2912, 2918.

[34] 贡长生, 等. 现代磷化工技术和应用 [M]. 北京: 化学工业出版社, 2013, 196-197.

[35] 伯尔特 R B, 巴尔伯 J C, 刘自强, 等. 电炉法生产元素磷 [M]. 北京: 化学工业出版社, 1965.

[36] 汤建伟, 兰方杰, 化全县, 等. 不同助熔剂对磷矿熔融特性影响研究 [J]. 化工矿物与加工, 2016, 45(09): 9-12, 19.

[37] 兰方杰. 硅-铝-镁氧化物助溶剂对磷矿熔融特性影响研究 [D]. 郑州: 郑州大学, 2016.

[38] 穆刘森. 磷矿石碳热还原过程元素迁移变化规律及残渣特性研究 [D]. 昆明: 昆明理工大学, 2021.

[39] 李银. 助熔剂对磷矿碳热还原反应的工艺及机理研究 [D]. 昆明: 昆明理工大学, 2018.

[40] 高麟, 汪涛, 樊彬. 钾长石的利用方法: CN103910348 A[P]. 2014-03-31.

[41] 郭峰, 袁孝惇. 钾长石还原过程的研究 [J]. 过程工程学报, 1986(2): 134-137.

[42] 杜先奎, 王思维, 李小静, 等. 碱金属盐及单质对焦炭热态性能的影响 [J]. 燃料与化工, 2016, 47(06): 28-30.

[43] 游高. 添加剂强化钛铁矿固态还原研究 [D]. 长沙: 中南大学, 2009.

[44] Belyaev A A. Effect of alkali metal carbonate additives on the rate of oxidation of the organic matter of anthracite [J]. Solid Fuel Chemistry, 2013, 47(4): 226-230.

[45] Kopyscinski J, Habibi R, Mims C A, et al. K₂CO₃-catalyzed CO₂ gasification of ash-free coal: kinetic study [J]. Energy Fuels, 2013, 27(8): 4875-4883.

[46] Bai S, Wen S, Liu D, et al. Effects of sodium carbonate on the carbothermic reduction of siderite ore with high phosphorus content[J]. Minerals & Metallurgical Processing, 2013, 30(2): 100-107.

[47] 曹任飞, 夏举佩, 李宛霖, 等. 碱金属碳酸盐对磷矿碳热还原反应的影响研究 [J]. 高校化学工程学报, 2018, 32(03): 568-576.

[48] Deng S Y, Liang B, Li C, et al. Research progress of kiln phosphoric acid process[J]. Chemical Industry & Engineering Progress, 2012, 31(7): 402-406.

[49] 黄磷工业污染物排放标准即将颁布黄磷生产排放有法可依 [J]. 中国石油和化工标准与质量, 2009, 29(3): 35-36.

[50] Wang X, Ning P, Chen W. Studies on purification of yellow phosphorus off-gas by combined washing, catalytic oxidation, and desulphurization at a pilot scale[J]. Separation & Purification Technology, 2011, 80(3): 519-525.

[51] 贺永德. 现代煤化工技术手册 [M]. 3 版. 北京: 化学工业出版社, 2020: 1339.

[52] 张国民, 楚文锋, 耿恒聚. 低温甲醇洗工艺的研究进展与应用 [J]. 化学工程师, 2010(10): 31-33.

[53] 张沫. 低温甲醇洗的换热网络优化 [D]. 大连: 大连理工大学, 2011.

[54] 戴春皓. 黄磷尾气变换制甲醇合成气中试及新型催化剂研究 [D]. 昆明: 昆明理工大学, 2009.

4

热法磷酸节能技术

Energy Saving and Resource Utilization in Phosphorus Chemical Industry

4.1

热法磷酸传统生产工艺

　　热法磷酸是将电炉法生产的黄磷,用空气燃烧氧化成双分子五氧化二磷(即 P_4O_{10}),然后 P_4O_{10} 进一步水化成磷酸,燃烧和水化过程均放出大量的热。热法磷酸工艺过程主要包括黄磷的熔融、黄磷燃烧、五氧化二磷气体的水化吸收、酸雾捕集等。

　　在燃磷塔内,黄磷的氧化反应是一个复杂的多级反应,但是最终的产物都是 P_4O_{10}。主反应如式(4-1)所示:

$$P_4(液)+5O_2(气) \longrightarrow P_4O_{10}(气), \quad \Delta H = -3014.5kJ/mol \qquad (4-1)$$

　　在氧气不充足的情况下,会发生如式(4-2)的其他副反应,生成 P_4O、P_4O_2、P_4O_6 等磷的低级氧化物,磷的低级氧化物与水反应后会生成次磷酸与亚磷酸。

$$P_4 + 3O_2 \longrightarrow P_4O_6 \qquad (4-2)$$

　　为了确保黄磷的完全氧化,必须保证有良好的反应条件。影响黄磷燃烧反应的主要因素是:黄磷质量、燃烧温度、空气量、黄磷雾化效果、反应时间等。如果黄磷氧化反应不完全,会出现含有元素磷或低级氧化物的“黄酸”或“红酸”。为使黄磷和空气能迅速完全燃烧,最终生成 P_4O_{10},需要采取措施避免或减少低级氧化物的产生。实际生产中,在设备确定以后,通过提高空气过剩系数,即实际空气用量和理论空气用量的比值,来减少低级氧化物的产生,但过高的空气过剩系数会增加系统的负荷,增加动力费用。适宜的空气过剩系数在 1.4 ～ 1.6 之间;为了使黄磷雾化充分,一次空气的压力在 0.2 ～ 0.5MPa 之间。

　　五氧化二磷的水化是黄磷燃烧后的 P_4O_{10} 气体与稀磷酸中的水不断反应而形成磷酸的过程。水化过程随工艺条件的不同而不同。P_4O_{10} 水化速度快,即使在 800 ～ 1000℃ 时也能水化。关于 P_4O_{10} 与水反应产物的研究，由于难以模拟生产过程中的实际条件，其水化各步机理尚不明确，但可以肯定的是，P_4O_{10} 的水化产物与 P_4O_{10}/H_2O 摩尔比、反应温度相关。实践证明，在大量循环磷酸存在和燃烧完全的前提下，P_4O_{10} 与水反应最终生成正磷酸或聚磷酸。

$$P_4O_{10}(气) + 6H_2O(液) \longrightarrow 4H_3PO_4(液)，\Delta H = -388.924kJ/mol \qquad (4-3)$$

$$nH_3PO_4(液) + 3H_2O(液) + nP_2O_5 \longrightarrow 3H_{n+2}P_nO_{3n+1} \qquad (4-4)$$

$$H_3PO_4(液) + xH_2O(液) \longrightarrow 85\%H_3PO_4(液)，\Delta H = -8.332kJ/mol \qquad (4-5)$$

反应(4-3)为弱放热反应，每水化 1kg P_4O_{10} 放出约 1369kJ 热量。除主反应外，还会伴随发生式(4-4)等生成聚磷酸的副反应，在产品磷酸中的含量以低级氧化物及 H_3PO_3 等易氧化物的含量表示。

$$P_4O_6 + 6H_2O \longrightarrow 4H_3PO_3 \qquad (4-6)$$

磷酸的吸收速率由推动力、传质系数和气液相接触面积确定，推动力用气体中被吸收物质浓度和吸收液平衡浓度之差表示。含五氧化二磷的气体和磷酸(或水)接触时，液体吸收 P_4O_{10} 作为主要反应的同时，还存在气相反应。因燃烧气体温度较高，使液体的表面蒸气压相当大，一部分液体蒸发进入气相。而磷酸的蒸气分压随浓度的升高而下降。因此，水化吸收的循环酸浓度越高，对水化越有利。反应空气中含有的一定量水分，燃烧时都转化为水蒸气，与黄磷燃烧的氧化物发生强烈反应，此时的蒸气呈饱和状态，不断凝结成酸雾，当水为吸收剂时，80% ~ 90% 的 P_4O_{10} 成为酸雾，而用含 75% ~ 85% 的磷酸吸收时，只有 30% ~ 50% 的 P_4O_{10} 成为酸雾，因此，在温度不变时，吸收酸浓度越高，酸的蒸气压越低，产生酸雾的可能性越小，越有利于吸收，酸的收率就越高。

磷酸酸雾是一种液体状气溶胶，雾粒直径一般为 2.8 ~ 4.2μm，所含成分主要是磷酸，酸雾的形成由传热和传质过程确定，在吸收的同时气体被快速冷却，磷酸液面上平衡蒸气压较低，形成磷酸酸雾，由于小尺度效应，悬浮酸雾在气相中相对稳定，难以自聚或沉降，酸雾的吸收率一般不超过 80%。因此，工艺上通过选择适当的吸收条件和控制生产参数增大酸雾的粒径，其后通过离心力和丝网作用进行气液分离，其磷酸酸雾的捕集原理是利用高速气流将喷入的吸收液雾化，增加气液两相的接触面积，加速气液两相的传质和传热，破坏气溶胶结构，使气体中的细微雾滴和细小的液滴凝聚，再将雾滴从气相中分离。酸雾的分离度不取决于气体单位体积的浓度，而取决于雾粒的大小，影响因素是吸收温度、吸收液浓度和气液传质速率等。酸雾捕集可采用多种除雾设备，磷酸生产常用文丘里除雾器破坏气溶胶的稳定性并增大酸雾粒径，再用复挡除沫器、纤维除雾器、电除雾器等回收酸雾。电除雾器的优点是除雾效率高、系统阻力小，但投资高，运行管理复杂；国内用得较多的是文丘里除雾器与复挡除沫器、纤维除雾器的组合。影响文丘里除雾器效率的因素有气速、液气比等。

热法磷酸按移出热量的介质划分为酸冷、水冷两种工艺，水冷流程的燃烧和水化分别在两个设备中进行，通过夹套冷却的方式将燃烧塔中的反应热用水移走；酸冷流程是以大量的循环酸沿塔内壁从上而下以喷淋的方式带出黄磷燃烧热，其燃烧和水化在同一台设备内完成。

酸冷流程又称湿壁流程、一步法流程，如图4-1所示。将黄磷在熔磷槽内熔化成液态，用泵或采用密闭容器加压将磷经磷喷嘴送入燃烧水化塔，同时用压缩空气(一次空气)或中压蒸汽将磷雾化，在一次空气和二次空气(塔顶补入)的作用下，使磷氧化燃烧生成气态 P_4O_{10}。在塔顶沿塔壁淋洒温度低于60℃的循环磷酸，之所以控制进入塔壁淋洒酸温低于60℃，主要是要求经过水化反应后的酸温小于85℃，以保护燃烧水化塔塔壁不受高温气体和磷酸的腐蚀；绝大部分 P_4O_{10} 则通过燃烧水化塔下部布置的 1～3 层螺旋喷头所喷射出的稀磷酸水化得到磷酸。燃烧水化塔排出的含有 P_4O_{10}、酸雾的气体进入除雾系统进一步回收含磷物质。回收得到的稀磷酸返回燃烧水化塔进行循环。尾气达标后排入大气。

水冷流程又称二步法流程，如图4-2所示。将黄磷在熔磷槽内熔化成液态，用泵或采用密闭容器加压将磷经磷喷嘴送入燃烧塔，同时用压缩空气使磷雾化，并补充二次空气，使磷在燃烧塔内燃烧氧化。保持燃烧塔塔壁(外壁)循环冷却水温度低于80℃，使燃烧后产生的出塔气体温度低于800℃。从燃烧室出来的气体进入水化塔进行水化，在水化塔中采用多层喷头用稀磷酸循环吸收，水化成磷酸成品。水化塔排出的含有 P_4O_{10}、酸雾的气体进入除雾系统进一步回收含磷物质；回收所得到的稀磷酸返回水化塔进行循环。尾气达标后排入大气。

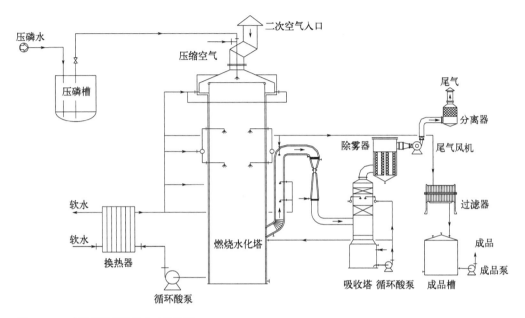

图 4-1　一步法热法磷酸生产工艺流程

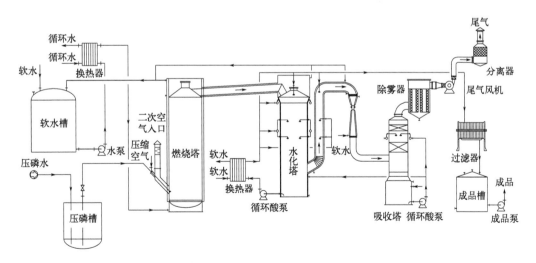

图 4-2　传统二步法热法磷酸生产工艺流程

生产 1t 85% 磷酸（即 H_3PO_4 质量分数为 85%）放出约 7406 MJ 热量，而传统生产工艺为了保护设备不被腐蚀和确保磷酸质量，黄磷反应热和水化热均通过热交换的形式，最后通过循环水的方式排至环境之中，增加了热污染，为了保护地球的生态环境，开展生产节能是"碳达峰、碳中和"的首要措施。

4.2

黄磷反应热的回收与利用

4.2.1 利用自然空气燃烧黄磷并回收黄磷燃烧热的二步法技术原理

气体中有单质磷存在时，在有氧气且温度大于 40℃ 条件下，生成 P_2O_5 或 P_4O_{10}（高温下形成双分子五氧化二磷 P_4O_{10}），其反应方程式为：

$$P_4 + 5O_2 \longrightarrow P_4O_{10}（磷酐） \tag{4-7}$$

反应体系中有水存在，五氧化二磷进一步与水反应：

$$P_4O_{10} + H_2O \longrightarrow H_2P_4O_{11}（超磷酸，酸酐） \tag{4-8}$$

$$P_4O_{10} + 2H_2O \longrightarrow 4HPO_3（偏磷酸） \tag{4-9}$$

$$P_4O_{10} + 4H_2O \longrightarrow 2H_4P_2O_7（焦磷酸） \tag{4-10}$$

$$P_4O_{10} + 6H_2O \longrightarrow 4H_3PO_4（正磷酸） \tag{4-11}$$

$$3P_4O_{10} + 10H_2O \longrightarrow 4H_5P_3O_{10}（三聚磷酸） \tag{4-12}$$

$$4P_4O_{10} + 12H_2O \longrightarrow 4H_6P_4O_{13}（四聚磷酸） \tag{4-13}$$

$$\cdots\cdots\cdots\cdots\cdots\cdots\cdots\cdots\cdots\cdots\cdots\cdots$$

$$nP_4O_{10} + (2n+4)H_2O \longrightarrow 4H_{n+2}P_nO_{3n+1} \tag{4-14}$$

$n=1$ 时产物为正磷酸，$n \geqslant 2$ 时产物为聚磷酸。

其水化过程如图 4-3 所示。

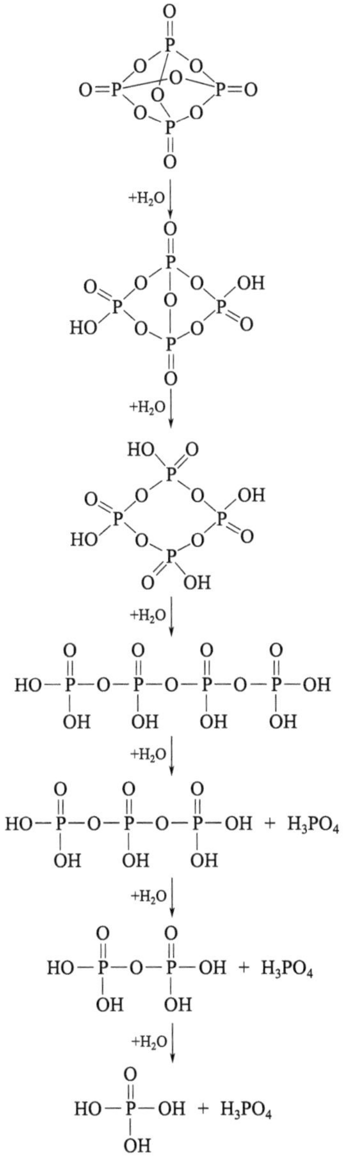

图 4-3 磷酐的水化过程

热力学计算表明，当反应温度大于 622.17℃时，水与 P_2O_5 反应不会形成正磷酸，会形成偏磷酸、焦磷酸等高聚磷酸（见图 4-4、图 4-5）。

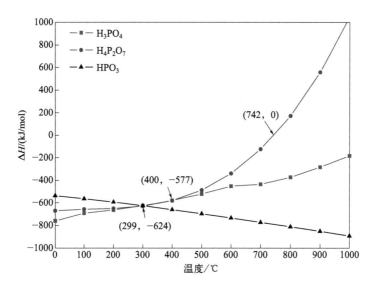

图 4-4　三个反应 ΔH 比较

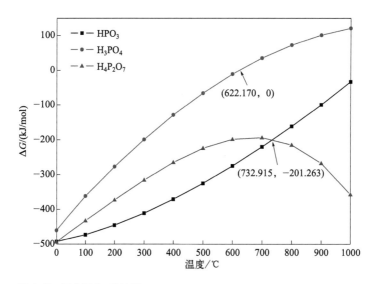

图 4-5　三个反应 ΔG 比较

Earl H.Brown 等采用五氧化二磷与磷酸配比的方式配制成不同五氧

化二磷含量的磷混合物，采用加热回流方式，测定了 P_2O_5-H_2O 的液相与气相组成，如图 4-6 所示。

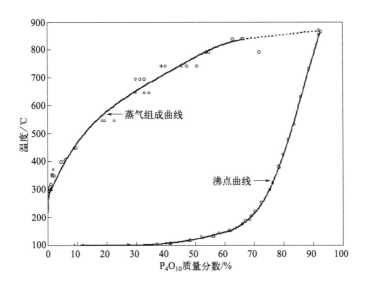

图 4-6 P_2O_5-H_2O 系统相图

通过对不同磷酸及其燃磷塔结膜物进行 TG-DSC 的测试研究分析表明，随着温度的升高，无论是 85% 磷酸，还是焦磷酸、结膜物，其完全挥发温度约为 600℃。图 4-7 给出了 85% 磷酸的 TG-DSC 分析结果，100℃前后样品有一个失重峰，对应 DSC 曲线有一个吸热峰，表明此时样品中的自由水挥发吸热。150 ～ 490℃这一段，TG 和 DTG 曲线显示，在这一段升温过程中，磷酸不断脱水聚合，向浓度更高的磷酸转变，DSC 曲线显示其基线下移表明其热容减小，多聚磷酸的热容随着浓度的增加而减小，与恒温实验结果相互印证。从 490℃开始，达到聚合磷酸的挥发温度，从 TG 和 DTG 曲线上可以看到，样品快速失重，DSC 曲线表明磷酸热解挥发吸热，602℃达到最大值。

图 4-8 给出了焦磷酸的 TG-DSC 分析结果，与 85% 磷酸不同的是，焦磷酸不含自由水，没有 85% 磷酸 100℃前后样品的失重峰，DSC 曲线上的 263.3℃有吸热峰，而此时 TG 和 DTG 曲线也表明焦磷酸开始失重，这与焦磷酸平衡状态下的挥发起始点 460℃相比，降低了近 200℃，这是

由于 TG-DSC 保护气降低了焦磷酸平衡分压所致。焦磷酸最大挥发温度峰值为 594℃。

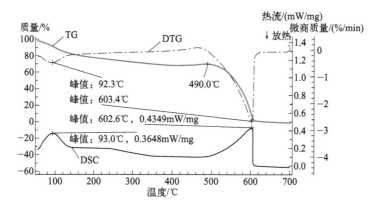

图 4-7 85% 磷酸的 TG-DSC 分析结果

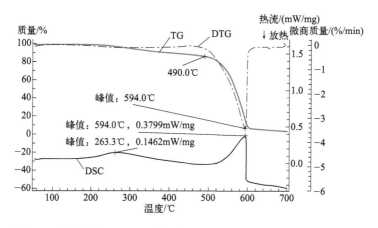

图 4-8 焦磷酸的 TG-DSC 分析结果

结膜物取自实际生产的燃磷塔，质地坚硬，难以分离，磷含量较高，吸湿性极强。图 4-9 给出了结膜物的 TG-DSC 分析结果，100 ～ 490℃之间，TG 和 DTG 曲线显示，结膜物组成稳定，没有发生热解和挥发，从 DSC 曲线可以看出基线随着温度升高不断上升，其热容不断增加。从 490℃开始挥发，582.5℃达到完全分解峰值。

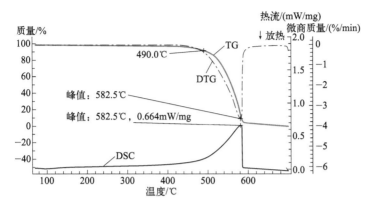

图 4-9　结膜物的 TG-DSC 分析结果

在不同温度和 H_2O/P_4O_{10} 摩尔比条件下，对磷燃烧生成物 P_4O_{10} 与 H_2O 的研究表明，低温、高 H_2O/P_4O_{10} 摩尔比主要产物为焦磷酸、正磷酸，温度愈低，水分含量愈大，其聚合度愈低，呈液态，腐蚀强烈；高温、低 H_2O/P_4O_{10} 摩尔比，主要产物为偏磷酸、酸酐，温度愈高，水分含量愈低，产物磷含量愈高，在一定温度下呈固体形态[1]。表 4-1、表 4-2 腐蚀试验表明，实验温度 120℃，85% H_3PO_4，碳钢迅速与磷酸发生反应，产生大量气泡，24h 完全腐蚀；316L 不锈钢在 96h 后失重达 24.25%，在 168h 后失重达 70%。而对从中试和生产装置中取出的结膜物进行分析的结果表明：结膜物中的铁含量为 1 ~ 15mg/kg。中试结果表明，塔内温度愈高，铁含量愈低，愈有利于形成固体结膜物保护设备；如果按流动相计算，其腐蚀率＜ 0.06mm/a，属于轻微腐蚀；然而，在设备正常运行条件下，紧贴设备内表面的结膜物呈固态，所以其腐蚀几乎为零[2-3]。因此，结膜物有效阻隔了高温腐蚀性气体对 316L 不锈钢的腐蚀，也就是说，采用形成结膜物的方式回收中压蒸汽是可行的，关键是构建形成结膜物的环境与条件。

表4-1　磷酸（85% H_3PO_4）对碳钢、316L不锈钢材料的腐蚀试验

试样	试样称重 /g							
	0h	24h	48h	72h	96h	120h	144h	168h
碳钢	5.51	0	0	0	0	0	0	0
316L 不锈钢	5.98	5.87	5.65	5.31	4.53	3.628	2.857	1.801

表4-2　结膜物样品铁离子含量测试

样品来源	导气管温度 /℃	稳定运行时间 /h	铁离子含量 /（mg/kg）
中试	300～326	20.5	15
中试	390～430	23.5	2.9
中试	410～440	74.5	3.8
中试	485～528	165.5	<1
生产装置	650～700	2160	1.6
生产装置	710～760	5020	<1

因此，利用自然空气回收黄磷反应热的技术原理就是控制 H_2O/ P_4O_{10} 摩尔比，在燃磷塔的高温条件下，形成高聚和环状磷氧化合物，利用高聚和环状磷氧化合物的高温挥发特性及其一定温度下的固化特点，通过燃磷塔的结构设计，使其在燃磷塔与高温酸性腐蚀气体接触的内表面形成固体防腐膜，解决燃磷塔的腐蚀关键技术问题，回收黄磷反应热。

4.2.2　具有回收黄磷反应热装置的热法磷酸生产工艺

利用自然空气燃烧黄磷并回收黄磷燃烧热的燃磷塔装置，采用了燃磷塔与反应热回收装置相结合的整体设计方案。所设计的具有反应热回收装置的特种燃磷塔，同时具备两个功能：其一，能满足磷化工生产的要求，相当于化工设备中的一个反应塔；其二，能满足反应热回收的要求，相当于热工设备中的工业锅炉。

利用自然空气燃烧黄磷并回收黄磷燃烧热技术采用二步法生产工艺，即黄磷在燃磷塔内燃烧的同时回收燃烧所放出的热能并产生饱和蒸汽，黄磷燃烧和五氧化二磷的水化分别在燃磷塔和水化塔两个塔内完成，反应热主要由燃磷塔产生的蒸汽移出，水化热主要由水化塔内的循环磷酸移出，循环磷酸采用板式换热器等其它换热设备冷却带走水化热，保持整个生产工艺中的热平衡。

生产工艺见图 4-10。来自水处理工段的软水，进入软水槽与高位热槽溢流的热软水混合，经循环泵送入换热器降温，经过降温后的低温软水进入燃烧塔下封头夹套底部和磷喷枪的冷却水箱，换热之后再进入塔顶上封头和导气管的水冷夹套，然后由上封头夹套上部溢流，最后进入高位热水槽；高位热水槽富余的换热软水回流至软水槽。循环水泵流量保持在高位水箱水温 70～90℃为宜，高位水箱的热水除氧后经多级给水泵送入特种燃烧塔顶部的汽包，参与内部自然水循环，吸收辐射热能，沸腾汽化后可产生 0.8～3.9MPa 的饱和蒸汽供装置外使用。黄磷与自然空气经磷喷枪进入燃磷塔燃烧，燃烧后生产的 P_4O_{10} 进入水化塔与稀磷酸反应，生成更高浓度的磷酸，部分磷酸作为产品，大部分磷酸循环使用；经稀磷酸吸收后的 P_4O_{10} 气体进入文丘里吸收塔，除雾器进一步除雾回收五氧化二磷，尾气排空。

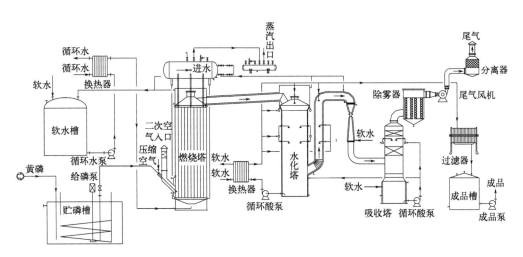

图 4-10　利用自然空气燃烧黄磷并回收黄磷燃烧热的生产工艺流程

具有上部对流换热器、中部辐射换热器、底部锥体膜式水冷壁燃烧塔热能回收二步法的热解磷酸工艺技术与传统的一步法、二步法工艺技术的技术经济指标见表 4-3。从表 4-3 可以看出，带热能回收装置的燃烧水化二步法具有水资源消耗低、综合能耗低、生产强度大的优点。

表4-3 三种流程的技术经济比较

项目	燃烧水化 一步法	传统燃烧水化 二步法	带热能回收装置的 燃烧水化二步法
黄磷（99.9%）/（t/t）	0.272	0.272	0.272
工艺水/（t/t）	10	10	4
蒸汽/（t/t）	0.1	0.1	-1.60
电/（kW·h/t）	35～65	30～60	30～50
压缩空气/（m³/t）	80	60	50
综合能耗/（t/t）	0.05	0.05	-0.13
燃烧强度/[kg/（m³·h）]	12～25	20～40	20～40

注：折标系数按《综合能耗计算通则》（GB/T 2589—2020）附录取值；负值为黄磷热能回收产生蒸汽对外能量输出折标煤量。

4.2.3 具有黄磷燃烧热回收功能的燃磷塔结构设计

副产工业蒸汽的热法磷酸生产工艺是采用二步法工艺实现的，即黄磷在燃磷塔内燃烧的同时回收燃烧所放出的热能并产生饱和蒸汽，黄磷燃烧和五氧化二磷的水化分别在燃磷塔和水化塔两个塔内完成，反应热主要由燃磷塔余热回收系统产生的蒸汽移出，水化热主要由循环磷酸通过冷却水移出，以保持整个生产工艺中的热平衡。生产工艺流程见图4-11。

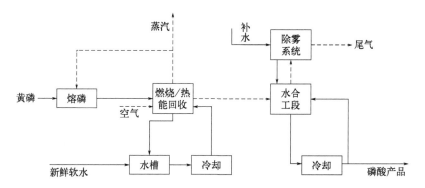

图4-11 带热能回收功能的热法磷酸生产工艺流程

利用自然空气燃烧黄磷并回收其热能的关键设备是特种燃磷塔，是一种将工业反应器与工业锅炉相结合的专用设备，主要结构包括上集箱、下集箱、上升管、下降管、导汽管、汽包、塔顶封头、塔底封头、支架（裙座）、磷喷枪等（图4-12）。其圆柱形壁面是由一系列水管所组成的换热管（上升管）与强化换热翅片组成的一个膜式水冷壁（图4-13）[4]。黄磷燃烧的位置处于燃磷塔侧面的下部，含有五氧化二磷的工艺气体出口在燃磷塔靠近侧面的顶部或顶部中心轴线位置。液态黄磷与助燃空气在压缩空气的作用下，经磷喷枪进入燃磷塔内燃烧，在生成 P_4O_{10} 的同时释放出大量的热能。这些热能通过辐射换热的形式被设置于燃磷塔壁面的一系列上升管内的水所吸收。上升管内的水因吸收热量而汽化，形成汽水混合的两相流体。它的密度要比位于同一水平面的下降管内的水密度小（软水在下降管中不受热，密度大）。因而，在下降管和上升管之间存在的密度差产生了一个使水自然循环的驱动力，驱动水在汽包-下降管-下集箱-上升管-上集箱-导汽管-汽包之间进行自然水循环，上升管内由于水受热汽化所产生的水蒸气经上集箱、导汽管后进入汽包，在汽包内经汽水分离后的蒸汽从蒸汽出口输出，从而实现了热法磷酸在黄磷燃烧时热能的回收，产生压力 0.1 ～ 3.9MPa 的工业蒸汽。

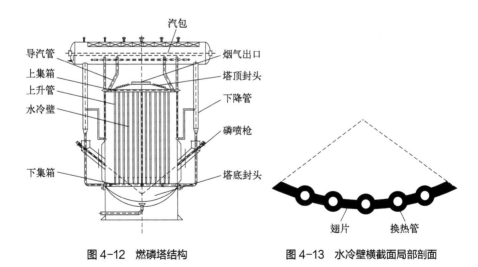

图 4-12　燃磷塔结构　　　　　图 4-13　水冷壁横截面局部剖面

4.2.4　热法磷酸有效能分析模型

结合热法磷酸生产特点与燃磷塔的结构，构建适用于 Aspen Plus 的热法磷酸数值模型，研究提高热法磷酸有效能利用的方法和途径。

有效能分析模型的建立：

采用 Aspen Plus 流程模拟开展有效能分析研究，具体的过程步骤包括：

① 添加组分数据。在物性环境中的组分添加页面中，根据化合物的分子式或其 CAS 号添加模拟所需组分，注意该物质是否有同分异构体。

② 物性方法的选择。根据工艺特点从 Aspen Plus 提供的众多方法和模型中选择合适的模型。

③ 设置全局信息。在物性方法选择之后，在 Global 页面设置全局规定，可以为工艺流程命名，选择全局单位制，选择运行类型（动态或静态），通常情况下使用默认设置即可。

④ 建立流程图。根据工艺过程的需要，在模块选择窗口 Model Palette 中选择所需的单元模块，并为模块和连接模块的物流命名。

⑤ 规定进料信息。点击物流，在输入页面输入物流的温度、压力或气相分数三者之中的两个，除此之外，还需要输入物流的流量或者组成，可以规定物流的总流量（可以是质量流量、摩尔流量和标准液体体积流量或体积流量）并规定相应的物流组成，也可以直接规定各组分的流量。

⑥ 规定各单元模块的操作条件。在进料物流的数据输入完成之后，需要规定模块的数据，不同模块的规定各有不同，可根据工艺条件按需设定。

⑦ 检验结果并优化。当系统显示 Required Input Complete 信息提示对话框表示即可运行模拟，在导航面板查看结果，通过各物流信息与实际数据比对验证，确保结果的准确。

本有效能模型的建立是基于如图 4-12 所示的燃磷塔结构，为了减少计算量，在不影响计算结果精度的前提下，对相关参数进行如下简化。

① 系统各物流、装置为稳态过程，相关参数不随时间改变而改变。

② 黄磷在燃磷塔内与空气充分反应，全部生成了 P_4O_{10}，无其他次氧

化物产生。

③ P_4O_{10} 在水化塔内全部和水反应生成磷酸。

④ 水化塔的收酸率为 70%，除雾器的除雾效率为 99.5%。

混合器(Mixer)：系统提供 3 种不同的流股类型，即物流、功流和热流。输入物流，也可以是热流、功流，但不能同时混合物流、热流、功流。主要用来模拟黄磷的雾化、磷酸的稀释。本次模拟不指定压力参数，且除了磷酸的稀释过程其余的都可看作自然混合。

分流器(Split)：与混合器作用相反。分流器也需要规定 3 个模型参数：压力、有效相态、分流比。本次模拟根据实际计算数据，用于分离循环酸和磷酸产品。

多级压缩机(Mcompr)：一般用来处理单相的可压缩流体,该模块需要规定压缩机的级数、压缩机模型和工作方式,通过指定末级出口压力、每级出口的条件或特性曲线数据计算出口物流的参数。一次空气的压缩选用三级压缩，空气出口压力 0.4MPa，气体出口温度 45℃。

换热器(系统中一共有四种模块)分别是：Heater，可用于模拟加热器或者冷却器，可确定出口物流的热力学状态和相态；HeatX，用于两股物流的换热器，用来模拟两股物流的换热；MHeatX，多股物流换热器，可用于模拟多股物流之间的换热；HxFlus，进行热源与热阱之间的对流传热的计算。由于本文只涉及热量的交换所以主要选用 HeatX 和 Heater 两种换热器完成模拟过程中的热量衡算。

反应器(Reactors)：反应器包括 3 类模块，即化学计量反应器(Rstoic)、化学平衡反应器、动力学反应器。化学平衡反应器较为简单，但需要实验数据的支撑；动力学反应器除需要输入反应方程外还需要输入动力学数据。在反应充分的条件下，黄磷燃烧生成五氧化二磷，五氧化二磷水化过程的反应产物组成是固定的，为了简化起见，采用化学计量反应器来模拟两个过程。

组分分离器(Sep)：可将任意股入口物流按照每个组分的分离规定来分成两股或多股出口物流。当未知详细的分离过程,但已知每个组分的分离结果时,可以用该模块代替严格分离模块,以节省计算时间。需要指定每个组分在各出口物流中的分数(split fraction,组分由进料进入到产品中的分数)或者流量。本次模拟采用两个 Sep 模块来模拟分离水化塔的尾气和磷酸产品及尾气吸收塔的分离过程。

泵(Pump): 作为一种流体输送单元,主要用来提升流体压力到一定值时所需的功率和消耗的电能。泵模块通过指定出口的压力(discharge pressure)或压力的增量(pressure increase)或压力比率(pressure ratio)计算所需功率,也可以通过指定功率(power required)来计算出口压力,还可以采用特性曲线数据计算出口状态。可用来模拟锅炉给水泵和磷酸循环泵。

阀门(Valve): 该模块可进行单相、两相或三相计算,该模块假定流动过程绝热,阀门模块有三种计算类型,包括计算指定出口压力下的绝热闪蒸、计算指定出口压力下的阀门流量系数和计算指定阀门的出口压力。二级吸收塔文丘里除雾器的压降设置为 0.08bar(1bar=10⁵Pa)。

各操作单元的模型选择及用途如表 4-4 所示。

表4-4　各操作单元的模型选择及用途

操作单元	Aspen Plus 模型	用途
黄磷的雾化	Mcompr+Mixer	模拟黄磷的雾化
燃磷塔	Rstoic+Heater	模拟黄磷的氧化
P_4O_{10} 的水化	Rstoic+Sep	模拟 H_3PO_4 的生成
酸雾的捕集	Mixer+Valve+Sep	模拟出塔气体中酸雾的补集
水化热的移除	Heater	模拟移除水化热

黄磷的燃烧阶段选用 PR-ROBING 物性方法,五氧化二磷水化为磷酸的过程选用 ELECTRIC 物性方法。物性方法的介绍如表 4-5 所示。

表4-5　物性方法的介绍

物性方法	状态方程	简述	说明
PR-ROBING	Peng-Robinson	使用 Peng-Robinson 立方形状态方程计算除液体摩尔体积之外的所有热力学性质,分别使用 API 方法和 Rackett 模型计算虚拟组分和真实组分的液体摩尔体积	适用于非极性或弱极性混合物,如烃和轻气体。推荐用于气体处理、炼油及石化应用

物性方法	状态方程	简述	说明
ELECTRIC	液相： Electrolyte NRTL 气相： Redlich-Kwong	溶液化学反应可以通过多种方式影响电解质体系的性质、相平衡以及其他基本特征，进而影响电解质过程计算。对于大多数非电解质体系，化学反应只发生在反应器中，而对于电解质体系，化学平衡计算对所有单元操作模型都必不可少	ELECNRTL 是最通用的电解质溶液物性方法

磷酸作为一种强三元酸，其在水溶液中会发生电离，需要定义电解质。Chemistry 页面定义电解质体系中的化学反应见表 4-6。

表4-6 正磷酸水溶液的化学反应

序号	类型	平衡式
1	Equilibrium	$H_3PO_4 \rightleftharpoons H^+ + H_2PO_4^-$
2	Equilibrium	$H_2PO_4^- \rightleftharpoons H^+ + HPO_4^{2-}$
3	Equilibrium	$HPO_4^{2-} \rightleftharpoons H^+ + PO_4^{3-}$

模型的建立：如图 4-14 所示，来自磷酸储槽的液态黄磷经过换热器 B2，经蒸汽加热至 65℃之后和来自 COMPR01 的一次压缩空气(空气压力为 0.4MPa)通过 MIX02 混合(雾化)后进入化学计量反应器 R01，与二次空气发生绝热反应生成含五氧化二磷的高温气体。高温混合气体经过燃磷塔的余热回收系统回收热量降温之后进入下一工段。

燃磷塔的热回收过程分解为 5 个 HeatX 来实现，来自高位水槽的热水经过换热器 LST01 冷却至 45℃之后进入下封头 XFT 换热升温之后，分别进入上封头 SFT 和导气管水夹套 DQG 继续换热升温，从导气管水夹套出来的水升温至 104℃进入除氧器除氧，由锅炉给水泵 P01 加压泵入汽包 HRQ 与高温烟气换热产生蒸汽。导气管水夹套出来的多余热水进入高位水槽 SPT01 与新鲜补水混合，调节循环水的量以维持燃磷塔的热平衡。

五氧化二磷的水化工段采用 Rstoic 化学计量反应器模型来计算，来自燃磷塔的混合气体中的 P_4O_{10} 在 Rstoic 中与循环酸中的水反应生成磷酸，其中 30% 左右的磷酸以磷酸雾滴的形式存在于气体之中，从该模型出来的物流进入 SEP01 模块分离为气液两部分，气相中主要含有未反应完的

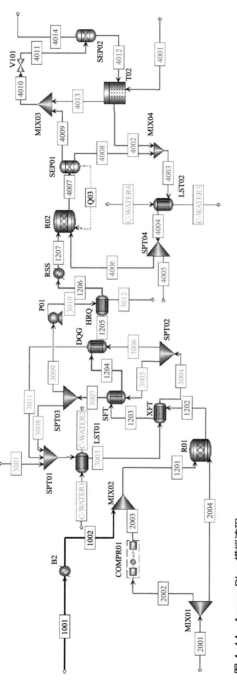

图 4-14 Aspen Plus 模拟流程

磷化工节能与资源化利用

气体和水化过程中生成的磷酸雾滴，液相为正磷酸溶液。气相中99.8%的磷酸液滴需在文丘里除雾器中吸收除去，酸雾从水化塔气体出口出来后在MIX03模块中与稀酸槽的稀酸混合，经过V101模块模拟文丘里除雾器的压降，之后进入SEP02中气液进一步分离。达标尾气排入大气，稀酸进入稀酸槽T02与补充水混合，之后部分返回文丘里除雾器，保证液气比为1L：1m³，部分与水化塔的出口酸混合进入冷却器LST02降温至75℃之后循环进入水化塔，部分作为产品引入储槽。

图4-14各流股名称的定义方式为以数字10开头的表示含有黄磷的物流，以20开头的表示空气物流，而以12开头的物流表示黄磷燃烧后的混合气体，以30开头的表示燃磷塔余热回收系统中的工艺水，以40开头的表示水化阶段使用的工艺水。

4.2.5 具有中部辐射换热功能的燃磷塔有效能分析

以黄磷投料2400kg/h生产85% H_3PO_4、空气过剩系数为1.6开展计算。所需的组分如表4-7所示。

表4-7 组分参数

组分ID	类型	化学式
水	常规	H_2O
黄磷	固体	P_4
五氧化二磷	常规	P_4O_{10}
氮气	常规	N_2
氧气	常规	O_2
磷酸	常规	H_3PO_4
H+	常规	H^+
H₂PO₄-	常规	$H_2PO_4^-$
HPO₄--	常规	HPO_4^{2-}
PO₄---	常规	PO_4^{3-}

根据生产过程中的控制参数，设置流程中的各个单元的相关参数。待输入全部完成后方可运行，相应的工艺控制参数如表 4-8 所示。

表4-8　热法磷酸的操作参数

工艺参数	数值
压缩空气出口压力 /MPa	0.4
空气入口温度 /℃	25
上封头循环水出口温度 /℃	104
供磷温度 /℃	65
燃磷塔操作压力 /mmH₂O①	−300
燃磷塔出口气体温度 /℃	700～750
汽包给水进口温度 /℃	104
饱和蒸汽压力 /MPa	1.0
水化塔循环酸倍率	50
循环酸温度 /℃	75
尾气出口温度 /℃	50

① $1mmH_2O=9.80665Pa$。

运行模拟，流程收敛，将所得数据与生产数据比较，结果见表 4-9。使用 Aspen Plus 模拟结果与实际生产数据吻合得较好，确定了分析计算模型。

表4-9　主要工艺模拟数据与实际生产数据的比较

项目	上封头循环水出口温度 /℃	燃磷塔气体出口温度 /℃	产品磷酸浓度 /%	尾气磷酸含量 /（mg/m³）	蒸汽压力 /MPa
生产数据	100	700～750	85.00	＜15	0.8～2.5
模拟数据	104	730	84.87	5.45	1.0

表 4-10 给出了计算所得的物料平衡表。

综上，根据热法磷酸生产原理、工艺流程和设备，使用 Aspen Plus 建模，黄磷的雾化选择 Mcompr 和 Mixer 模型，燃磷塔选择 Rstoic 和 Heater 模型来实现黄磷的燃烧和黄磷反应热的回收。水化选择 Rstoic

表4-10 系统的物料平衡表

		输入	
序号	物料名称	输入量/（kg/h）	占比/%
1	黄磷	2400.00	6.02
2	空气	21519.28	54.02
3	水化水	4750.00	11.92
4	新鲜软水	11166.5	28.04
合计		39835.78	100.00

		输出	
序号	物料名称	输出量/（kg/h）	占比/%
1	尾气	19724.29	
	水蒸气	1570.56	3.94
	N_2	16293.2	40.90
	O_2	1860.53	4.67
2	磷酸	12	0.03
3	副产蒸汽	11166.5	28.03
4	产品磷酸	8933	22.43
合计		39835.79	100.00

和 Sep 模块模拟，酸雾的捕集选择 Mixer、Valve 和 Sep 模块，而水化热的移除使用 Heater 模块。黄磷的燃烧阶段选用 PR-ROBING 物性方法，水化阶段选用 ELECTRIC 物性方法。以投料量为 2400kg/h、副产 1.0MPa 蒸汽的生产数据进行模拟，并将模拟结果与实际生产数据进行对比和验证，计算结果与实际现场数据吻合得较好，该模型可以较好地反映热法磷酸生产工艺的各项参数，可以用来开展进一步的工艺与节能研究。

根据能量和质量守恒原理，随着物流的流入或流出，它们所携带的内能、动能及位能形式的能量都会造成整个体系的能量变化，如图 4-15 所示。

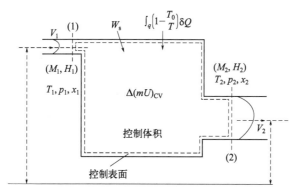

图 4-15　只有一个出口和入口的化工单元

对于只有一个进口一个出口的系统普遍化的能量平衡方程为式 (4-15):

$$\Delta(mU)_{CV} = \sum_i \left[m \left(H + \frac{1}{2} u^2 + zg \right)_{fs} \right] + \sum_j Q + \sum_i W_s \tag{4-15}$$

对于稳流体系，没有内部累积 $\Delta(mU)_{CV}$，控制体中物性不随时间改变，在出入口的物性也不随时间改变而改变，体系中只有轴功的存在，则式 (4-15) 变为:

$$\sum_i \left[m \left(H + \frac{1}{2} u^2 + zg \right)_{fs} \right] + \sum_j Q + \sum_i W_s = 0 \tag{4-16}$$

在模拟计算中，与其他项比较，动能及位能在这里忽略不计，则式 (4-16) 变为:

$$-\Delta H + Q + W = 0 \tag{4-17}$$

对于一股物流所具有的热量可表示为式 (4-18):

$$Q = \Delta H = H - H_0 \tag{4-18}$$

为了计算物流带入系统的显热使用式 (4-18) 来计算，各工况下物流的焓值可以直接从运算结果表中获取，同时需要获取各物流在参考态 $(T_0、p_0)$ 下的焓值。如图 4-16 所示可以在软件中直接获取各物流参考态下的热力学参数，获取的步骤如下:

① 在 Aspen Plus 中选择换热器 Heater 单元，设定出口状态，即压力等于 1atm (101325Pa)，温度为 25℃。连接物流 200101 表示进入换热器

的物流信息与物流 2001 的相同, 200102 表示物流经过换热器后状态变为参考态下的状态。

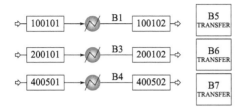

图 4-16　使用 Heater 模块获取物流参考态下的热力学数据

② 利用 Flow Sheeting Options 中 Transfer 模块的实时物流传递功能将 2001 中的物流信息传递给 200101,其相当于复制物流,可使用该功能直接完成物流传递,无须规定参数(温度、压力、组成)即可得到当前的焓值、熵值等热力学数据,表 4-11 列出了关键物流参数。

表4-11　各物流的焓值、熵值

序号	1	2	3	4	5
流股名称	1002	2003	2004	1202	1207
摩尔流量	77.48	187.85	563.55	673.9151	673.9151
焓 /(kJ/kmol)	971.3	−4202.22	−4677.5	−4971.151	−61860.5
熵 /[kJ/(kmol·K)]	3.05	−5.50	−4.50	−6.231	−2.614
焓(T_0, p_0)	0	−4765.5	−4765.5	91796.9	91796.9
熵(T_0, p_0)	0	−4.10	−4.10	−2.339	−2.339
序号	6	7	8	9	10
流股名称	4001	4005	4006	4014	3012
摩尔流量	263.67	152.5471	7417.47	726.394	619.8349
焓 /(kJ/kmol)	287740	759640	−759640	−28267.7	237080
熵 /[kJ/(kmol/K)]	−167.9	−242.5	−242.5	3.573	49.98
焓(T_0, p_0)	287740	764510	−7645	−33406.94	287740
熵(T_0, p_0)	−167.9	−257.57	−257.57	14.0532	167.97

根据计算公式(4-18),计算出各进出系统物流所带入或带出的热量。

其中黄磷的反应热和五氧化二磷的水化热可通过设置反应器的 Calculate Heat of Reaction 得到。

磷酸稀释热的计算方法如图 4-17 所示，使用 Mixer 和 Heater 模块将含有 H_3PO_4 的物流与含有水的物流经过混合(稀释过程)，由于定义了离子反应，其释放或吸收的热流体现在出口物流的焓值变化，出口物流温度会发生改变，将物流经过换热器变回标准状况，其所需或放出的热就是磷酸的稀释热。

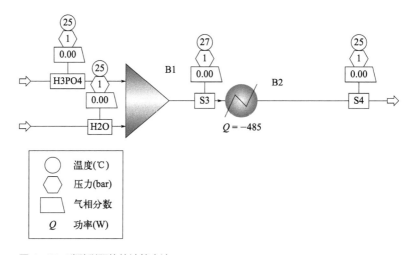

图 4-17　磷酸稀释热的计算方法

为了更直观地体现热法磷酸生产的热能回收效果，定义以下两个物理量来表示热法磷酸生产系统的能量回收效果，黄磷反应的热回收效率针对黄磷反应热的回收率，系统热回收效率针对系统输入热量计算的回收率。

黄磷反应的热回收效率(η_1)：$\eta_1 = \dfrac{Q_{蒸汽}}{Q_{黄磷反应}} \times 100\%$ $\qquad$ (4-19)

系统热回收效率(η_2)：$\eta_2 = \dfrac{Q_{蒸汽}}{Q_{输入系统}} \times 100\%$ $\qquad$ (4-20)

2400kg/h 投磷量、副产 1.0MPa 蒸汽的热法磷酸生产系统的能量平衡结果如表 4-12 所示。

表4-12　系统的能量平衡结果

输入

序号	项目	输入热量 /(kJ/h)	占比 /%
1	黄磷	37270	0.05
2	空气	155480	0.23
3	黄磷反应热	58334788	85.91
4	五氧化二磷水化热	9337519	13.75
5	熔磷蒸汽	37991	0.06
合计		67903048	100.00

输出

序号	项目	输出热量 /(kJ/h)	占比 /%
1	尾气	3732539	5.50
2	余热锅炉散热（换热器）	6835673	10.07
3	水化塔热量移出（换热器）	22815372	33.60
4	副产蒸汽	31400000	46.24
5	系统热损失	2274840	3.35
6	产品磷酸	844623	1.24
总计		67903048	100.00

通过表 4-12 不难发现，黄磷的反应热占系统输入热量的 85% 以上，高达约 $5.833×10^7$ kJ/h。通过改造原有的生产系统即增加热回收装置之后，新的生产系统不但可以完成原来的磷酸生产任务，每生产 1.0t 磷酸可回收 1.0MPa 的蒸汽 1.25t，回收的热量为 $3.14×10^7$ kJ/h，占系统输入热量的 46.24%，约占黄磷反应热的 54%。相比原来未回收热能产生蒸汽的传统装置，产生的蒸汽不但可以用来加热黄磷，还可以外送为企业创造价值。尽管如此，当前生产系统仍有优化的空间，下封头热流密度大，但未能回收，为了维持燃磷塔的热平衡，需要使用大量的循环水移走这部分热量。循环水的量高达 60t/h。除了动力消耗外，移除的热量占了系统总热量的 10% 左右。由于进入下一工段，将大量的显热带入了水化工段，且在水化阶段的还有水化热，因此水化工段的高温烟气温度依然高达 730℃。这部分热量占了系统总输入热量的 33.60%。为了维持系统的

热平衡，维持生产 85% 磷酸时不超过 80℃酸温（酸温高于 80℃，腐蚀加剧），只能加大循环酸流量，再通过循环水将酸中的热量移走，这部分低温热没有回收的价值，只能排至环境。循环酸倍率的增加，同时增大了生产过程中的动力消耗。

通过热力学第一定律分析了热法磷酸生产过程中能量在数量上转化、传递、利用和损失的情况。黄磷燃烧热部分转化为了蒸汽的热，还有一部分热量被出塔气体带走，这部分热量与水化阶段的反应热一同被循环酸移走，变成了系统的热损失。而燃磷塔的黄磷反应的热回收效率为 54%，这些分析没有揭示系统内部能量"质"的贬值和损耗，没有发现能量损耗的本质，而且由于能效率的分子分母常常是不同质的能量的对比，不能科学地表征能的利用程度。所以，对过程进行㶲分析就变得很有意义。

实际的能量转换过程总是在一定的自然环境条件下进行的。当物系处于自然环境状态时，它的㶲值为零。所以，自然环境是㶲的自然零点。

采用龟山-吉田模型作为㶲的计算基准：环境温度为 298.15 K，环境压力为 1atm。龟山-吉田模型已被列为日本计算物质化学㶲的国家标准。龟山-吉田模型提出，大气（饱和湿空气）中气态基准物的组成如表 4-13 所示，此外其他元素均以在 T_0、p_0 下纯态最稳定的物质作为基准物。

表4-13　龟山-吉田模型基准物空气的组成

组分	N_2	O_2	H_2O	CO_2	Ar	Ne	He
质量分数 /%	75.60	20.34	3.12	0.03	0.91	0.0018	0.00052

当不考虑或忽略宏观动能和位能时，稳定物流的㶲（Ex）可分为物理㶲（Ex^{ph}）和化学㶲（Ex^{ch}），计算式为：

$$Ex = Ex^{ph} + Ex^{ch} \tag{4-21}$$

物理㶲的计算式为：

$$Ex^{ph} = N[(H - H_0) - T_0(S - S_0)] \tag{4-22}$$

式中，H 为工况条件下的焓，H_0 为标况条件下的焓，单位均为 kJ/kmol；S 为工况条件下的熵，S_0 为标况条件下的熵，单位均为 kJ/(kmol·K)。

化学㶲计算式为：

$$Ex^{ch} = N\sum_i x_i(ex_i^{ch} + RT_0\ln x_i)$$

(4-23)

式中，x_i 为组分 i 的摩尔分数；ex_i^{ch} 为组分 i 的标准化学㶲，kJ/kmol。

热是能量的另一种传递方式，恒温条件下传热，热量㶲的计算式为：

$$Ex_{heat} = Q - T_0\Delta S$$

(4-24)

式中，Q 为热量，kJ；T_0 为环境温度；ΔS 为换热过程熵变，kJ/(kmol·K)。

稳态体系的㶲平衡见图 4-18。

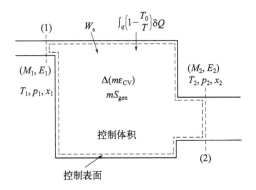

图 4-18　稳态体系的㶲平衡

实际过程中不存在㶲的守恒规律，在建立㶲衡算式时，需要附加一个㶲损失作为㶲的输出项，在正常的生产过程中，体系可以看作是一个稳流体系，不存在㶲的积累，所以其㶲衡算方程式如下：

$$E_{in} = E_{out} + E_{los}$$

(4-25)

式中，E_{in} 为输入系统的㶲；E_{out} 为输出系统的㶲；E_{los} 为系统的㶲损失。

定义如下几个指标用于比较热法磷酸生产过程的能量回收性能：

燃磷塔㶲效率(ξ)：

$$\xi = \frac{Ex_{蒸汽}}{Ex_{输入系统}} \times 100\%$$

(4-26)

系统的总㶲效率(ξ_T)：

$$\xi_T = \frac{Ex_{蒸汽} + Ex_{产品磷酸}}{Ex_{输入系统}} \times 100\%$$

(4-27)

热法磷酸生产中各组分的标准化学㶲见表4-14，Aspen Plus 模拟结果数据见表4-15。

表4-14　热法磷酸生产中各组分的标准化学㶲

组分	标准化学㶲 / (kJ/kmol)
H$_2$O(g)	900.00
H$_2$O(l)	9500.00
N$_2$	720.00
P-W	861400.00
P$_4$O$_{10}$	767700.00
H$_3$PO$_4$	89600.00

表4-15　主要流股及参数

序号		1	2	3	4	5	6
流股名称		1001	2001	1201	1202	3001	3009
质量流率 / (kg/h)		2400	21519.28	7779.82	23919.28	11166.5	11166.5
温度 /℃		45	28	49.54	2044.4	25	94.58
压力 /MPa		0.10	0.10	0.10	0.097	0.1	1
气相分数		0	1	0.707	1	0	1
液相分数		1	0	0.292	0	1	0
组分摩尔数	P$_2$	1	0	0.0139	0	0	0
	N$_2$	0	0.774	0.86	0.863	0	0
	O$_2$	0	0.206	0	0.0563	0	0
	H$_2$O (g)	0	0.0197	0	0.0219	0	0
	H$_2$O (l)	0	0	0	0	1	1
	P$_4$O$_{10}$	0	0	0	0.0287	0	0
序号		7	8	9	10	11	12
流股名称		3012	4001	4003	4006	4007	4014
质量流率 / (kg/h)		11166	4750	442629	442629	457603	19724.19
温度 /℃		180.40	25	100.85	75	104.87	50
压力 /MPa		1	0.1	0.9696	0.1	0.9696	0.1
气相分数		1		0	0	0.4283	1

序号		7	8	9	10	11	12
液相分数		0	1	1	1	0.5716	0
组分摩尔数	N_2	0	0	0	0	0.0724	0.8007
	O_2	0	0	0	0	0.0072	0.0800
	$H_2O(g)$	1	0	0	0	0.4437	0.1199
	$H_2O(l)$	0	1	0.4942	0.4942	0	0
	H_3PO_4	0	0	0.5057	0.5057	0.47666	0.00017

单元㶲计算。图 4-19 为混合单元。以模拟磷喷枪的混合单元 MIX02 计算为例，流股 1002 代表黄磷进料，流股 2003 代表一次压缩空气，经过混合之后的物料为 1201 进入燃磷塔内燃烧反应。先对三股物流分别计算：

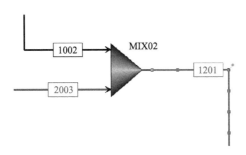

图 4-19　混合单元

① 1002 物流：

物理㶲的计算：

$$Ex^{ph} = N[(H-H_0) - T_0(S-S_0)]$$
$$= \{77.49 \times [(971.30-0) - 298.15 \times (3.10-0)]\}/3600$$
$$= 1.01\text{kW}$$

化学㶲的计算：

$$Ex^{ch} = N\sum_i x_i(ex_i^{ch} + RT_0\ln x_i)$$
$$= [77.49 \times (1 \times 861400.00 + 0)]/3600 = 18541.64(\text{kW})$$

物流总㶲计算：$Ex = Ex^{ph} + Ex^{ch} = 1.01 + 18541.64 = 18542.65(\text{kW})$

② 2003 物流:

物理㶲 E^{ph}:

$$Ex^{ph} = N[(H - H_0) - T_0(S - S_0)]$$
$$= \{187.85 \times [(-4202.22 + 4765.5) - 298.15 \times (-5.50 - 4.10)]\}/3600$$
$$= 178.75(kW)$$

化学㶲 Ex^{ch} 的计算:

$$Ex^{ch} = N\sum_i x_i(ex_i^{ch} + RT_0\ln x_i)$$
$$= \{187.85 \times [0.01967 \times (9500.0 + 8.314 \times 298.15 \times \ln 0.01967)$$
$$+ 0.77405 \times (720.0 + 8.314 \times 298.15 \times \ln 0.77405) + 0.20628$$
$$\times (3970.0 + 8.314 \times 298.15 \times \ln 0.20628)]\}/3600$$
$$= 3.81(kW)$$

物流总㶲的计算:

$$Ex = Ex^{ph} + Ex^{ch}$$
$$= 182.56kW$$

③ 1201 物流:

物理㶲 Ex^{ph}:

$$Ex^{ph} = N[(H - H_0) - T_0(S - S_0)]$$
$$= \{265.33 \times [(-642.8335 + 805.84) - 298.15 \times (1.2371 - 0.69323)]\}/3600$$
$$= 0.0627(kW)$$

化学㶲 Ex^{ch} 的计算:

$$Ex^{ch} = N\sum_i x_i(ex_i^{ch} + RT_0\ln x_i)$$
$$= \{265.33 \times [0.0139257 \times (9500.0 + 8.314 \times 298.15 \times \ln 0.0139257)$$
$$+ 0.54800 \times (720.0 + 8.314 \times 298.15 \times \ln 0.54800) + 0.29202$$
$$\times (861400.0 + 8.314 \times 298.15 \times \ln 0.29202) + 0.14604 \times (3970.0$$
$$+ 8.314 \times 298.15 \times \ln 0.20628)]\}/3600$$
$$= 18442.32(kW)$$

物流总㶲的计算:

$$Ex = Ex^{ph} + Ex^{ch}$$
$$= 18442.38kW$$

由于是稳流体系，没有内部积累，也与外界无热交换，无输入功，所以：

$$E_{in} = E_{out} + E_{los}$$

$$E_{los} = Ex_{1002} + Ex_{2003} - Ex_{1201}$$

$$= 18542.65 + 182.56 - 18442.38 = 282.83(kW)$$

可见两种或多种物质的混合过程是高度不可逆的。在绝热的条件下混合前后必将导致熵的增加，从而引起㶲的损失。

表4-16列出了热法磷酸生产系统中主要物流的㶲计算结果。

表4-16　主要物流的㶲

物流编号	摩尔流量 /（kmol/h）	物理㶲 /kW	化学㶲 /kW	总㶲 /kW
1001	77.49	0.33	18540.42	18540.76
1002	77.49	1.01	18541.64	18542.65
2001	751.10	8.52	0	8.52
2002	187.85	2.13	0	2.13
2003	187.85	178.75	3.81	182.56
1201	265.33	0.0627	18442.32	18442.38
1202	673.92	11470.16	4107.06	15577.22
1206	673.92	2849.54	4107.06	6956.6
3001	619.83	0	0	0
3009	619.83	99.42	0	99.42
3010	619.83	103.50	0	103.50
3012	619.83	2666.25	390.81	3057.06
4001	263.67	0	0	0
4005	152.55	15.77	1866.34	1882.11
4006	7417.47	766.40	90750.4	91516.8
4014	726.394	0	70.77	70.77

燃磷塔㶲损失的计算。与一般单元㶲损失的计算方法不同，燃磷塔㶲损失的计算要分两步进行。燃磷塔既是一个工业反应器，为黄磷的氧化反应提供场所，又是一个工业锅炉，利用黄磷的反应热生产蒸汽。在计算时首先假设黄磷在绝热条件下进行燃烧，这时，燃料的能量（包括化

学能)和参与燃烧的空气能将全部转变为燃气所具有的能量。但燃气所具有的㶲值要比燃料和空气的㶲值小。这种差值构成绝热燃烧过程的㶲损失；然后再假设燃气向蒸发管循环水传热，此过程会产生传热㶲损失，因此燃磷塔的㶲损失由绝热燃烧㶲损失与传热㶲损失两部分构成。

根据绝热燃烧烟气的㶲值、入塔空气㶲值、黄磷㶲值计算绝热燃烧㶲损失[式(4-28)]：

$$E_{\text{los}} = Ex_{\text{燃气}} - (Ex_{\text{黄磷}} + Ex_{\text{空气}}) \tag{4-28}$$

为了计算传热㶲损失还需要计算出锅炉给水和产品蒸汽的㶲值，计算式如式(4-29)所示：

$$E_{\text{los}} = (Ex_{\text{排气}} - Ex_{\text{燃气}}) - (Ex_{\text{蒸汽}} - Ex_{\text{给水}}) \tag{4-29}$$

燃磷塔内物质与能量流程见图 4-20。

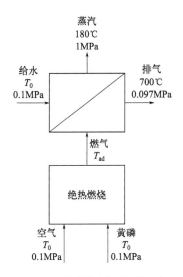

图 4-20　燃磷塔内物质与能量流程

通过计算出的物流㶲进而计算出各单元㶲损失的情况，汇总如表 4-17 所示。由于尾气、磷酸产品和副产的蒸汽也会带走大量的㶲，计算对应物流的㶲值，整个系统的㶲流如图 4-21 所示。从表 4-17 和图 4-21 可以发现，系统的㶲损失主要包括三个部分，燃磷塔中黄磷的绝热燃烧㶲损失为 2863.32kW，占系统输入㶲的 22.29%，主要是由于黄磷的燃烧是一个高度不可逆的过程；其次是燃磷塔的传热㶲损失，其损失高达5567.64kW，占系统输入㶲的43.34%；而水化阶段的㶲损失占全部㶲损失的31.33%（含循环酸带出的热量㶲），占整个系统输入㶲的26.89%。通过蒸汽回收的㶲占系统总㶲的16.23%，整个系统的㶲效率只有26.22%，尚存在较大的提升空间。

表4-17　各单元㶲损失汇总

单元	输入流股	输出流股	损失/kW	占比/%
压缩机	2002 $W_{电能}$	2003	97.98	0.76
给水泵	3009 $W_{电能}$	3010	2.63	0.02
磷喷枪	2003 1002	1201	289.65	2.26
黄磷燃烧过程	1201 2004	1202	2863.32	22.29
燃磷塔传热过程（含换热器）	3003 1202	3012 1206 $Q_{换热}$	5567.64	43.34
水化阶段（含换热器）	1207 4001	4005 4014 $Q_{换热}$	4024.29	31.33
总计			12845.51	100

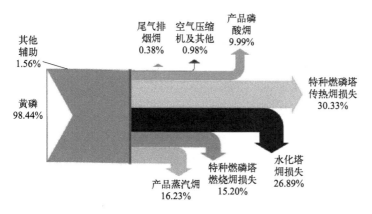

图4-21　副产1.0MPa蒸汽热法磷酸系统的㶲流

㶲损失分析。从产生㶲损失的部位看，可以将㶲损失区分为内部与外部两种。将研究对象取作系统，而将系统以外的作为外界(外部)，那么不可逆性既可能发生在系统内部，也可能发生在外部。向环境散热而未加利用的㶲散逸以及向环境排放废弃物质而未加利用的㶲排放都属于外部㶲损失。造成㶲散逸的原因在于系统与环境之间有温差存在，只要设法消除这种温差传热，㶲的散逸也就消失了。有时为方便起见，人为地消除系统与环境之间的温差，而将外部㶲散逸转移为内部㶲损失处理。㶲的排放是由于废弃物质与环境之间温度、压力、浓度或成分等不平衡引起的外部㶲损失。外部㶲损失与内部㶲损失一样，既可直接用废弃物质的㶲(包括物理㶲与化学㶲)或热量㶲计算，也可按孤立系统熵增来确定。

　　无论是㶲散逸还是㶲的排放，都没有产生实际的效益，弃之于环境，因此从节能角度考虑，在合理的技术经济条件下，应该尽可能地将它们减少到最低程度。但是内部㶲损失却不尽然，虽然由于内部不可逆性使㶲部分退化，然而这种退化与推动过程的推动力有着密切的关系。为了使过程能以一定的速率进行，必须要有各种相应的势差作为推动力，借以克服一定的阻力。譬如流体的流动要有压差作为推动力，克服流阻；热量的传递需要温差作为推动力，克服热阻；而质量的迁移与化学反应的进行需要化学势差作为推动力，克服相应的阻力。各种势差的存在又势必导致产生内部㶲损失，势差越大，㶲损失也越大。若欲减少㶲损失，必须减少势差，也将随之降低过程的推动力。从这个意义上讲，过程中的内部㶲损失是不可避免的，是为了推动过程进行所付出的㶲代价。当然，这并不意味着不必或无法减少内部㶲损失，恰恰相反，我们完全可以通过降低不必要的、过大的推动力或通过采用除垢去尘等措施减少阻力或相应地降低推动力等办法来减少内部㶲损失。总之，可以根据合理的技术经济指标，确定出合理的推动力，尽可能地减少不必要的内部㶲损失。

　　黄磷绝热燃烧过程的㶲损失。为了便于分析，假设空气与黄磷均在T_{ad}下参与燃烧，黄磷氧化过程中的㶲损失可表示为式(4-30)。从式(4-30)可以看出，对于给定的投料量，其$\Delta H_{m,f}$一定，环境的热力学温度越高，E_L就越小。显然，只有在理论燃烧时，燃气的温度才可以达到最高，称为理论燃烧温度。此时绝热燃烧㶲损失将会最小。反之，如果空气过剩系数 a 越大，T_{ad} 将越低，㶲损失也将会越大。所以，在保证反应充分的情况下，应尽可能降低空气过剩系数。

$$E_L = T_0 \Delta S + \frac{T_0 \Delta H_{m,f}}{T_{ad} - T_0} \ln \frac{T_{ad}}{T_0} \tag{4-30}$$

式中，E_L 为燃烧过程中的㶲损失；T_0 为环境温度；ΔS 为燃烧过程的熵变；T_{ad} 为绝热燃烧温度；$\Delta H_{m,f}$ 为黄磷燃烧的热值。

传热㶲损失。冷、热流体之间的热交换，需要在有温差的条件下进行，且冷热流体本身又有摩阻耗散，这就会造成不可逆的㶲损失。

冷、热流体的传热过程见图 4-22。

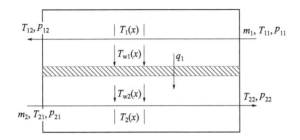

图 4-22　冷、热流体的传热过程

忽略压力损失、忽略散热时，有限传热过程的㶲损失率如式(4-31)所示。

$$\Pi = T_0 Q \left(\frac{T_1 - T_2}{T_1 T_2} \right) \tag{4-31}$$

其中，$Q = m_1 C_{P_2} (T_{12} - T_{11}) = m_2 C_{P_2} (T_{22} - T_{21})$

$$T_1 \equiv \frac{T_{11} - T_{12}}{\ln \frac{T_{11}}{T_{12}}}, \ T_2 \equiv \frac{T_{22} - T_{21}}{\ln \frac{T_{22}}{T_{21}}}$$

由以上公式不难发现，热流体也就是高温燃气的对数平均温度 T_1 为 1296℃，冷流体水的温度 T_2 为 139℃，两者差距越大，㶲的损失率也就越大。所以只能通过降低冷热流体两者之间的温差来减少传热㶲损失。若是降低燃气温度，则会增加燃烧㶲损失，所以最好的解决办法是增加进入汽包锅炉的给水温度。

水化塔的㶲损失。水化塔的㶲损失分为两部分，一部分是五氧化二磷生成磷酸的不可逆㶲损失，另一部分是循环酸的排热㶲损失。由于热法磷酸的生产工艺特性，要维持燃磷塔气体的出口温度在 500℃以上，只能通过尽可能降低燃磷塔气体出口温度和回收水化阶段的余热㶲损失来降低水化阶段的㶲损失。

系统热㶲效率影响参数的灵敏度分析。不同的空气过剩系数对应不同的绝热燃烧温度，如图 4-23 所示，而黄磷的绝热燃烧温度通过影响黄磷的绝热燃烧㶲损失和传热㶲损失来影响系统的㶲效率，结果如图 4-24 所示，随着空气过剩系数的增加，黄磷的绝热燃烧㶲损失增加，传热㶲损失减少，对于生产 1.0MPa 饱和蒸汽的热法磷酸生产系统，绝热燃烧温度对黄磷的绝热燃烧㶲损失影响更大，此外，随着空气过剩系数的增加，工艺气体带走的㶲也在增加，所以，降低空气过剩系数可以提高系统的㶲效率。图 4-25 也表明随着空气过剩系数从 1.2 增加到 2.0，系统的热回收效率从 49.75% 降低至 39.59%。

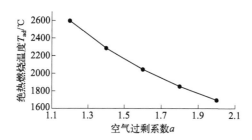

图 4-23　不同空气过剩系数下的绝热燃烧温度

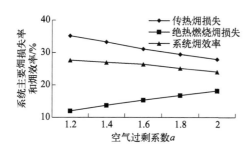

图 4-24　空气过剩系数对系统㶲损失和㶲效率的影响

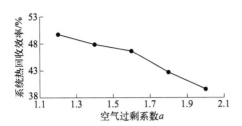

图 4-25　空气过剩系数对系统热回收效率的影响

综上，从能量分析的角度看，黄磷的反应热占系统输入热量的 85%
以上。相较于传统的没有热能回收装置的热法磷酸生产系统而言，具有
反应热回收装置的系统热回收效率为 46.24%，黄磷反应热的热回收效
率为 54%；通过蒸汽回收的㶲占系统总㶲的 16.23%，整个系统的㶲效
率仅为 26.22%，有较大的提升空间。由于燃磷塔出口气体高达 700℃以
上，带走的大量显热、水化热和下封头的热量没有有效回收，为了维持
系统热平衡，需要使用大量循环水移走多余的热量，移除的热量占系统
总热量的 10% 左右；水化阶段被循环酸带走的热量占系统总输入热量的
33.60%。系统的㶲损失主要包括两部分，一是燃磷塔㶲损失，占系统输
入㶲的 45.53%，其中燃磷塔中黄磷的绝热燃烧㶲损失，占全部㶲损失的
22.29%；燃磷塔的传热㶲损失，占全部㶲损失的 43.34%。二是水化阶段
的㶲损失（含循环酸带出的热量㶲），占整个系统输入㶲的 26.89%。因此，
提高热法磷酸生产系统㶲效率的途径有四种，一是通过提高进入燃烧塔
的空气温度降低燃烧㶲损失；二是提高蒸汽压力和温度，降低传热㶲损
失；三是回收水化阶段的余热㶲；四是在保证黄磷充分燃烧的前提下，
降低空气过剩系数。

4.2.6　具有锥形膜式水冷壁和对流换热器的燃磷塔

4.2.5 节的燃磷塔，由于受腐蚀与设备结构的影响，下封头的热量采
用水冷夹套通过循环水带走，随着膜式水冷壁靠近工艺气体出口，其辐

射热回收效率大幅下降,出口温度≥700℃,大量显热进入水合塔,为此构建了一个新型燃磷塔结构,如图4-26所示[5],主要由汽包(1)、导汽管(2)、下降管(3)、上封头(4)、燃烧辐射换热蒸发器(5)、磷喷枪(6)、锥形膜式水冷壁(7)、支架(8)和弹性吊钩(9)组成。

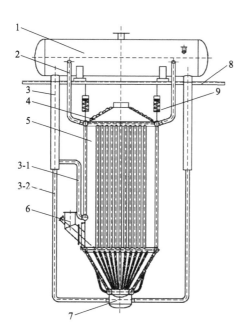

图4-26 一体化吊装式热法磷酸余热利用装置

能量回收流程如图4-27所示,新鲜软水经过上封头和导气管升温换热之后在除氧器中通入蒸汽除氧,再由给水泵加压送入汽包,热水通过下降管分别进入下封头换热器、水冷壁换热器和对流换热器[6]与高温烟气进行换热,产生的蒸汽沿着上升管进入汽包汽水分离之后外送饱和蒸汽。

具有锥形膜式水冷壁和对流换热器的燃磷塔与具有中部辐射换热装置的燃磷塔相比,用锥形膜式水冷壁替代了下封头水冷夹套,在中部水冷壁上部塔内增加对流换热器,从上封头和导气管出来的冷却水除氧之后进入锅炉储水槽参与自然水循环与高温燃气换热,具体比较见表4-18。

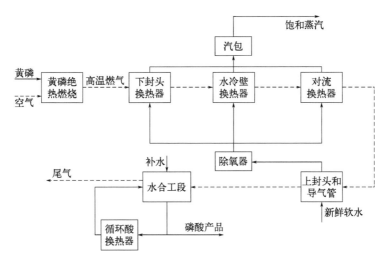

图 4-27　副产 2.5MPa 蒸汽的热回收流程

表4-18　两种燃磷塔参数的区别

燃磷塔	设备结构特征	燃磷塔出口温度 /℃	上封头热流密度 /（W/m²）	下封头热流密度 /（W/m²）	导气管热流密度 /（W/m²）
具有锥形膜式水冷壁和对流换热器的燃磷塔	锥形膜式水冷壁替代下封头水冷夹套，增加对流换热器	730	50	40	150
具有中部辐射换热装置的燃磷塔	仅有膜式水冷壁	560	40	17	140

　　具有锥形膜式水冷壁和对流换热器的燃磷塔模拟流程如图 4-28 所示，来自磷酸储槽的液态黄磷经过换热器 B2 经蒸汽加热至 65℃ 之后，和来自 COMPR01 的一次压缩空气（0.4MPa）通过 MIX02 混合（雾化），而后进入化学计量反应器 R01 与二次空气发生绝热反应生成含五氧化二磷的高温气体。高温混合气体经过燃磷塔的余热回收系统回收热量降温之后进入下一工段。燃磷塔的热回收过程采用 4 个 HeatX 来实现，来自软水储槽的工艺水首先进入燃磷塔的上封头和导气管 SFT 和 DQG 升温，从导气管出来的热水经过除氧器除氧之后由给水泵 P01 加压泵入汽包锅炉

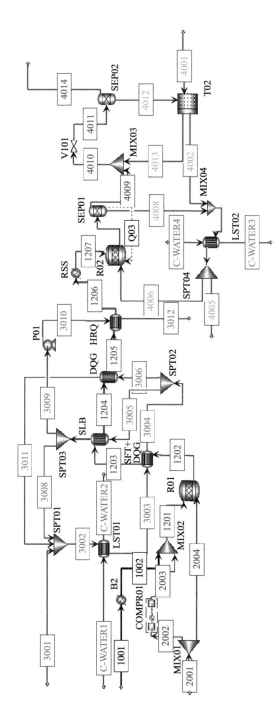

图 4-28 副产 2.5MPa 蒸汽的系统的模拟图

磷化工节能与资源化利用

储水槽 SPT02，汽包锅炉中的水通过自然水循环分别进入下封头换热器 XFT，水冷壁换热器 SLB 和对流换热器 HRQ 与高温燃气进行热交换产生 2.5MPa 的蒸汽。水化工段与具有中部辐射换热装置的燃磷塔一致，五氧化二磷的水化工段采用 Rstoic（化学计量反应器）模型来计算，来自燃磷塔的混合气体中的 P_4O_{10} 在 Rstoic 中与循环酸中的水反应生成磷酸，其中 30% 左右的磷酸以磷酸雾滴的形式存在于气体之中，从该模型出来的物流进入 SEP01 模块分离为气液两部分，气相中主要含有未反应完的气体和水化过程中生成的磷酸雾滴，液相为正磷酸溶液。气相中 99.8% 的磷酸液滴需在文丘里除雾器中吸收除去，酸雾从水化塔气体出口出来后在 MIX03 模块中与稀酸槽的稀酸混合，经过 V101 模块模拟文丘里除雾器的压降，之后进入 SEP02 中气液进一步分离。达标尾气排入大气，稀酸进入稀酸槽 T02 与补充水混合，之后部分返回文丘里除雾器，保证液气比为 1L：1m³，部分与水化塔的出口酸混合进入冷却器 LST02 降温至 75℃之后循环进入水化塔，部分作为产品引入储槽。

同样以 2400kg/h 的投磷量作生产模拟，每生产 1t 磷酸可以得到 1.69t 2.5MPa 的饱和蒸汽，与仅仅具有中部辐射换热装置的燃磷塔相比，系统的热回收效率为 62.42%，提高了 16.18%；黄磷反应热的回收率达到 72.57%，蒸汽产量增加 35.2%。这些热量来源于下封头、对流换热器和导气管的热能回收。系统的能量分析结果见表 4-19。

表4-19 副产2.5MPa蒸汽系统的能量分析结果

输入			
序号	项目	输入热量 /（kJ/h）	占比 /%
1	黄磷	37270	0.05
2	空气	155480	0.23
3	黄磷反应热	58334788	85.91
4	五氧化二磷水化热	9337519	13.75
5	熔磷蒸汽	37991	0.06
合计		67903048	100.00

		输出	
序号	项目	输出热量/（kJ/h）	占比/%
1	尾气	3703000	5.46
2	水化塔散热（换热器）	19600000	28.87
3	副产蒸汽	42330000	62.34
4	系统热损失	1422517	2.09
5	产品磷酸	847531	1.25
总计		67903048	100.00

空气过剩系数的灵敏度分析结果（图 4-29）显示，随着空气过剩系数从 1.2 增加到 2，工艺气体量增加，相同温度下带走的显热增加，系统的热回收效率从 69.06% 下降到了 59.30%。空气过剩系数对㶲效率影响的灵敏度分析结果（图 4-30）显示，随着空气过剩系数从 1.2 增加到 2，系统㶲效率从 37.1% 下降到 33.3%，系统的传热㶲损失从 33.6% 下降到了 26.5%，黄磷的燃烧㶲损失从 11.9% 增加到了 18.1%，这是由于在移出热量的物理量温度与压力一定的条件下，空气过剩系数愈小，燃磷塔反应绝热温度愈高，燃烧㶲损失增加；而空气过剩系数愈小，带出燃磷塔反应的工艺气体愈少，传热㶲损失减少，因此，小的空气过剩系数有利于提高系统㶲效率。

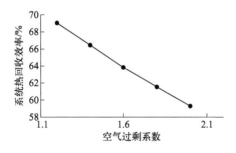

图 4-29　空气过剩系数对系统的热回收效率的影响

图 4-31 给出了㶲流图，可以看出，燃磷塔的㶲效率从具有中部辐射换热装置的燃磷塔的 16.23% 提高到 24.94%，系统的㶲效率提高了

8.71%，这部分㶲的增加来源于两个部分，一部分是原系统中燃磷塔冷却水系统带走的排热㶲被回收，即不再有燃磷塔下封头的排热㶲损失；另一部分是蒸汽压力提高使得水蒸气㶲增加，即燃磷塔传热㶲损失下降。

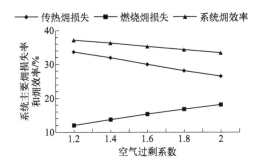

图4-30　空气过剩系数对系统㶲损失和㶲效率的影响

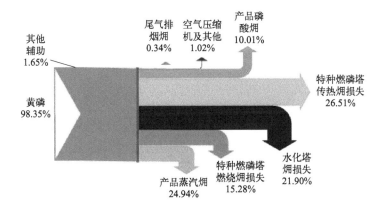

图4-31　副产2.5MPa热法磷酸系统的㶲流图

提升蒸汽压力可以使蒸汽有效能增加，蒸汽的压力从1.0MPa变为2.5MPa。1MPa饱和蒸汽的有效能为12.7kcal/kg（1cal=4.1868J），而2.5MPa饱和蒸汽的有效能为63.14kcal/kg，表现为其对外做功的能力提升。图4-32给出了压力为0.4～3.9MPa水蒸气的有效能。在保证原来的生产工艺下，通过提升副产蒸汽的压力来提升系统的㶲回收效率，如图4-33所示为不同的蒸汽压力所对应的系统的㶲回收效率，如只改变蒸汽压力（蒸汽产量会相应改变），将蒸汽的压力从1.0MPa增加到2.5MPa，系统的炯回收效率相比上升 2.5%。若将蒸汽压力提升至 3.9MPa，系统的炯回收效率可以提升到 26%。因此，在考虑设备费用与保证设备安全运行的情况下，应尽可能提高蒸汽压力来提高系统的炯回收效率。

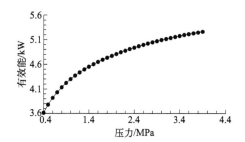

图 4-32　不同压力下饱和蒸汽的有效能

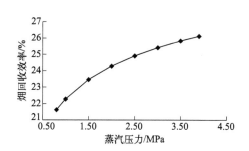

图 4-33　不同蒸汽压力下的炯回收效率

从图 4-31 可看出，水化塔与特种燃磷塔传热炯损失占系统炯损失的 48.41%，整个系统还存在的热损失主要有被高温出塔气体带走的显热，水化阶段五氧化二磷的水化热和磷酸的稀释热这两部分的热量，这部分热量占整个系统的 28.90%；而由于结膜物的性质，出塔气体的温度不能下降至 500℃以下，所以无法通过降低燃磷塔气体的出口温度来提高热回收效率，因此，需要进一步研究水化塔热量的回收与利用。

4.3

热法磷酸全热能回收利用系统

系统炯损失主要来自于燃磷塔的炯损失与水化塔的热损失和余热炯损失。燃磷塔的炯损失主要集中在黄磷的燃烧炯损失和传热炯损失；然而降低燃烧炯损失就需要增加燃烧温度，但增加燃烧温度的同时也增加了传热㶲损失；水化塔所蕴含的工艺气体显热和水化热的热损失占了系统的约 1/3。因此，需要系统考虑将水化塔低温位热量回收与燃磷塔高温位热量回收作为一个整体加以设计和分析。

当前，为了维持水化塔的热平衡，生产 85% H_3PO_4 产品时，生产上需要使用 50 至 80 倍的循环酸通过板式换热器进行散热，利用循环水带走水化塔的热量；由于材质的腐蚀承受能力，水化塔循环酸的入口温度为 65℃，出口酸温度 80℃左右，这部分低品质热无法回收与利用。如果要回收这部分热，就需要提高水化塔循环酸磷酸的出口温度。奥氏体不锈钢耐腐蚀性随磷酸浓度的提升，可以承受的温度也相应提高，这样就可以通过提高浓度的方法提高水化塔循环水的温度，有利于水化塔低温位的热能回收。如以生产市面上流通的 116% 聚磷酸产品为例，水化塔循环酸入口温度可以提高至 180℃，出口酸的温度可达 220℃。聚磷酸为一具有不同聚合度磷酸的混合物[7]，而 Aspen 数据库中缺乏相应热力学数据，本文以生产 100% H_3PO_4 为基础数据计算，再对结果进行矫正。

热法磷酸全热能回收利用系统的工艺流程见图 4-34，增加一个省煤器，将水化塔热量全部用来加热进入汽包的热水[8]。新鲜软水进入上封头和导气管，预热之后进入除氧器除氧，除氧后的热水通过给水泵加压之后进入省煤器与水化塔的循环酸换热，升温后进入汽包参与燃磷塔的自然水循环换热产生蒸汽。

热法磷酸全热能回收利用系统的主要计算参数：工艺流程和主要参数与具有锥形膜式水冷壁和对流换热器的燃磷塔一致，不同点在于进入汽包的热水要先经过循环的多聚磷酸的加热，从上封头和导气管出来的热水先除氧之后（温度达到 102℃）加压进入省煤器换热，换热量经过矫正后的数值为 1.2464×10^7 kJ/h（进入水化阶段气体带入的显热和五氧化二磷水化生产正磷酸的反应热之和减去聚磷酸的缩聚热和出塔物流带走的显热），此时循环酸的出口温度为 220℃，入口温度为 200℃。

新工艺的模拟流程如图 4-35 所示，来自磷酸储槽的液态黄磷经过换热器 B2 经蒸汽加热至 65℃之后和来自 COMPR01 的一次压缩空气（0.4MPa）通过 MIX02 混合（雾化）后进入化学计量反应器 R01 与二次空气发生绝热反应生成含 P_4O_{10} 的高温气体。高温混合气体经过燃磷塔的余热回收系统回收热量降温之后进入下一工段。燃磷塔的热回收系统过程采用 5 个 HeatX 来实现，来自软水储槽的工艺水首先进入燃磷塔的上封头和导气管 SFT 和 DQG 升温，从导气管出来的热水经过除氧器除氧之后进入省煤器 LST02 与循环酸进行热交换升温后进入汽包给水泵 P01 加压泵入汽包锅炉储水槽 SPT02，汽包锅炉中的水通过自然水循环分别进入下封头换热器 XFT，水冷壁换热器 SLB 和对流换热器 HRQ 与高温燃气进行热交换产生 2.5MPa 的蒸汽。水化工段的生产工艺主要不同的地方在于循环酸换热器变成了一个省煤器，进入汽包的热水与循环酸进行热交换。

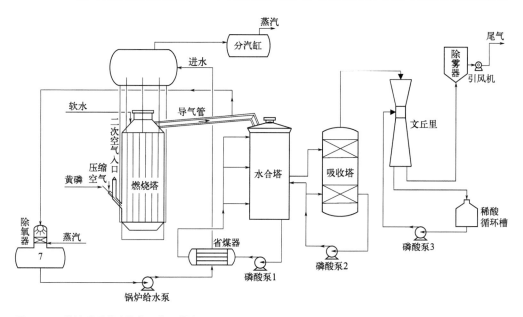

图 4-34　热法磷酸的全热能回收工艺流程

模拟计算结果如表 4-20、图 4-36 所示。从表 4-20 与图 4-36 可以看出，在具有锥形膜式水冷壁和对流换热器的燃磷塔的基础上，重新构建了水化燃烧一体化的热能回收系统，研究表明，热法磷酸全热能回收利用系统的热回收效率高达 86.96%；与具有锥形膜式水冷壁和对流换热器的燃磷塔相比，增加了 24.54%，除了一些热损失和尾气及产品酸带出的热量外，已经做到了热量的全回收利用。从㶲分析的角度来看，水化阶段的热

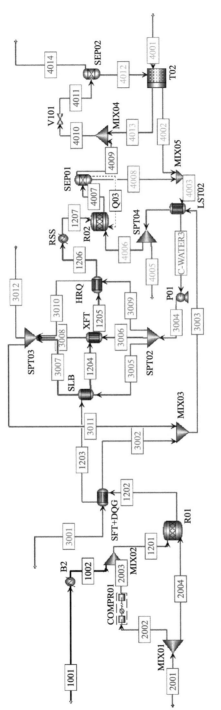

图 4-35　回收水化工段热的模拟流程

量被省煤器吸收之后，一方面有部分热量㶲被回收，另一方面由于进入汽包的水温升高，大大降低了燃磷塔的传热㶲损失，热法磷酸全热能回收利用系统的系统㶲效率提高至 46.59%，其中燃磷塔㶲效率提高到 35.58%。

表4-20　回收水化工段热系统的能量分析结果

		输入	
序号	项目	输入热量 /（kJ/h）	占比 /%
1	黄磷	37270	0.06
2	空气	155480	0.24
3	黄磷反应热	58334788	91.41
4	五氧化二磷水化热	5253316	8.24
5	熔磷蒸汽	37991	0.06
合计		63818845	100.00

		输出	
序号	项目	输出热量 /（kJ/h）	占比 /%
1	尾气	3703000	5.80
2	副产蒸汽	55494559	86.96
3	系统热损失	1701956	2.67
4	产品磷酸	2919330	4.57
总计		63818845	100.00

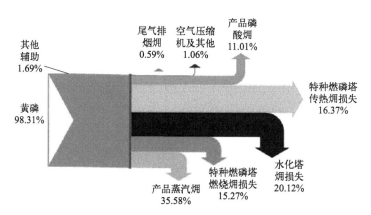

图 4-36　全热能回收系统的㶲流图

图 4-37 空气过剩系数的灵敏度分析结果显示，随着空气过剩系数的增加，系统的热回收效率从 91.25% 下降到了 86.96%，由于尾气所携带的热量在后续工段通过省煤器回收，出塔气体带走的热量有限，所以空气过剩系数对系统的热回收效率影响较小。空气过剩系数对㶲效率影响的灵敏度分析结果（图 4-38）显示，随着空气过剩系数从 1.2 增加到 2，系统的㶲效率从 47.8% 下降到 43.32%，系统的传热㶲损失从 33.3% 下降到了 26.3%，黄磷的燃烧㶲损失从 11.9% 增加到了 18.1%，由于水化阶段的㶲得到回收，空气过剩系数对系统的㶲效率的影响下降。

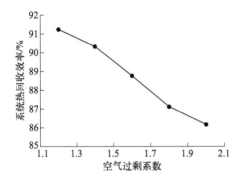

图 4-37　空气过剩系数对系统热回收效率的影响

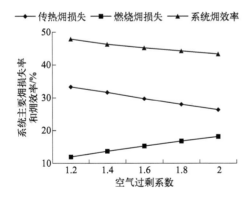

图 4-38　空气过剩系数对系统㶲损失和㶲效率的影响

本章介绍了两种节能流程下热法磷酸生产系统的能量和㶲回收效率。

目前国内已经没有新建传统热法磷酸工艺装置了，2002～2015 年主要建设的是具有中部辐射对流和黄磷燃烧热能回收功能的热法磷酸装置，压力从最初的 1.0MPa 提高到 3.9MPa，开展了对流换热器与下封头回收热量的工业化试验与示范，2017 年第一套具有锥形膜式水冷壁和对流换热器的燃磷塔投入运行，目前正在建设国内第一套热法磷酸全热能回收利用装置。

分析表明，具有锥形膜式水冷壁和对流换热器的燃磷塔副产 2.5MPa 蒸汽，可以使系统的热回收效率上升至 62.42%，黄磷反应热的热回收效率达到 72.57%；燃磷塔的㶲效率从具有中部辐射换热装置的燃磷塔的 16.23% 提高到 24.94%，系统的㶲效率提高了 8.71%。热法磷酸全热能回收利用系统的分析结果显示，通过增加一个省煤器，即使用具有锥形膜式水冷壁和对流换热器的燃磷塔中被移除的水化阶段的热量来预热进入汽包的水也可实现热法磷酸生产过程中的全热能回收，新系统的热回收效率高达 86.96%，㶲效率提高至 46.59%。空气过剩系数的灵敏度分析结果显示，降低空气过剩系数可有效提高系统的热回收效率和㶲效率。

按 85% 的产品磷酸计，具有中部辐射对流和黄磷燃烧热能回收功能的热法磷酸装置吨酸回收蒸汽 1.25t，增加了下封头的锥形膜式水冷壁和对流换热器的燃磷塔吨酸回收蒸汽 1.75t，进一步采用增加水化塔省煤器装置，吨酸回收蒸汽达 2.1t。按全国热法磷酸产量 250 万吨计，年副产蒸汽 525 万吨，年节省标煤 68 万吨，减排 CO_2 177 万吨，具有显著的经济与生态效益。

符号对照表

Q—— 热量，kJ

W——功，kJ

U——内能，kJ

$\Delta(mU)_{CV}$——内能累积量，kJ

H——工况条件下的焓，kJ/kmol

H_0——标况条件下的焓，kJ/kmol

S——工况条件下的熵，kJ/(kmol·K)

S_0——标况条件下的熵，kJ/(kmol·K)

T_0——基准温度，298.15K

T_{ad}——绝热燃烧温度，℃

T——流体温度，℃

p_0——参考压力，1atm（1atm=101325Pa）

Ex——一定温度、压力下物流的总㶲，kW

Ex^{ch}——一定温度、压力下物流的化学㶲，kW

Ex^{ph}——一定温度、压力下物流的物理㶲，kW

E_{in}——进入系统的㶲，kW

E_{out}——出系统的㶲，kW

x_i——物流中 i 组分的摩尔分数

W_s——轴功，kW

M_1、M_2——进、出系统的物料量，kg

m_1、m_2——进、出系统质量流率

u——系统内物流的流速，m/s

zg——物流的位能，kW

ex_i^{ch}——组分 i 的标准化学㶲，kW/mol

R——气体常数，8.3145J/(K·mol)

η——热回收效率，%

E_{los}——㶲损失，kW

Ex_{heat}——热量㶲，kW

ξ——㶲效率，%

ξ_L——㶲损失率，%

ξ_T——系统总㶲效率，%

$\Delta H_{m,f}$——燃料的热值，kJ/mol

Π——有限传热过程的㶲损失率，%

物流代号表

模拟流程图中主要物流编号及其含义：

1001——黄磷

1002——液态黄磷

2001、2002——空气

2003——一次压缩空气

2004——二次空气

1201——一次空气与黄磷的混合物

1202、1203、1204、1205、1207——燃磷塔气体产物

3001——燃磷塔锅炉补水

3003——进入下封头的循环水

3009——进入汽包锅炉的加压水

3012——锅炉产生的蒸汽

4001——水化工段的补水

4002、4003、4008——循环磷酸

4005——产品磷酸

4006——水化塔循环酸

4012——稀磷酸

4014——排空尾气

C-WATER1——燃磷塔的凉水塔的冷却水

C-WATER4——循环酸冷却器的冷却水

参考文献

[1] 赵香. 高温下五氧化二磷与水反应产物的研究 [D]. 昆明：昆明理工大学, 2012.

[2] 雷波. 热法磷酸燃烧塔结膜物的研究 [D]. 昆明：昆明理工大学, 2008.

[3] 龙光花. 低温磷酸气液平衡组成及其典型条件下腐蚀行为研究 [D]. 昆明：昆明理工大学, 2017.

[4] 梅毅，宁平. 黄磷反应热的回收与利用 [M]. 北京：化学工业出版社 , 2016.

[5] 梅毅，王政伟，许鑫，等. 一体化吊装式热法磷酸余热利用装置: CN109058957A[P]. 2018-12-21.

[6] 王政伟，梅毅，何锦林，等. 具有辐射对流换热面的热法磷酸余热利用装置: CN103449390A[P]. 2013-12-18.

[7] Jameson R F. The composition of the "strong" phosphoric acids[J]. Journal of the Chemical Society (Resumed), 1959: 752-759.

[8] 梅毅，杜加磊，杨亚斌，等. 一种热法磷酸全热能回收系统: CN112856361B[P]. 2021-5-28.

5

湿法磷加工节能
与资源化利用

Energy Saving and Resource Utilization in Phosphorus Chemical Industry

湿法磷加工是以强酸分解磷矿获得湿法磷酸，湿法磷酸进一步加工为下游产品的产业链。本章重点阐述湿法磷酸、高浓度磷复肥的节能与资源化利用。

5.1

湿法磷酸生产工艺

用强无机酸（硫酸、硝酸、盐酸等）分解磷矿制得的磷酸，称湿法磷酸，又称萃取磷酸，主要用于制造高效肥料，或通过净化制得工业磷酸。用硫酸分解磷矿制取磷酸的方法是湿法磷酸生产中最主要的方法，其主要原因是其产物为磷酸溶液及难溶性的硫酸钙，易于分离[1]。

硫酸分解磷矿{主要成分为氟磷灰石$[Ca_5F(PO_4)_3]$}总化学反应式如下：

$$Ca_5F(PO_4)_3 + 5H_2SO_4 + 5nH_2O = 3H_3PO_4 + 5CaSO_4 \cdot nH_2O + HF \uparrow \quad (5-1)$$

实际生产过程中，反应分两步进行。第一步是磷矿和循环料浆中的磷酸溶液进行预分解反应，生成磷酸一钙：

$$Ca_5F(PO_4)_3 + 7H_3PO_4 = 5Ca(H_2PO_4)_2 + HF \uparrow \quad (5-2)$$

预分解可防止磷矿粉（或磷矿浆）直接与浓硫酸反应，避免反应过于剧烈而使生成的硫酸钙覆盖于磷矿表面，阻碍磷矿的进一步分解，同时防止下一步溶液结晶时过饱和度过大，生成难以过滤的细小硫酸钙结晶。

第二步为上述的磷酸一钙料浆与稍过量的硫酸反应生成硫酸钙结晶与磷酸溶液：

$$Ca(H_2PO_4)_2 + H_2SO_4 + nH_2O = CaSO_4 \cdot nH_2O + 2H_3PO_4 \quad (5-3)$$

硫酸钙可以三种不同的水合结晶形态从磷酸溶液中沉淀出来，其生成条件主要取决于磷酸溶液中的磷酸浓度、温度以及游离硫酸浓度。根据生产条件的不同，可以生成二水硫酸钙（$CaSO_4 \cdot 2H_2O$）、半水硫酸钙（$CaSO_4 \cdot \frac{1}{2}H_2O$）和无水硫酸钙（$CaSO_4$）三种，即式(5-3)中的 n 可以等于 2、$\frac{1}{2}$ 或 0。相应的生产方法以结晶水命名的有三种，即二水物法、半水物法和无水物法。

式(5-1)反应中生成的 HF 与磷矿中带入的 SiO_2 生成 H_2SiF_6[2]：

$$6HF + SiO_2 =\!=\!= H_2SiF_6 + 2H_2O \tag{5-4}$$

H_2SiF_6 再与 SiO_2 反应生成 SiF_4 气体：

$$2H_2SiF_6 + SiO_2 =\!=\!= 3SiF_4 \uparrow + 2H_2O \tag{5-5}$$

SiF_4 以气相形式从萃取槽中逸出，经水吸收后生成氟硅酸水溶液并析出硅胶沉淀：

$$3SiF_4 + (n+2)H_2O =\!=\!= 2H_2SiF_6 + SiO_2 \cdot nH_2O \downarrow \tag{5-6}$$

磷矿中的铁、铝、钠、钾等杂质发生下述反应：

$$(Fe, Al)_2O_3 + 2H_3PO_4 =\!=\!= 2(Fe, Al)PO_4 \downarrow + 3H_2O \tag{5-7}$$

$$(Na, K)_2O + H_2SiF_6 =\!=\!= (Na, K)_2SiF_6 \downarrow + H_2O \tag{5-8}$$

镁主要存在于碳酸盐中，磷矿中的碳酸盐，如白云石、方解石等首先被硫酸分解并放出 CO_2。

$$CaCO_3 + H_2SO_4 =\!=\!= CaSO_4 + H_2O + CO_2 \uparrow \tag{5-9}$$

$$CaCO_3 \cdot MgCO_3 + 2H_2SO_4 =\!=\!= CaSO_4 + MgSO_4 + 2H_2O + 2CO_2 \uparrow \tag{5-10}$$

生成的镁盐全部进入磷酸溶液中，对磷酸质量和后加工将带来不利影响。

根据硫酸钙的结晶形态，工业上有不同的湿法磷酸生产方法[3-4]，见表 5-1(不完全统计)。

表5-1 湿法磷酸生产工艺概况

工艺路线	工艺专利或其拥有者	建厂数	备注
二水法工艺	普莱昂（Prayon）	140	工艺专利
	吉科布斯-道尔科	29	拥有者
	罗纳-普朗克（Rhone-Poulenc）	70	现为 Krebs-Speichim，工艺专利

工艺路线	工艺专利或其拥有者	建厂数	备注
二水法工艺	SIAPE	11	拥有者
	费森斯	8	工艺专利
	辛马斯特-布雷耶	7	拥有者
	斯温森（Swenson）	8	拥有者
	凯洛格-洛普克（Kelloy-Lupka）	1	拥有者
半水法工艺	费森斯 (N.H)	7	拥有者
	西方石油公司	5	工艺专利
	苏联半水法流程	许多	未出口，工艺专利
	多木（Tomo）	1	建在本公司，工艺专利
	TVA 泡沫法		仅作实验室试验，工艺专利
	钢管公司（NKK）和鲁姆斯（Lumas）流程		仅作工业试验，工艺专利
半水-二水再结晶工艺	日产 H 法（Nissan H）	26	工艺专利
	钢管公司（NKK）	11	工艺专利
	日本三菱	7	工艺专利
	厄尔泰流程		拥有者
二水-半水再结晶工艺	普莱昂	11	工艺专利
	费雷格特 (DDR) 流程		工艺专利
	费森斯	3	拥有者
半水-二水再结晶浓酸流程	日产 C 法	2	另一个在建，工艺专利
	吉科布斯-道尔科	1	后改为二水法，工艺专利
	西方石油公司（OXY）		仅作中试，工艺专利
	钢管公司（NKK）和鲁姆斯流程		仅作实验室试验，工艺专利
	阿尔巴特罗流程	1	后停产，工艺专利
	辛马斯特-布雷耶和厄尔泰流程		仅有专利，工艺专利

由表 5-1 可以看出，比利时普莱昂公司的二水法工艺，在世界各地的二水法流程中被采用最多，其产量约占磷酸总产量的一半。其次是法国的罗纳-普朗克流程、吉科布斯-道尔科等。

在生产实际中，选择何种工艺来生产湿法磷酸，主要取决于原料磷矿及其下游产品的要求。国内约 90% 的装置采用二水法工艺，其次有半水法工艺、半水-二水法工艺。

5.1.1 二水法湿法磷酸

二水物流程是湿法磷酸生产上应用最早、最为广泛的工艺流程，具有以下优点：二水硫酸钙结晶在稀磷酸溶液中具有很好的稳定性，不会在生产过程中发生相变；能形成粗大、整齐的晶体，有利于过滤及充分地洗涤，以减少磷酸的损失；生产中工艺条件的控制范围较广，便于操作及管理；由于反应温度与磷酸浓度较低，对设备材料的腐蚀相对较小；对磷矿品质要求相对较低。因此，二水物流程一直在湿法磷酸生产中占重要地位 [5-6]。

二水法有多槽流程和单槽流程，其中又分为无回浆流程和有回浆流程以及真空冷却和空气冷却流程。目前的主要流程为多槽、低位闪蒸回浆流程。

二水法湿法磷酸生产包括酸解(磷矿分解反应)与过滤(磷酸与磷石膏的分离)两个主要工序。图 5-1 给出了二水物湿法磷酸生产工艺流程。原料工段送来的矿浆经计量后进入萃取槽，即酸解槽。硫酸经计量槽用硫酸泵送入萃取槽，通过自控调节确保矿浆和硫酸按比例加入。酸解得到的磷酸和磷石膏的混合料浆用料浆泵送至过滤机进行过滤分离。为了保持萃取槽中料浆温度，采用真空冷却。萃取槽排出的含氟气体通过氟洗涤器进行回收，净化尾气经排风机和排气筒排空。滤饼采用三次逆流洗涤，各次滤洗液集于气液分离器的相应格内，经气液分离后，滤洗液也相应进入滤洗液中间槽的滤洗液格内。磷酸经泵输送，一部分送到磷酸中间槽，另一部分返回一洗液格内，一洗液由一洗液泵全部返回萃取槽。过滤所得的石膏滤饼经洗涤后送到磷石膏堆场或磷石膏加工单元。生产磷铵时，用泵将磷酸送往磷铵工段的尾气洗涤塔；二洗液和三洗液分别经二洗液泵与三洗液泵返回过滤机逆流洗涤滤饼。吸干液经气液分

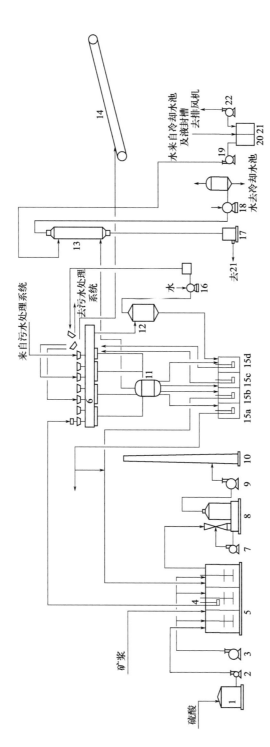

图5-1　二水物湿法磷酸生产工艺流程

1—硫酸计量槽；2—硫酸泵；3—鼓风机；4—料浆泵；5—萃取槽；6—盘式过滤机；7—氟吸收液循环泵；8—文丘里吸收塔；9—排风机；10—排气筒；11、12—气液分离器；13—冷凝器；14—石膏运输皮带；15a、15b、15c、15d—滤洗液中间槽；16、18—水环式真空泵；17—液封槽；19—冷却水泵；20—冷却水池；21—冷凝水池；22—冷凝水泵离器进滤洗液中间槽三洗液格内。水环式真空泵的压出气则送至过滤机作反吹石膏渣卸料用。冲洗过滤机滤盘及地坪的污水送至污水封闭循环系统。

过滤工序所需真空由水环式真空泵产生，抽出的气体经冷凝器用水冷却，真空泵冷却水集中在冷却水池，通过泵送至冷凝器作冷却水。

二水法所得磷酸一般含 P_2O_5 22%～28%，磷的总收率为95%～97%。磷的损失主要在于：洗涤不完全；磷矿萃取不完全（通常与磷矿颗粒表面形成硫酸钙膜有关）；磷酸溶液进入硫酸钙晶体的晶格中；磷酸一钙结晶层与硫酸钙结晶层交替生长；HPO_4^{2-} 取代了硫酸钙晶格中的 SO_4^{2-}；溢出、泄漏、清洗、蒸汽雾沫夹带等机械损失。

部分饲料磷酸钙企业，由于采用中和沉淀法生产饲料磷酸钙，所需磷酸浓度要求不高，部分采用低品位磷矿（18%～23% P_2O_5）生产湿法磷酸，其湿法磷酸一般含 18%～21% 的 P_2O_5，但随之而来的问题是，其磷收率仅为90%～92%，磷石膏质量较差，难以进一步利用。优点是采用了中低品位磷矿，原料成本低。

5.1.2　半水法湿法磷酸

半水物流程的最大优点在于它的半水物结晶能够在高磷酸浓度以及高的温度下以介稳态形式存在，半水物结晶可以在浓磷酸介质中有较好的过滤性能，产品 P_2O_5 浓度为 40%～45%，可直接用于高浓度磷复肥生产。但半水物流程最大的不足之处在于：由于磷酸浓度高，其反应料浆的黏度增加，对磷矿的品质要求较高；介稳态的半水物结晶使得磷矿转化率较低，加之受酸浓度的限制，洗水量较二水法少，总的磷收率一般为 92%～95%；也由于反应温度较高，使得湿法磷酸过滤系统的温差较大，结垢较二水法严重，开车周期较二水法短；对材质的要求高[7]。

5.1.3 半水-二水法湿法磷酸

半水-二水法是先使硫酸钙形成半水物结晶析出，再水化重结晶为二水物[8]。这样可使硫酸钙晶格中所含的 P_2O_5 释放出来，P_2O_5 的总收率可达98%～99%，同时，也提高了磷石膏纯度，扩大了磷石膏的应用范围。半水-二水法流程有一步法、二步法两种流程。一步法为稀酸流程，即整个流程仅有一次过滤；半水物结晶在一定的磷酸、硫酸浓度，高温条件下形成，反应后的半水物料浆不经固液分离直接进入结晶转化槽中进行半水物转化二水物的再结晶，转化后的二水物料浆经过滤及洗涤得到湿法磷酸产品；由于固液分离在二水段，一步法流程只能生产30%～32% P_2O_5 的稀磷酸，故称为半水-二水再结晶稀酸流程；该法生产的磷酸浓度低，目前已被半水-二水二步法流程所替代。二步法浓酸流程：在浓磷酸、一定的硫酸含量和高温条件下形成半水物结晶，半水料浆首先经过滤得到高浓度磷酸，然后半水物石膏再进入结晶转化槽，转化成为二水物结晶；由于流程中有两次过滤，故称二步法流程。

"H"法流程为一步法代表性流程，见图5-2。

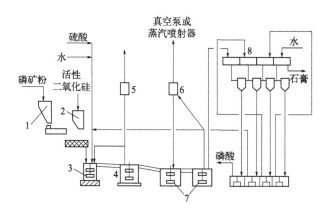

图5-2 半水-二水法的"H"法工艺流程

1，2—料斗；3—预混合罐；4—分解罐；5—洗涤器；6—冷却器；7—水合罐；8—过滤机

"C"法流程为二步法代表性流程，见图5-3。该法的特点是经过两

次过滤。半水物料浆经第一次过滤后可直接得到 40% ～ 45%P$_2$O$_5$ 的浓磷酸。分离后的半水物用水化酸洗涤后送到二水水化再结晶槽。在 60℃、10% ～ 15% SO$_4^{2-}$ 和 10% ～ 15% P$_2$O$_5$ 的条件下，半水物迅速水化再结晶成粗大的二水物晶体。虽然"C"法与"H"法相比，增加了一台过滤机，但可以省去磷酸浓缩设备，投资相当，目前绝大部分是"C"法流程。

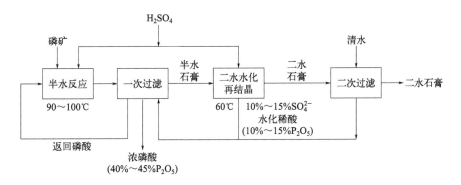

图 5-3　半水－二水法的"C"法流程

5.1.4　二水-半水法湿法磷酸

二水-半水法湿法磷酸工艺特点是 P$_2$O$_5$ 总收率高，所得半水磷石膏含结晶水少，有利于制硫酸与水泥，有利于减少后续磷石膏利用由二水物转换为半水物结晶的能耗。磷矿首先在二水物生产条件下分解生成二水磷石膏，由于二水物需要再结晶转变为半水物，在二水物阶段对 P$_2$O$_5$ 的收率要求不高，故可使产品酸 P$_2$O$_5$ 含量提高到35%，高于普通的二水法。过滤得到的滤饼在 90 ～ 100℃、10% ～ 20% H$_2$SO$_4$ 和 20% ～ 30% P$_2$O$_5$ 条件下，在脱水槽中转化为半水物。该流程最大的问题是要解决在既有磷石膏固相，且 90 ～ 100℃、10% ～ 20% H$_2$SO$_4$、20% ～ 30% P$_2$O$_5$ 反应条件下的材质问题；产品酸浓度为 30% ～ 35% P$_2$O$_5$，还需要进一步浓缩才能应用到下游。该工艺的最大优势是可以获得 α- 半水石膏晶体，可以直接用于建材[9-10]。

5.2

磷矿杂质对湿法磷酸生产的影响

在湿法磷酸、磷铵生产中，为了稳定操作、提高技术经济指标、增加工厂的经济效益，通常采用 P_2O_5 品位高、杂质少、质量稳定的磷矿作原料。工厂生产规模愈大，使用精料的意义也愈大，否则正常而稳定的运行就难以维持。

磷酸、磷铵生产中，难以对原料磷矿的品位及有害杂质的限量提出一个具体明确的要求。因为既要考虑湿法磷酸生产上的需要，又应考虑矿山开采的实际可能与成本。一般来说，采用二水物流程的工厂，对磷矿质量的要求可以低一些；采用半水物流程制取浓磷酸，对磷矿质量的要求就高一些；当采用半水-二水流程、二水-半水流程等再结晶流程时，还要考虑难溶性杂质的累积，故对有害杂质的限量要求就更高一些。磷酸加工制成磷肥对磷矿品位及质量的要求也有很大差异。生产重过磷酸钙对磷矿质量要求严格，尤其是要求有害杂质的含量少；但用于生产磷铵(磷酸一铵或磷酸二铵)对磷矿质量要求可以低一些。如果选用"料浆浓缩法"磷铵生产工艺，则对磷矿质量的要求还可以更低[11]。

磷矿中有害杂质的允许含量常与 P_2O_5 品位有关。P_2O_5 品位高的磷矿允许有较多的杂质存在。为此，规定杂质绝对含量值意义不大，正确的方法是规定某一杂质对 P_2O_5 含量的比值(质量比)，例如 CaO/P_2O_5、MgO/P_2O_5 等[12]。

(1)钙

以 CaO 计。钙是磷矿氟磷灰石的组成元素，纯氟磷灰石 $Ca_5F(PO_4)_3$ 中 CaO/P_2O_5 的理论质量比为 1.31，摩尔比为 3.33。但实际磷矿中的 CaO/P_2O_5 比值比氟磷灰石理论比值高，因为磷矿中的白云石、黏土、长石中都含有 Ca^{2+}，这些都会与硫酸发生反应生成硫酸钙。

$$CaO + H_2SO_4 \longrightarrow CaSO_4 + H_2O \qquad (5\text{-}11)$$

由此可见，CaO/P_2O_5 比值决定了单位质量 P_2O_5 所消耗的硫酸量，一份 CaO 要消耗 1.75 份硫酸。在磷矿 P_2O_5 含量一定的情况下，CaO 含量愈高，硫酸消耗量愈大。CaO 含量高，石膏量增大，过滤负荷相应增大，单位面积过滤设备的 P_2O_5 生产能力下降。因此，CaO/P_2O_5 比值是一个十分重要的技术经济指标。中国磷矿 CaO/P_2O_5 比值较高，这是由于磷矿中伴生白云石、石灰石等碳酸盐附生矿物，难以用一般的选矿方法去除。

(2) 倍半氧化物

倍半氧化物，是指磷矿中的铁、铝氧化物，常以 R_2O_3（R 代表 Fe 与 Al，即 $Fe_2O_3 + Al_2O_3$）表示。R_2O_3 存在于云母、黏土、长石、褐铁矿、黄铁矿等中，它干扰磷石膏结晶，与磷酸形成结晶细小的淤渣，尤其是在浓缩磷酸中更为严重；其沉淀或随石膏排出会损失 P_2O_5；R_2O_3 增加磷酸黏度，堵塞滤布，影响后续高浓度磷肥的品质；在磷酸运输中析出淤泥，给贮存和运输带来困难[13]。

(3) 镁

以 MgO 计，主要以白云石形式存在。镁与硫酸反应生成硫酸镁，随后硫酸镁又与磷酸反应形成 $Mg(H_2PO_4)_2$，由于 $Mg(H_2PO_4)_2$ 在磷酸溶液中溶解度很大，使得 MgO 全部溶解并存在于磷酸中，浓缩后也不易析出，镁的存在使磷酸黏度剧烈增大，造成酸解过程中离子扩散困难和局部浓度不一致，影响硫酸钙结晶的均匀成长，增加过滤困难。在磷矿酸解过程中，镁的存在使磷酸中第一氢离子被部分中和，降低了溶液中氢离子的浓度，严重影响磷矿的反应能力。如果为了保持一定 H^+ 浓度而增加硫酸用量，又将使溶液中出现过大的 SO_4^{2-} 浓度，这不但增加了硫酸消耗而且还造成硫酸钙结晶的困难。此外，由于镁盐在反应过程中生成一部分枸溶性磷酸盐，其对产品的吸湿性影响比铁、铝盐类大，因而会影响后续产品物理性能，使磷肥水溶率降低、质量下降[13]。

镁盐过大的溶解度使磷酸的黏度显著增大，也给后加工工序如磷酸浓缩或料浆浓缩带来十分不利的影响。例如，某高镁磷矿在料浆法制磷铵的工艺评价试验中，由于 MgO 含量高达 10.99%，使得浓缩料浆黏度太高，当中和度为 1.15、料浆终点浓度含水 35.2% 时，料浆黏度已高达 1.44Pa·s(料浆温度 106℃)，无法进行正常浓缩操作；且产品含 N 量约为 8%，小于国家标准 10% 的要求。

磷矿中 MgO 含量是酸法加工评价磷矿质量的主要指标之一，对于二水传统法磷酸，一般要求小于 0.8%。如果磷矿中的 MgO 含量过高，通常采用反浮选的方式除去磷矿中的部分 MgO。

(4)硅及酸不溶物

磷矿中硅一般存在于石英、长石中，多以酸不溶物形态存在。SiO_2 在反应过程中不消耗硫酸，部分 SiO_2 还可以使有剧毒的 HF 变成毒性较小的 SiF_4 气体。在反应过程中，活性较大的 SiO_2 很容易使氢氟酸生成氟硅酸(H_2SiF_6)，后者对金属材料的腐蚀性要比前者轻得多。为此磷矿中应含有必需的 SiO_2，当 SiO_2/F 小于化学计量比时，还应加入可溶性硅。但过量的 SiO_2 是有害的，一方面湿法磷酸中呈胶状的硅酸会影响磷石膏的过滤；另一方面增加磷矿硬度，降低磨机生产能力，增加磨机的磨损以及后续的料浆泵的磨损，增加石膏值，降低过滤能力[14]。

(5)碱金属

以 Na_2O/K_2O 计，存在于长石、云母之中。Na_2O/K_2O 与氟硅酸反应，形成氟硅酸钠、氟硅酸钾；在过滤、浓缩过程中，由于氟硅酸钠、氟硅酸钾在不同温度、不同磷酸浓度下溶解度具有显著差异，导致管道和设备堵塞[15-16]。

(6)有机物与碳酸盐

碳酸盐主要存在于白云石与方解石中；大多数磷矿，尤其是沉积型磷矿常含有机物。碳酸盐与有机物使反应过程产生气泡；有机物还使反应生成的 CO_2 气体形成稳定的泡沫，泡沫使酸解槽有效容积降低，给磷矿的反应、料浆输送及过滤造成困难。有机物因炭化生成极细小的炭粒，极易堵塞滤布，减小滤饼孔隙率，使过滤强度降低。此外，有机物还会影响产品酸的色泽[17]。

(7)氟与氯

氟是磷矿组成中的主要成分，通常与 P_2O_5 含量按一定的比例存在，故磷矿中氟含量一般不作为评价的指标。但要注意磷矿中的氯含量，因为氯化氢对奥氏体金属材料造成极为严重的腐蚀。氯化物含量较高时，用 316 或 20 号合金钢制成的搅拌器或泵只能用几周，有时甚至几天便会损坏[18]。一般要求磷酸中的氯化物含量不得大于 800mg/kg。

(8) 其它组分

部分磷矿中含有碘，可以通过一定的方法加以回收。磷矿中锰、钒、锌等元素的含量一般均很少，对产品质量没有影响，而且还是作物需要的微量元素，有一定的肥效。铀、铈、镧等稀有元素，长期接触会损害人们的健康，若副产磷石膏中放射性元素超标，应采取必要的防护措施；但由于它们在国防工业上有特殊的用途，因此，当其含量达到 120 mg/kg 时，可在加工过程中加以回收。

5.3

湿法磷酸生产节能

(1) 提高萃取磷酸浓度

在磷矿条件允许的前提下，采用半水、半水-二水、二水-半水工艺替代二水工艺，半水、半水-二水工艺均可一次性获得 40% ～ 45% P_2O_5 高浓度磷酸，二水-半水工艺可制得 30% ～ 35% P_2O_5 高浓度磷酸，节省浓缩蒸汽。半水磷酸工艺相比二水工艺，每吨磷酸（以 P_2O_5 计）节约蒸汽 1.5 ～ 2t[19]。

(2) 提高磷收率

提高磷收率的关键是磷石膏结晶，即获得粗大易于过滤且 P_2O_5 含量低的磷石膏。其主要措施有：

① 降低反应系统中 SO_3 过饱和度。例如采用方截面多格槽，每格安装一个搅拌桨，通过建立硫酸浓度梯度来保持未反应和共晶 P_2O_5 损失最低，通过控制料浆中 SO_3 的过饱和度，提高 P_2O_5 回收率，减少硫酸消耗。萃取槽采用多点加酸、加矿，均匀地分散物料，降低局部反应产生的包裹现象以提高转化率。

② 在过滤反应料浆前加入絮凝剂，使料浆中的磷石膏形成粗大、均匀、易于过滤的结晶，提高洗涤率，有效降低磷石膏中的水溶性磷。

③ 采用再结晶工艺，通过再结晶，释放一次结晶过程中的共晶磷，提高磷收率。

结合节能与提高磷回收率双重目标，目前相对广泛使用的是半水-二水工艺(图 5-4)。

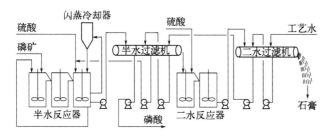

图 5-4 半水－二水法湿法磷酸工艺流程

(3)减少二水磷酸浓缩能耗

二水物传统工艺生产的湿法磷酸浓度(P_2O_5) 通常为 22% ~ 28%，而制重钙和磷铵等高浓度磷肥和复合肥料时，要求磷酸浓度(P_2O_5)为 38% ~ 46%。特别是作为商品级的湿法磷酸，考虑到运输成本，要求磷酸浓度(P_2O_5)为 52% ~ 54%。因此，二水法磷酸必须加以浓缩。

磷酸浓缩是湿法生产过程中能耗较高的环节之一，加之含有 2% ~ 3% H_2SO_4 和 2% 的 H_2SiF_6(以氟计)，具有较强的腐蚀性；同时在加热浓缩过程中，稀磷酸中杂质已处于饱和或过饱和状态，会随磷酸浓度不断增高而析出，沉积在器壁表面，降低传热效率，增加浓缩能耗。

磷酸浓缩的方法，按加热方式分为直接加热和间接加热两类。目前广泛使用于磷酸浓缩的间接加热蒸发器采用强制循环真空蒸发浓缩法，该方法具有如下优点：可以减少大气污染并回收有用的副产品氟硅酸；以低压蒸汽和热水为热源，可充分利用配套的硫酸装置低位热能副产蒸汽；在较低温度下操作，允许使用价格比较便宜的钢衬胶设备与石墨换热器；P_2O_5 损失少。

目前一般工艺流程主要有 3 种，分别为典型的强制循环真空蒸发流程、罗纳 - 普朗克磷酸浓缩流程、斯温森磷酸浓缩流程。

典型的强制循环真空蒸发流程如图 5-5 所示[20]，该流程在国内传统法磷酸工厂中具有一定代表性。

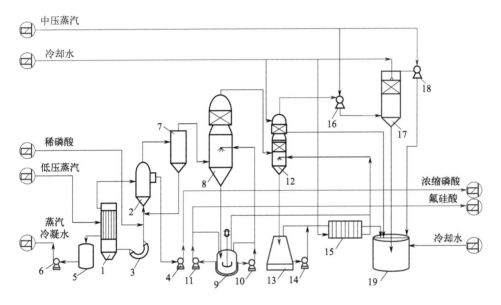

图 5-5 典型的强制循环真空蒸发流程

1—石墨换热器；2—闪蒸室；3—循环泵；4—浓磷酸泵；5—冷凝水槽；6—冷凝水泵；7—旋风除沫器；8—第一氟吸收塔；9—吸收塔槽；10—第一吸收塔泵；11—氟硅酸泵；12—第二氟吸收塔；13—第二吸收塔槽；14—第二吸收塔泵；15—吸收塔冷却器；16—主蒸汽喷射器；17—中间冷凝器；18—辅蒸汽喷射器；19—热水槽

稀磷酸经计量后进入磷酸浓缩强制循环回路与大量循环磷酸混合，借助强制循环泵送入石墨换热器，采用低压蒸汽加热后的热酸进入闪蒸室，闪蒸水分后获得浓磷酸。闪蒸室逸出的二次蒸气经旋风除沫器，分离 P_2O_5 酸沫后的含氟气体首先进入第一氟吸收塔，第一氟吸收塔的循环氟硅酸浓度可在 10%～18% 内调节；由第一氟吸收塔吸收后的含氟气体进入第二氟吸收塔进一步吸收，吸收液约为 3% 的稀氟硅酸溶液。在第二氟吸收塔中，循环氟硅酸温度可借助吸收塔冷却器的循环冷却水加以调节，通过调节吸收塔冷却器循环冷却水的补入量控制成品氟硅酸浓度。第二氟吸收塔上部设有大气冷凝器，不凝性气体及少量水蒸气则经真空系统排入大气。浓缩装置所需的真空由主蒸汽喷射器、中间冷凝器和辅蒸汽喷射器所组成的真空系统来实现。生产流程中设有消洗液泵槽，配制 5% 稀硫酸供磷酸循环回路清洗用，清洗后的液体排入地槽供萃取部分作工艺洗涤水。

　　罗纳-普朗克磷酸浓缩工艺在世界上已得到广泛使用。图 5-6 为罗纳-普朗克磷酸浓缩工艺流程简图[21]。

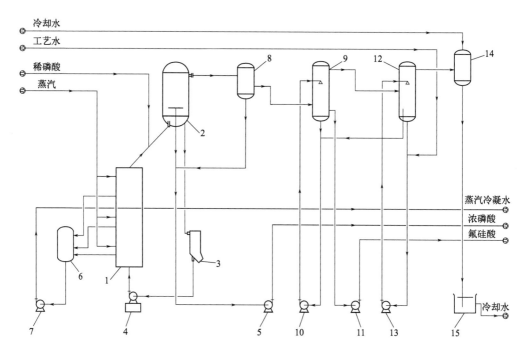

图 5-6　罗纳-普朗克磷酸浓缩工艺流程简图

1—块孔石墨热交换器；2—蒸发器；3—篮式过滤器；4—离心式循环泵；5—成品酸泵；6—冷凝液槽；7—冷凝水泵；8—除沫器；9—第一旋风塔；10—第一旋风塔泵；11—氟硅酸泵；12—第二旋风塔；13—第二旋风塔泵；14—大气冷凝器；15—冷却水槽

罗纳 - 普朗克磷酸浓缩工艺流程的单效强制循环浓缩回路，包括蒸发器、块孔石墨热交换器、篮式过滤器和离心式循环泵。经澄清的稀磷酸在热交换器出口加入到浓酸循环回路中。块孔石墨热交换器采用 600kPa 饱和蒸汽加热循环酸，温升控制在 7 ~ 10℃，循环酸在块孔石墨热交换器中流速为 3.5m/s，可获得高达 1100W/($m^2 \cdot K$) 的传热系数，减少结垢速率。循环酸泵采用轴流泵，克服酸循环系统 245kPa 的阻力。该流程特点是稀酸浓缩时，为了尽量减少氟硅酸溶液中 P_2O_5 含量，来自蒸发器的闪蒸气体首先通过除沫器，然后在两个串联的旋风塔内逐次洗涤，其浓度(H_2SiF_6)大于 18%，回收的氟硅酸由氟硅酸泵送出。在循环回路安设了篮式过滤器，以捕集可能从蒸发器、热交换器和管道内壁掉落的结垢硬片。洗涤后的气体从旋风塔进入高位大气冷凝器，这是罗纳 - 普朗克磷酸浓缩流程专门为系统提供 96kPa 的绝压，蒸发器的真空度取决于大气冷凝器的进口水温和水量。

斯温森磷酸浓缩流程如图 5-7 所示[22]。浓缩系统主要包括蒸发室、石墨热交换器、循环泵和大气冷凝器、真空和成品酸处理设备。真空系统由一台大气冷凝器和一台真空泵组成。被加热的磷酸在蒸发室中沸腾闪蒸。大量磷酸借助循环泵通过石墨热交换器被低压蒸汽加热后循环返回到蒸发室中。澄清后的稀磷酸在循环回路中加入。

离开蒸发室的蒸发气体经蒸发器分离器除去 P_2O_5 液滴后进入氟洗涤器，含有 HF 和 SiF_4 的气体通过氟洗涤器分离器进入大气冷凝器。成品氟硅酸泵间断操作，在密度控制下从系统中抽出 18% H_2SiF_6 产品。当洗涤器液封槽液面低时，抽送自动停止，补充槽自动进行补充直至液面达到一定的高度，氟硅酸用泵连续循环吸收到 H_2SiF_6 浓度为 18%。

一级浓缩改为两级浓缩，可以降低能耗，提高产品酸质量[23]。目前国内磷酸浓缩装置大多采用一级浓缩，即通过一次循环回路将稀磷酸浓缩到 48% ~ 52% P_2O_5 的浓磷酸。如果采用两级浓缩，即先将稀磷酸浓缩到 $w(P_2O_5)$=40% 的中间酸，经澄清除去部分悬浮物，得到的澄清稀酸再去二级蒸发，使其二次浓缩到 50% P_2O_5，则闪蒸室、石墨热交换器、循环泵规格与设备尺寸可较大幅度缩小。两级蒸发与一级蒸发相比具有产品质量好，减少蒸汽和电的消耗，节省约 1/3 循环水量的优点。例如某装置采用一级浓缩时每吨 100% P_2O_5 磷酸从 26% P_2O_5 浓缩到 48% P_2O_5 时耗电 110kW，而改为两级浓缩耗电仅 91kW，电耗降低了约 17%。将 100kt/a 湿法磷酸一级浓缩系统改造为两级浓缩，每年可节省蒸汽 101893t、节电 721000kW·h。

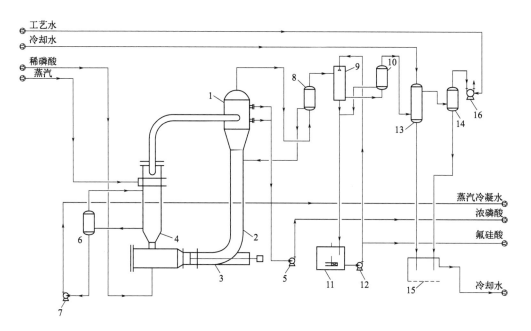

图 5-7　斯温森磷酸浓缩流程

1—蒸发室；2—蒸发器；3—循环泵；4—石墨热交换器；5—成品酸泵；6—冷凝液槽；7—冷凝液泵；8—蒸发器分离器；9—氟洗涤器；10—氟洗涤器分离器；11—洗涤器液封槽；12—成品氟硅酸泵；13—大气冷凝器；14—冷凝器分离器；15—冷却水槽；16—真空泵

低压蒸汽发电技术[24-25]。湿法磷酸浓缩工艺装置采用的挤压型石墨管换热器，能承受的蒸汽压力约为 0.1MPa，而一般供给的低压饱和蒸汽压力为 0.5MPa，均需对其进行减压处理。采用螺杆膨胀发电技术利用该部分热能及动能，60 万吨磷酸装置可节约标准煤 2600 余吨，减少 CO_2 排放量约 8000t。

(4)采用先进搅拌技术降低动力消耗

国内中小型磷酸装置反应槽的装机容量按反应体积计一般为 0.55kW/m³，

大型磷酸装置反应槽的装机容量一般为 $0.4kW/m^3$，而采用变截面节能型搅拌器的大型磷酸装置反应槽的装机容量仅为 $0.26kW/m^3$。对于 300kt/a 湿法磷酸装置，反应体积按 $3000m^3$ 计，采用变截面节能型搅拌器，则每年可节省电耗 $(0.4-0.26)\times3000\times7000 = 2.94\times10^6(kW\cdot h)$[26]。

5.4
磷铵生产工艺与节能

磷酸铵是含氮和磷两种营养元素的高浓度复合肥料，由氨与磷酸反应制成。磷酸是三元酸，用氨中和时可以生成三种正磷酸铵盐：磷酸一铵($NH_4H_2PO_4$)，磷酸二铵[$(NH_4)_2HPO_4$]和磷酸三铵[$(NH_4)_3PO_4$]。磷酸三铵极不稳定，常温下在空气中就易分解放出氨而转变为磷酸二铵，但温度高于 70℃时磷酸二铵也放出部分氨而转变为磷酸一铵，磷酸一铵只有当温度高于 130℃时才会分解。磷酸三铵极不稳定，不适于作为肥料，适宜作为肥料的正磷酸铵盐是磷酸一铵和磷酸二铵。湿法磷酸与氨中和可以制得不同 N/P_2O_5 比例的多种产品，但工业生产的磷酸铵肥料主要有两类：以磷酸一铵为主仅含少量磷酸二铵称为磷酸一铵，英文缩写为 MAP；以磷酸二铵为主含少量磷酸一铵称为磷酸二铵，英文缩写为 DAP。

主要化学反应式如下：

$$H_3PO_4(液)+NH_3(气) = NH_4H_2PO_4(固) \tag{5-12}$$

$$H_3PO_4(液)+2NH_3(气) = (NH_4)_2HPO_4(固) \tag{5-13}$$

以湿法磷酸中二水物法生产所得的稀磷酸生产磷酸铵时，据中和与浓缩的先后次序可分为传统法与料浆法两类。其二者区别如图 5-8 所示。

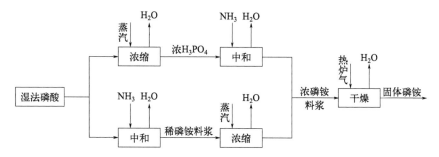

图5-8 传统法与料浆法磷铵生产示意图

传统法是指以蒸汽为热源，先将二水磷酸进行浓缩，所得浓磷酸再用氨中和得磷铵料浆，经（造粒）干燥得到固体磷铵产品；料浆法是指以氨中和稀磷酸，所得稀磷铵料浆再以蒸汽为热源进行浓缩，经（造粒）干燥得固体磷铵产品。

5.4.1 预中和氨化粒化法

预中和氨化粒化法系由美国国家肥料开发中心开发研究，又称TVA流程[27]。生产过程中，先将磷酸与氨按比例在预中和器中反应，生成一定NH_3/H_3PO_4摩尔比的磷铵料浆。泵送至氨化粒化机，再补加一定数量的氨或磷酸，使反应产物达到工艺所要求的NH_3/H_3PO_4摩尔比。氨化粒化机中须同时加入返料。造粒物料经干燥、筛分、冷却等工序即获得磷铵成品。返料由筛下细粉、大粒物料经破碎并再加适量合格粒度的产品所构成。

预中和氨化粒化法具有较大的灵活性，在生产磷铵的同时，如果将适量钾盐加入氨化粒化机，该流程也可以生产氮磷钾（NPK）复合肥料，满足市场的不同需要。与稀酸中和料浆浓缩-喷浆造粒法生产磷铵的主要不同之处在于：预中和氨化粒化法的磷酸须先经浓缩后再进行氨中和反应；一般要求磷酸浓度（P_2O_5）为40%～45%。当采用管式反应器-氨化粒化流程时，则要求磷酸浓度（P_2O_5）达50%～54%；预中和氨化粒化法的氨化粒化过程中同时发生磷酸的氨化反应和成粒作用，而稀酸中和料浆浓缩-喷浆造粒法中的氨化反应全部在中和反应时完成，造粒机内主要完成成粒和干燥过程。按照中和反应的压力和反应器的形式，预中和氨化粒化法可分为常压反应器、加压反应器和管式反应器等工艺。反应器的数量随工艺流程的不同又有单槽和多槽之分。

预中和（或管式反应器）氨化粒化法磷铵生产工艺流程如图5-9所示。生产过程包括中和反应、氨化粒化，干燥、筛分、冷却、尾气处理等工序。

(1) 预中和反应

从 NH_3-H_3PO_4-H_2O 体系溶解度曲线（图5-10）可见，在 NH_3/H_3PO_4 (N/P) 摩尔比为0.6或1.4附近，磷铵的溶解度最大，这时氨化料浆流动性最好，易于搅拌和输送，而进一步加氨到产品要求的氨化度，则在造粒机中完成。一般来说，生产 MAP 时在预中和槽先氨化到 NH_3/H_3PO_4=0.5～0.7，生产 DAP 时先氨化到 NH_3/H_3PO_4=1.3～1.4。中和反应过程中，部分氨将随水蒸气一道逸出，逸出气体进入洗涤塔回收氨。

从图5-11可以看出，即使在125℃，当 NH_3/H_3PO_4 摩尔比低于1.4，氨分压不高，而当 NH_3/H_3PO_4 摩尔比超过1.7，则氨分压急剧增大，这说明 DAP 的生产需要在较低温度和较小的 NH_3/H_3PO_4 摩尔比下进行。由此可以理解，生产 DAP 时为避免氨逸出，通常将 NH_3/H_3PO_4 最终摩尔比控制在1.8，干燥机物料出口温度低于85℃。

磷铵溶液的蒸气压是氨分压和水分压之和。从图5-12可看出水分压会随 NH_3/H_3PO_4 摩尔比的增大而增大，有利于 DAP 的干燥。

中和反应料浆一般含游离水15%～20%，为了减少反应产物中不溶性 P_2O_5 生成，物料停留时间一般以40～45min为宜。

(2) 氨化粒化

采用预中和氨化粒化法生产磷铵肥料时，来自中和反应器的磷铵料浆含游离水约45%～60%，经计量后送入氨化粒化机并喷洒在固体返料床层上。返料是由振动筛下的细粉、筛上大颗粒经破碎后的物料、旋风除尘器和袋式除尘器收集下来的粉尘以及为调节返料的粒度组成而返回的部分合格产品构成。磷铵料浆喷洒在转鼓氨化粒化机不断滚动的返料上，形成合格粒度占25%～50%的粒状磷铵产品。

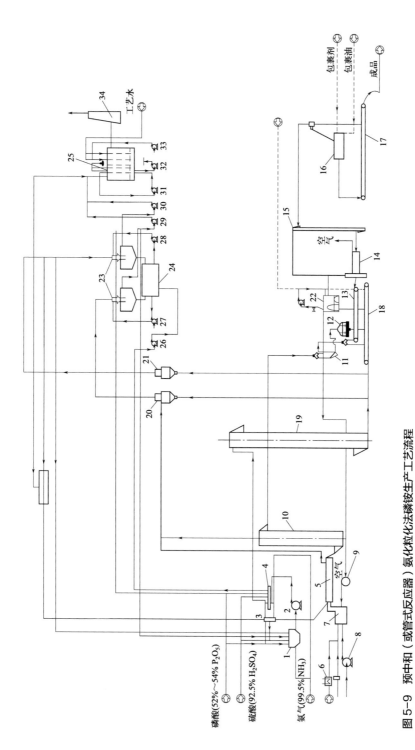

图5-9 预中和（或管式反应器）氨化粒化法磷铵生产工艺流程

1—反应器；2—泵；3—造粒机；4—管式反应器；5—干燥机；6—油加热器；7—燃烧炉；8、9、29、30—风机；10、15、19—斗提机；11—振动筛；12—破碎机；13、17、18—带式输送机；14—冷却机；16—包裹油；20、21—旋风除尘器；22—袋式除尘器；23—文丘里洗涤器；24—洗液槽；25—尾气洗涤器；26、27、28、31、32、33—泵；34—烟囱

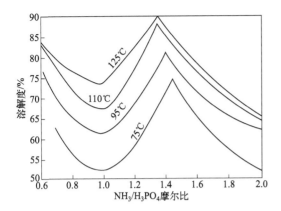

图 5-10 磷铵在水中的溶解度与温度、NH₃/H₃PO₄ 摩尔比的关系

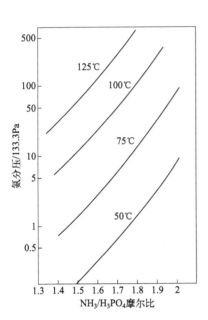

图 5-11 磷铵溶液氨分压与 NH₃/H₃PO₄
摩尔比的关系

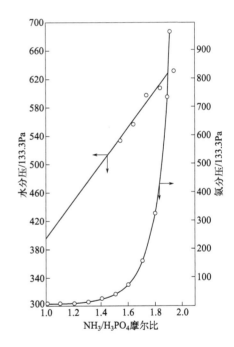

图 5-12 124℃下，氨分压与水分压和
NH₃/H₃PO₄ 摩尔比的关系

  转鼓氨化粒化机示意见图 5-13。氨由埋在料床下面的氨分布器加入，生产 DAP、MAP 时，在氨化粒化机中进一步加氨，以完成料浆的氨化反应。生产 DAP 时，补加氨使其 NH₃/H₃PO₄ 摩尔比提高至约 1.8；生产

MAP 时，使之达到 1.4 左右。生产 NPK 复合肥料时，钾盐经计量后与返料一道加入氨化粒化机，同时，经氨分布器加入适量的氨。

采用预中和氨化粒化法生产磷铵时，氨化粒化机排出造粒物料的游离水含量一般为 3% ～ 4%。氨化粒化机筒体的转速对物料造粒的好坏影响较大，一般控制在临界转速的 30% ～ 35% 时，物料混合较好、造粒状况较佳。所谓"临界速度"是指当高于这一转速时，物料就会停止滚动而保留在氨化粒化机的内壁上，物料颗粒间无相对运动时的速度。

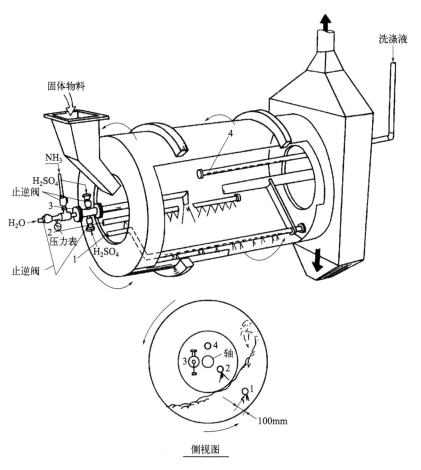

图 5-13 转鼓氨化粒化机示意
1—氨分布器；2—磷酸或预中和料浆分布管；3—管式反应器；4—洗涤液分布管

5.4.2 料浆浓缩-喷浆造粒法

料浆浓缩-喷浆造粒干燥工艺流程如图 5-14 所示。

20% ～ 30% P_2O_5 的磷酸首先送至干燥尾气洗涤塔，洗涤经旋风除尘后的干燥尾气逸出的氨，再与氨站送出来的气氨进行中和反应。生产的产品大都是磷酸一铵，NH_3/H_3PO_4 摩尔比控制在 1.1 ～ 1.2。中和部分所得磷铵料浆的含水量视磷酸浓度而定，如果是 20% ～ 28% P_2O_5 的磷酸，则中和料浆的含水量在 48% ～ 55%。磷铵料浆黏度随温度和浓度变化较大，为节省蒸汽用量，采用逆流加料的双效浓缩流程：I效采用常压和新鲜蒸汽；II效采用I效的蒸发蒸汽(或称二次蒸汽)作加热器热源，采用真空浓缩。经浓缩后料浆含水量在 25% ～ 30%。II效的真空度由冷却水加入混合冷凝器冷凝II效蒸发蒸汽所产生。浓缩后的磷铵料浆由泵送至喷浆造粒干燥机。头部的喷枪，借助空气压缩机送来的压缩空气雾化，喷入由干燥机内特殊抄板抄扬起来的料幕上，并由热风炉送来的 400 ～ 450℃烟道气进行干燥。颗粒由返料提供，并进行反复涂布和干燥。由喷浆造粒干燥机出来的物料经筛分后，大于 4mm 颗粒送去破碎并与小于 1mm 细粉一起作为返料，1 ～ 4mm 合格颗粒作成品。当返料量不够时，部分合格颗粒亦可作返料用。喷浆造粒干燥机尾气经旋风除尘器收尘后，由风机送入尾气洗涤塔用磷酸吸收后放空。干法收尘的尘粒卸至返料胶带输送机，与其它细粉一起用作返料[28]。

5.4.3 磷铵生产节能

(1)双管反应器流程

与预中和氨化粒化法相比，双管反应器流程具有结构简单、投资低、能耗省、操作方便等优点[29]。

法国 AZF 采用的双管反应器造粒流程如图 5-15 所示。该流程在干燥机入口安装第二个管式反应器，将过量的液相和热量转移到另一设备中

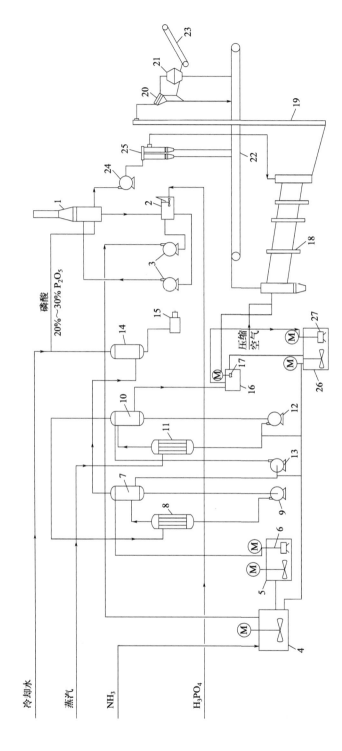

图 5-14 料浆浓缩-喷浆造粒干燥工艺流程

1—尾气洗涤塔；2—洗液循环泵；3—洗液循环槽；4—中和料槽；5—蒸发给料槽；6—蒸发给料泵；7—Ⅱ效闪蒸室；8—Ⅱ效料浆加热器；9—Ⅱ效料浆循环泵；10—Ⅰ效闪蒸室；11—Ⅰ效料浆加热器；12—Ⅰ效料浆循环泵；13—过滤泵；14—混合冷凝器；15—液封槽；16—料浆缓冲槽；17—喷浆泵；18—喷浆造粒干燥室；19—斗提机；20—振动筛；21—链式破碎机；22—返料胶带输送机；23—成品胶带输送机；24—干燥尾气风机；25—旋风分离器；26—地下槽；27—地下槽泵

去，并使这部分反应热和结晶热为干燥机所利用。这样，造粒机中多余的热量在干燥机中得以使用。

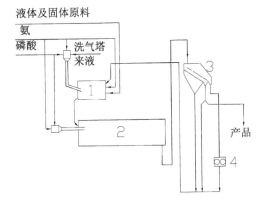

图 5-15　AZF 双管反应器生产 DAP 及 NPK 复肥的造粒流程
1—造粒机；2—干燥冷却机；3—筛；4—破碎机

在干燥机中从管式反应器喷出的过热蒸汽约 140℃，混合空气后出干燥机时约 100℃，放出的热量用于加热空气和干燥产品。如果控制干燥机的空气通过量，在磷酸浓度 (P_2O_5) 不低于 46% 的条件下，送入干燥机的空气就不需加热，整个过程可自热进行。

喷入干燥机中的料浆，将在气流中形成 MAP 的粉状结晶，约 30% 的粉状晶体随干燥机排出的气体进入旋风分离器，其余部分将附在 DAP 粗粒晶体上，过筛后即可分离，并与旋风分离器的细粉一道送去作返料。MAP 结晶颗粒的 80% 都大于 50μm，故旋风分离的效率几乎可达 100%。由于其分散度大，反应活性高，很容易在造粒机中氨化到 DAP 所要求的 NH_3/H_3PO_4 摩尔比，并在造粒机中与返料和料浆一道造粒。

生产 DAP 时，约有一半的原料磷酸加入造粒机的管式反应器，其中有一部分是先经洗涤回收氨后的 28% ～ 30% P_2O_5 的稀磷酸及少量硫酸。离开造粒机物料 NH_3/H_3PO_4 摩尔比为 1.8 ～ 1.9。另一半原料磷酸加到干燥机的管式反应器中，出干燥机产物的 NH_3/H_3PO_4 摩尔比为 1.80。将粉状 MAP 筛出后，最终产品的 NH_3/H_3PO_4 摩尔比为 1.87。生产过程中物料的 NH_3/H_3PO_4 摩尔比控制见图 5-16。

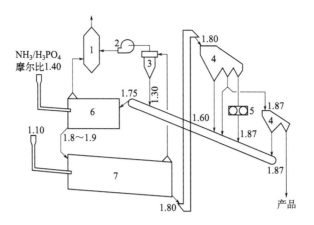

图 5-16　AZF 流程生产 DAP 过程中的 NH₃/H₃PO₄ 摩尔比

1—洗气管；2—风机；3—旋风分离器；4—筛；5—破碎机；6—造粒机；7—干燥冷却机

采用 AZF 流程也可以生产 MAP 及高浓度 NP 或 NPK 复肥。一些老厂经过改造也可显著提高生产能力，降低能耗，减少氨损失，增加操作适应性。例如保留预中和槽，只在干燥机安装管式反应器，即可提高产量，降低燃料消耗。如果同时在造粒机和干燥机中安装管式反应器，就可全面达到上述目的。

双管反应器流程的氨逸出量远比其它流程低，大约是造粒机氨逸出量的 10%，干燥机的 2%，因而氨回收率高。AZF 的气体洗涤流程由文丘里洗涤器、旋风喷淋塔构成，第一级压降为很低的孪生文丘里洗涤器，第二级为旋风喷淋塔；从造粒机来的含尘湿气和干燥机来的除尘后干气，先进入文丘里洗涤器，用部分中和后的磷酸、硫酸或混合酸溶液循环喷淋，保持溶液 pH 值为 4～5，使氨能很好地被吸收，从文丘里洗涤器出来的气体再进入旋风喷淋塔，用 pH 值为 2～3 的弱酸溶液喷淋，以吸收气体中残留的氨，然后经烟囱放空。第二级的弱酸溶液溢流入第一级的循环槽，相应量的第一级洗涤液则送去造粒机的管式反应器。循环洗涤液的酸浓度由补充水调节。

该流程的优点在于：

① 由于使用管式反应器不需要料浆输送泵，从而简化了流程，取消了槽式中和反应器及泵送料浆设备，维修费用低；

② 由于氨和磷酸在管式反应器内停留时间很短，产品中枸溶性 P_2O_5 比预中和氨化粒化法低；

③ 无需槽式中和器的尾气处理系统，气体回收流程简单；

④ 产量大，基建投资较低；

⑤ 能耗低。

但由于水与热系统平衡，管式反应器对磷酸浓度的要求较高，一般在 52% P_2O_5 左右，当浓度低于 46% P_2O_5 时，造粒产品需要进行干燥。

当用管式反应器生产 MAP 时，将 P_2O_5 需要总量的 5% ～ 10% 磷酸，经计量后加入尾气洗涤系统，与加入的洗涤水形成浓度约 15% ～ 36% P_2O_5 的洗涤液，用于回收氨化粒化机和干燥机尾气中的粉尘和氨，循环吸收达一定浓度后，与氨和磷酸一起经计量后加入管式反应器，反应生成磷铵料浆。控制 P_2O_5 需要总量的 65% ～ 95% 以及相应的氨量，使管式反应器排出的磷铵料浆的 NH_3/H_3PO_4 摩尔比为 0.6 ～ 0.8；剩余的 P_2O_5（总量的 0 ～ 25%）和相应的氨则全部加入氨化粒化机。

加入管式反应器的洗液量，以控制管式反应器的壁温最高不超过 150℃为宜，确保反应管的使用寿命，减少结垢。为了防止结垢，可向管式反应器加入适量的硫酸，具体量取决于所要求产品的品位和磷酸质量。采用管式反应器生产 DAP 时，与生产 MAP 的不同之处在于，将所需的磷酸全部加入尾气系统。经氨化粒化机和干燥机尾气中逸出的氨部分氨化后，再送入管式反应器加氨进行中和反应。加入管式反应器的氨量为总氨量的 70% ～ 75%，控制反应料浆的 NH_3/H_3PO_4 摩尔比为 1.3 ～ 1.5，剩余的氨则全部加入氨化粒化机。

管式反应器既可使用气氨，又能使用液氨。两者相比，气氨的操作更为稳定，产生的振动和噪声更小。使用气氨时，需要添加较多的工艺水，以控制管式反应器内的黏度和氨化粒化机内物料床层的温度在所需要的范围之内，工艺水用尾气洗涤器的洗涤液补充。

(2) 低温磷酸喷射降膜浓缩节能

从源头减排工艺思想出发，使 DAP 预中和反应尾气分流，单独进行氨回收与余热回收。DAP 湿法尾气低位热能的主要来源是预中和反应热所产生的料浆蒸发二次蒸汽，温度 100～110℃，含 NH_3 量由 H_3PO_4-NH_3-H_2O 三元气液相平衡条件决定，通过冷凝相变，不仅尾气减排，而且利用相变潜热进行磷酸预浓缩，可以节约磷酸浓缩蒸汽消耗 30% 以上[30]。图 5-17 是 DAP 预中和反应尾气分流-磷酸预浓缩节能减排工艺示意。由预中和反应器 R_0 来的 110℃含 NH_3 尾气，在酸洗器 S_0 中反应洗涤除 NH_3 净化后，通过Ⅰ效膜蒸发器 E_1（压力 50～60kPa）间壁冷凝放热使Ⅱ效来的磷酸升温并喷射降膜蒸发，产生约 80℃的二次蒸汽经 S_1 分离雾沫后作为Ⅱ效降膜蒸发器 E_2 的热源，使原料磷酸（含洗涤液，P_2O_5 34%，水含量 50.8%）升温到 55℃并喷射降膜蒸发（压力 10～15kPa）。

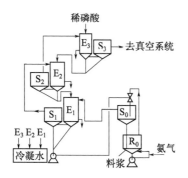

图 5-17　DAP 预中和反应尾气分流-磷酸预浓缩节能减排工艺示意

　　运用喷射降膜蒸发过程强化原理，开发成功尾气余热低温磷酸蒸发关键技术和大型装置，其关键设备低温磷酸喷射降膜浓缩装置如图 5-18 所示，换热面积 560m^2；在 52℃的蒸发温度下总传热系数达到 500～600W/(m^2·K)。通过该技术在 DAP 联产 MAP 工艺中，提高稀磷酸 P_2O_5 质量分数 3%～4%，DAP 尾气湿含量下降 50%。该技术运用 240kt/a 中和料浆浓缩法 MAP 装置，蒸汽消耗降低 30%，浓缩废气减排 30%，产能提高 50%。

　　(3) 粉状磷铵喷雾干燥系统的节能

　　粉状磷铵喷雾干燥系统采用直燃热风炉，将热烟气经除尘处理后直接送入干燥塔沸腾床，用于干燥粉状磷铵，与间接换热相比，提高了热效率，避免了间接换热炉的烟气外排而造成的热能损失，与原换热炉耗煤量相比，每吨产品节煤约 13kg。考虑到粉状磷铵生产真空蒸发浓缩与喷雾干燥两种方式的除水效率与能耗的差别，在粉状磷铵装置开车时，最大限度地降低进喷雾干燥塔物料的含水量，控制其水分质量分数约为25%，从而减少总的能源消耗[31]。

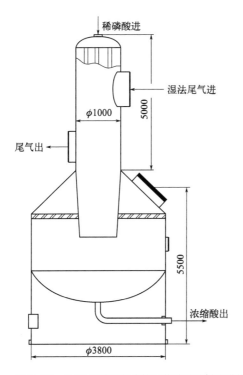

图 5-18 DAP 湿法尾气余热回收磷酸喷射降膜蒸发器（直径单位为 mm）

（4）颗粒磷铵喷浆造粒干燥节能

颗粒磷铵干燥、冷却尾气经干法除尘后，需进一步湿法洗涤除尘才能达标排放。考虑到尾气洗涤水回到系统会增加系统中的水分，进而增加蒸汽消耗量，一般磷铵装置采用稀磷酸洗涤尾气，一是借用尾气热量蒸发一定水分，二是避免系统水量的增加，一定程度上减少料浆浓缩系统的蒸汽消耗量，每吨产品可节约蒸汽约 28.8kg。

（5）利用液氨蒸发冷量降低磷铵产品温度节能

传统法磷酸二铵装置冷却后的磷铵产品温度为 50 ～ 60℃，对最终产品的外观质量、堆放储存造成一定影响。在生产磷铵产品的过程中，设置流化床冷却器对筛分后的合格粒子用空气进行冷却，其冷却原理为：进入沸腾流化床的高温固体颗粒，在经过流化床板的具有一定流速的常温空气的向上拖曳作用下，悬浮在空气中，通过高速空气与固体颗粒之间的相对运动，高温固体颗粒的热量被常温空气带走，固体颗粒得到冷却。流化床冷却的过程，实际上是固体颗粒与气体之间直接接触的传热过程。其可分为3个子过程：首先是固体颗粒内部的热量，通过固体颗粒传到固体颗粒表面；其次是固体颗粒表面的热量传递给气体；最后是热量在气体内部的传递。决定整个过程传热速率大小的是传热阻力，固体颗粒与气体之间的传热过程是整个冷却过程的控制过程。通过在流化床空气进口处设置1台翅片换热器，用8℃的液氨把进流化床的空气从25℃降到16.5℃，从而可使产品温度降低7.5℃，增加推动力；产品温度降至30～40℃，防止产品结块[32]。

(6)粉状磷酸铵生产装置液氨蒸发系统和中和系统一体化节能

液氨蒸发与中和一体化节能技术的工艺流程见图5-19。来自液氨贮槽的液氨进入液氨蒸发器壳程，被管程中的中和二次汽间接加热，使液氨蒸发成压力为0.5MPa左右的饱和氨蒸气，并通过气氨管道进入气氨缓冲罐稳压后送入中和系统的绕动式节能中和反应器，气氨在绕动式节能中和反应器中与稀磷酸反应生成稀磷酸铵料浆，而反应产生的大量中和二次汽由绕动式节能中和反应器顶部管道排出，进入液氨蒸发器管程，经过冷热交换后的冷凝液至废液收集槽回收利用[33]。

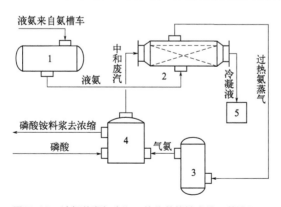

图 5-19　液氨蒸发与中和一体化节能技术的工艺流程

1—液氨贮槽；2—液氨蒸发器；3—气氨缓冲罐；4—中和反应器；5—废液收集槽

采用该技术，以每吨磷铵计，年节气约 0.073t，节水约 0.1t，节电约 0.67kW·h。

(7) 利用夹点技术优化换热网络，提高系统热效率

夹点技术是换热网络优化设计方法，并逐步发展成为化工过程能量综合技术的方法论。通过夹点技术换热网络优化，改造投资低，节能效果好，比原传统设计节能 30%～50%。李英团等[34]以 10 万吨/年磷酸二铵氨水与磷酸反应过程为例，在系统最小传热温差取 10℃时，对原有工艺流程进行最小用能分析。

① 无改动的最小能耗温焓图的构造。

表5-2　系统冷热物流性质表

物流名称	c_p/[kJ/(h·K)]	T_s/℃	T_t/℃	ΔH/(kJ/h)
喷浆造粒干燥				6116145
液氨蒸发		8.6	8.6	3035408
氨化水蒸气		116.6	116.6	1797458
新Ⅱ效冷流		105	105.0	9417484
新Ⅱ效热流		100	100.0	11424934
Ⅰ效b冷流		130+2.3=132.3	132.3	5867987
Ⅰ效b热流		123	123.0	5510111
Ⅰ效a冷流		118+15.6=133.6	133.6	2938243
Ⅰ效a热流		105	105.0	3942005
Ⅱ效冷流		88.2+5.3=93.5	93.5	9167736
Ⅱ效热流		82.3	82.3	11983370
Ⅰ效冷流		110+18=128	128.0	7004504
Ⅰ效热流		100	100.0	7355337
制MAP热空气	1.0382	25	131.1	14775265

注：1. T_s 为物流初始温度；2. T_t 为物流目标温度；3. 采用蒸汽喷射泵；4. 包括闪蒸部分。

利用 Aspen Pinch 软件合成了具有最小公用工程消耗的温焓图，见图 5-20。结果表明，系统所需的最小加热公用工程为 8011.7kW。而未构建换热网络前，由表 5-2 可计算出系统所需的加热公用工程为：

(5867987 + 2938243 + 6116145 + 14775265 + 3035408)/3600 = 9092.5(kW)

因此，节能潜力为：

$$(9092.5 - 8011.7)/ 9092.5 = 11.9\%$$

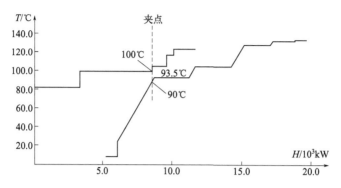

图 5-20　无改动温焓图

② 改动的最小能耗温焓图的构造。

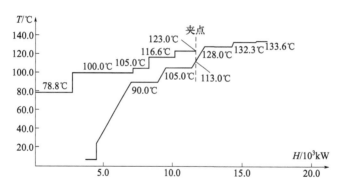

图 5-21　预热磷酸的温焓图

分析图 5-21 的温焓图，热复合曲线还能进行热交换的仅有 78.8℃的蒸汽物流线，而这一部分蒸汽由于具有一定的真空度，其潜热的利用难度很大。如果能将氨化单元 40℃的进料磷酸进行适当预热，则可以生成更多的 116.6℃的氨化蒸汽，减少氨化料浆含水量，并且新Ⅱ效、Ⅱ效蒸发器闪蒸出的水量也将减少，即 100℃和 78.8℃的物流温焓线将缩短，同时 116.6℃的物流温焓线将增长，可将 100℃和 78.8℃低温位水蒸气转化成 116.6℃的较高温位水蒸气。实际过程中蒸发器四股冷凝水的直接外排造成了能源的浪费，可以考虑用这些冷凝水来预热磷酸。

a. 78.8℃的蒸汽通过水力喷射冷凝器而冷凝成 78.8℃的冷凝水排入磷铵循环水池，可将这一部分能量引入系统，进行磷酸的预热。

78.8℃蒸汽释放出的潜热 Q = 3339.7kW，利用这一部分潜热将 25℃的水加热至 78.8℃，则所需水量 m_0 = 53462kg/h。

所以可利用的 78.8℃的水量 m_1 = 58663kg/h。

b. 100℃新Ⅱ效二次蒸汽冷凝水 m_2 = 5062kg/h。

c. 115℃新Ⅱ效加热蒸汽冷凝水 m_3 = 4249kg/h。

d. 103.2℃Ⅱ效加热蒸汽冷凝水 m_4 = 4068.5kg/h。

将这四股冷凝水混合，混合后冷凝水的热容流率 $C_{p(混)}$ = 301138 kJ/(h·℃)。

而进料磷酸 C_p = 133270kJ/(h·℃)。则经过预热后的磷酸终点温度将受限于出口最小传热温差 10℃。可取一部分 78.8℃冷凝水与 100℃、115℃、103.2℃冷凝水组合成 $C_{p(混)}$ 等于磷酸热容流率的预热水，以提高磷酸进料温度。

由于磷酸进料温度提高，将产生更多的 116.6℃的氨化蒸汽使得新Ⅱ效、Ⅱ效所需蒸发的水量减少，从而使得相应的 78.8℃和 100℃冷凝水量减少。100℃冷凝水的减少将需要更多的 78.8℃的冷凝水补充(78.8℃的冷凝水量大，不会出现补水不足的问题)，以满足 $C_{p(混)}$ = C_p，导致混合水温度降低。混合水温度的降低又降低了磷酸进料温度，降低氨化蒸汽量，反过来使得生成的 78.8℃和 100℃的冷凝水量增加。经过一段时间的循环，磷酸进料温度将趋于稳定。

以 77.1℃的磷酸料浆进入氨化反应器反应后，产生 116.6℃的氨化蒸汽量为 3087.9g/h；

出氨化反应器的氨化料浆含水量为 53.9%，温度 t_0=119.9℃；

经过新Ⅱ效蒸发出的水量为 3869.6kg/h，即新Ⅱ效的热流为 2426kW；

经过Ⅱ效蒸发出的水量为 4136.8kg/h，即Ⅱ效的热流为 2656.5kW；

同理，新Ⅱ效的冷流为 1934.2kW；

Ⅱ效冷流为 1911.3kW。

重新整理后的系统物流性质见表 5-3。

表5-3 整理后的系统物流性质

物流名称	$c_p/[(kJ/(h \cdot K)]$	$T_s/℃$	$T_t/℃$	$\Delta H/(kJ/h)$
液氨蒸发		8.6	8.6	3035408
氨化水蒸气		116.6	116.6	6830435
新 II 效冷流		105	105.0	6963042
新 II 效热流		100	100.0	8733687
I 效 b 冷流		130+2.3=132.3	132.3	5867987
I 效 b 热流		123	123.0	5510111
I 效 a 冷流		118+15.6=133.6	133.6	2938243
I 效 a 热流		105	105.0	3942005
II 效冷流		84.7+5.3=90.0	90.0	6880690
II 效热流		78.8	78.8	9563454
I 效冷流		110+18=128	128.0	7004504
I 效热流		100	100.0	7355337
制 MAP 热空气	139257.9	25	131.1	14775265

调整后的夹点处变为 123℃的 I 效 b 热流和 113℃的空气。Aspen Pinch 的计算结果表明最小加热公用工程为 5084.3 kW。因此，节能潜力为：(9092.5 - 5084.3)/9092.5 = 44.1%。

5.5

湿法磷酸伴生资源利用

磷矿为我国战略资源，磷矿中的化学组分除 6% ~ 33% P_2O_5 外，还有 20% ~ 51% CaO、3% ~ 38% SiO$_2$、1% ~ 8% MgO、1% ~ 4% F、2% ~ 18% CO$_2$、1% ~ 5% Fe$_2$O$_3$、1% ~ 5% Al$_2$O$_3$。贵州一些磷矿中碘含量最高达 0.01%，稀土含量达 0.05% ~ 0.13%。

5.5.1 碘回收

碘是人体必需的微量元素之一，是人体和植物必不可少的营养元素，是制造无机或有机碘化物的重要基本化工原料，在国民经济中具有重要地位。自然界中碘一般以单质碘、游离碘、碘酸盐、碘化物等形式存在。碘属于紧缺资源，但不稳定，具有易氧化还原、易挥发特点，因此碘的回收受到一定限制。利用海洋中的海藻制碘是我国制碘工业的主要途径，工业生产的主要原料是海带浸泡液、天然卤水、智利硝石等。以天然卤水生产碘为例，卤水中含碘 50 ~ 150mg/L，主要采用空气吹出法回收。中国是碘稀缺国家，碘需求量大，每年都需要大量进口。碘资源年需求增长率在 20% 左右，自给率仅为 14.2%。在沉积岩型磷矿中，碘质量分数一般较高，达到 10^{-4} 左右，具有良好的回收利用价值。

5.5.1.1 碘回收方法

目前常用的碘回收方法有离子交换法、空气吹出法、萃取法、活性炭吸附法与沉淀法等，近年来又出现了液膜分离法、溶剂浮选法等新方法[35]。

① 离子交换法。最常用的富集方法，由于原料中碘含量低，不足以析出碘，因此需要对碘进行富集。该法是先加酸酸化，通过加氧化剂氧化成单质碘，再通过离子交换柱吸附碘，然后用溶剂碱洗涤从树脂中解吸出碘，解吸液中的碘经酸化处理析出单质碘，最后经分离和精制得到成品碘，其化学反应见式(5-14)、式(5-15)。

$$I_2 + I^- \rightleftharpoons I_3^- \tag{5-14}$$

$$R\text{-}OH + I_3^- \Longrightarrow R\text{-}I_3 + OH^- \qquad (5\text{-}15)$$

离子交换树脂的性能决定了过程的 pH 值范围。对离子交换法的研究则主要集中在树脂的选择上，即选择一种交换容量大、容易再生且经久耐用的树脂对碘进行富集回收(图 5-22)。杨建元等[36] 利用 717 型阴离子交换树脂提取废气田水中的碘，碘交换吸附率高达 96%，总收率达 85%。该方法可以提高碘的浓度，但易受杂质干扰，操作麻烦，成本高。

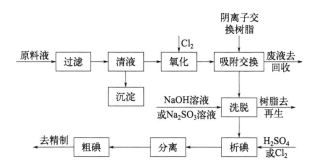

图 5-22 离子交换法回收碘工艺流程

② 空气吹出法。该方法首先被日本伊西化学工业公司所采用，用于从天然气卤水中提取碘。该法是将含碘的母液用硫酸酸化，再加入氧化剂氧化，使碘盐转化为单质碘，同时吹入空气，把碘吹出，吹出后的含碘空气再经过吸收、结晶和精制工序制成粗碘(图 5-23)。

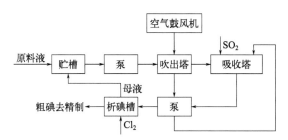

图 5-23 空气吹出法回收碘工艺流程

③ 萃取法。美国申请了萃取法从单质碘和碘化氢的溶液中回收碘的方法，用逆流萃取的形式从磷酸中萃取碘(图 5-24)。吕俊芳等[37] 利用氧化还原反应，用萃取升华法回收实验废液中的碘，其回收过程为：

含I⁻、I₂废液→氧化→一次升华→二次升华→碘；

含I⁻、IO₃⁻废液→还原→氧化→一次升华→二次升华→碘；

含I₂-CCl₄废液→还原→分液→氧化→一次升华→二次升华→碘。

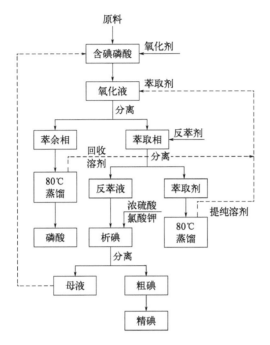

图 5-24 萃取法回收碘工艺流程

升华在密闭容器中进行，用恒温加热套加热，温度 100～110℃，并用回流水进行冷却。一次升华是将单质碘从废液中升华提纯，为了提高纯度再进行二次升华，以便得到较高纯度的碘。该方法的特点是操作简单，成本低，所得固体碘呈紫黑色，纯度和回收率较高。

④ 活性炭吸附法。在酸性条件下，利用活性炭吸附碘，然后用浓氢氧化钠溶液进行洗脱，再进一步进行酸化即可得到可利用的碘溶液。闫焕新等[38]用活性炭吸附法（图 5-25），对海带提碘后废水中的碘进行回收研究。研究表明，废水中的碘在 pH=1.5～2 的酸性条件下，经氧化后富集再用氢氧化钠进行洗脱，最后再经酸化中和，可获得碘含量为 300～400mg/L 的溶液。该工艺为提碘废水的回收利用提供了一个切实可行的

新途径，且活性炭可以循环使用，化学药品用量少，成本低，污染小。

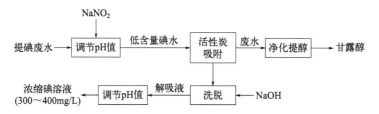

图 5-25 活性炭吸附法回收碘工艺流程示意

⑤ 沉淀法。沉淀法有还原沉淀法和直接沉淀法两种。还原沉淀法利用碘离子与铜离子形成难溶的碘化亚铜沉淀，然后过滤分离得到产品。澄清的盐卤用硫酸铜和硫酸铁溶液处理，所得溶液用碳酸钠中和，得碘化亚铜和氢氧化铁沉淀，再通入 SO_2 和空气，使 $Fe(OH)_3$ 转化为 $FeSO_4$，进而分离 $FeSO_4$ 和 CuI 沉淀，再经干燥、蒸馏、精制得到成品。陈清艳[39]利用直接沉淀法从含碘的废液中回收碘，该方法操作简单，废液处理量大，回收速度快，成本低。沉淀法碘回收率高，但对原料碘浓度要求也高。该方法目前仍处于实验室阶段。

⑥ 液膜分离法。在溶液中加入一定量乳状液膜和 Na_2SO_3 溶液，形成油包水型液膜，经搅拌使碘离子透过液膜，碘从低浓度迁到高浓度，生成不溶于有机相的 NaI，被富集和封闭在内相中，加入氧化剂使碘离子氧化成 I_2，再过滤提取。王献科等[40]通过用非流动载体液膜分离富集碘，研究了用 L113B/SPAN80（混合表面活性剂）、聚丁烯（膜的增强剂）、煤油（溶剂）和内相（Na_2SO_3 溶液）的液膜体系，分离富集水和食盐中的微量碘。王彤[41]针对碘单质浓度在 $10^{-5} \sim 10^{-3}$mol/L 的盐水体系，研究了制备的乳化液膜的稳定性和不同操作条件下对碘分离效率的影响；该方法具有高效、快速、选择性好的特点。

⑦ 溶剂浮选法。首先加入某种氧化剂将溶液中的碘离子氧化成单质碘，进而与碘离子生成配阴离子 I_3^-，借助某种与它带相反电荷的离子型表面活性剂与其生成疏水性离子配合物或缔合物，再鼓入氮气分散形成气泡，使这种配合物或缔合物与气泡结合并随气泡一起上升溶入有机溶

剂中，然后将液相和有机相分离，再进行提取。牛盾等[42]以钠膨润土为吸附载体，以溴化十六烷基三甲基铵(CTMAB)为捕收剂，进行了碘的浮选回收研究。此方法适合低碘溶液的富集，且回收率高，成本低。

5.5.1.2　湿法磷酸中碘的回收利用

硫酸法生产湿法磷酸的工艺过程，进入磷酸中的碘占 80% ~ 90%，进入气相中的碘为 3% ~ 5%，残留在固相中的碘为 5% ~ 7%。碘以 I^- 形态进入磷酸，气相中的碘经水吸收生成 HI 进入氟硅酸溶液。对于部分含碘高的磷矿，磷酸中碘能达到 50 ~ 100mg/L。目前，中国碘的生产远远不能满足需求，碘的价格达到每吨 20 多万元。从湿法磷酸生产中提取碘有广阔的市场前景。

湿法磷酸中碘的回收利用主要针对稀磷酸及氟硅酸中的碘回收[43-44]。2006 年瓮福集团有限责任公司和贵州大学共同研究开发了采用空气吹出吸收工艺从稀磷酸中回收碘的工艺技术，其工艺流程如图 5-26 所示，具体简介如下。

① 碘离子催化氧化。将来自湿法磷酸萃取尾气洗涤系统一级氟吸收塔 $w(H_2SiF_6)= 10\%$ ~ 12% 的氟硅酸通入催化氧化槽，利用计量泵于混合酸输送管线混合三通上通入 $w(H_2O_2)=30\%$ 的氧化剂，启动催化氧化槽的搅拌桨搅拌混合酸。氧化后含碘分子的氟硅酸去空气萃取塔。催化氧化反应后的尾气经尾气洗涤塔洗涤后达标排空。此时，碘离子催化氧化最佳工艺条件为：H_2O_2 氧化剂的加入量为洗涤液(氟硅酸溶液)量的 1.0% ~ 3.0%(体积分数，下同)，反应温度 65 ~ 85℃，物料停留时间 10 ~ 20min。

② 碘分子空气萃取。将氧化后含碘分子的氟硅酸通过泵由空气萃取塔上部通入塔内，鼓风机将常温过滤净化后的空气由塔下部通入塔内，塔内自上而下喷淋的含碘分子的氟硅酸与自下而上吹入的空气在塔板间充分接触并发生传质反应。空气萃取塔内的最佳工艺条件为：气液体积比 70 ~ 150，反应温度 60 ~ 80℃。在此工艺条件下，碘分子经由空气

萃取分离后随气体由塔顶部吹出；萃余液氟硅酸由空气塔底部通入氟硅酸中转槽，并用于生产无水氟化氢及氟硅酸钠产品。

③ 碘分子还原吸收。由空气萃取塔顶部吹出的含碘分子气体通入换热器壳程，利用冷水泵将凉水塔循环冷却水通入换热器管程进行气相冷却；换热器中循环冷却水换热后返回循环水热水池，利用热水泵将热水通入凉水塔进行冷却，冷却后的循环水靠重力作用流至冷水池再次循环使用。含碘分子气体经换热器换热降温至 30 ～ 40℃后由填料吸收塔下部通入塔内。来自吸收液循环槽 $w(SO_2)$=5% ～ 8% 的 SO_2 水溶液由填料吸收塔上部通入塔内，喷淋洗涤吸收碘分子。经填料吸收塔洗涤吸收后的气体通入尾气洗涤系统，净化处理后达标排空。

④ 碘吸收液净化除杂。当吸收液循环槽内吸收液中 $\rho(I^-)$ 达到 10 ～ 50g/L 后将吸收液通入一级净化槽上部，启动一级净化槽的搅拌桨，均匀搅拌吸收液，并加入 $CaCO_3$ 进行一级净化。一级净化槽底部浊液放入浊液槽，净化后的上清液通入二级净化槽上部。启动二级净化槽的搅拌桨，均匀搅拌吸收液并加入铝盐絮凝剂，进行二级净化。二级净化槽底部浊液放入浊液槽，浊液槽上清液返回吸收液循环槽，底部废渣返回磷酸车间萃取槽，净化后的上清液通入氧化析碘槽。为了保障净化效果，$CaCO_3$ 及铝盐絮凝剂的最佳用量为理论加入量的 110% ～ 120%。

⑤ 碘产品析出。启动氧化析碘槽搅拌桨，均匀搅拌净化后的上清液并通入 $w(H_2O_2)$=30% 的氧化剂。在碘产品析出最佳工艺条件，即氧化剂用量为理论加入量的 105% ～ 110%，反应温度 20 ～ 30℃，反应时间 10 ～ 20min 下，碘离子再次被氧化为碘分子，碘分子晶体不断成长，当氧化析碘槽内溶液的氧化电位达 540mV 时，95% 以上的碘已析出。在此工艺条件下，湿法磷酸萃取尾气中碘总回收率为 76%。氧化析碘槽上清液部分返回催化氧化槽，另一部分返回吸收液循环槽。浓碘液经氧化析碘槽底部通入滤液槽过滤，滤液返回吸收液循环槽，碘结晶滤饼通过人工转运至离心机经液固分离即得到碘产品。为提高碘回收率，避免含碘气体的无组织排放，将碘离子催化氧化等过程产生的含碘气体经 SO_2 循环液洗涤吸收后达标排空。

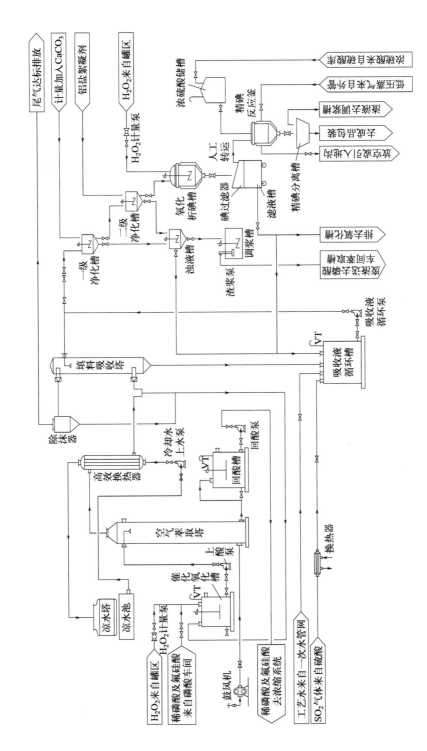

图 5-26　湿法磷酸生产过程碘回收工艺流程示意

2008 ～ 2013 年初，瓮福集团有限责任公司相继建成了 5 个 50t/a 粗碘回收装置，总产能达到 250t/a，碘的总回收率达到 70% 左右。

从湿法磷酸直接提取的粗碘只能用作某些无机碘化物或少数有机碘化物的生产原料，其经济价值次于精碘。因此，需将粗碘提纯达到国家标准(GB/T 675—2011)的要求，才能满足各种碘化物生产的需要，获得较好的经济效益。

5.5.2 氟的回收

湿法磷酸萃取与浓缩过程中均会产生一定量的含氟化氢和四氟化硅气体，如不处理，高含量的含氟尾气不仅具有较强腐蚀性，还会对动植物与人类造成非常大的危害。目前利用水或者碱性液体多级循环吸收含氟尾气，效果较为明显。GB 31573—2015 允许排放量 $\leqslant$ 6mg/m^3，特别限定值 $\leqslant$ 3mg/m^3。

湿法磷酸生产中 70% 以上的氟进入湿法磷酸液相。传统生产工艺仅在湿法磷酸浓缩过程中回收氟，大部分氟进入磷石膏回水与磷化工产品中，图 5-27 是国内某磷肥企业的氟平衡图，从图中可以看出，以磷精矿为基准，氟来源于精矿与二洗水，整个工艺仅回收了 47.4% 的氟(以氟硅酸的形式回收)，少部分进入空气(气相)、磷石膏渣场(固相)，大部分仍保留在湿法磷酸中，通过产业链进入磷肥。大量宝贵的氟资源未回收，造成资源的流失与潜在的环境风险，亟须开发高效的湿法磷酸氟脱除与回收技术。

目前，世界上已经开发的氟脱除与回收技术有几十种，针对湿法磷酸的大约有 10 种以上，但由于运行成本、技术成熟性以及脱氟后副产物处理等问题限制，实际上能够被工业化运用的技术仅有几种。根据氟脱除与回收工艺不同，可划分为化学沉淀法、浓缩脱氟法、汽提脱氟法、吸附法等。

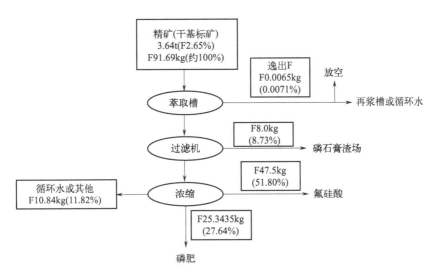

图 5-27 国内某磷肥企业的氟平衡图

5.5.2.1 化学沉淀法回收磷酸中氟

化学沉淀法的反应原理是在湿法磷酸中加入金属盐类作为沉淀剂，生成难溶的氟硅酸盐，从而实现分离与回收。化学沉淀法可以应用于湿法磷酸萃取工段、湿法磷酸稀(浓)酸产品工段与磷石膏渣场水回用工段。任孟伟[45]在湿法磷酸萃取工段对氟进行脱除，避免后续/产品工艺要求对湿法磷酸再次净化，能够缩短湿法磷酸生产低氟产品(如饲料磷酸钙盐)的生产工艺路线；但氟以沉淀的形式随磷石膏进入渣场中，未实现资源化回收。Zheng 等[46]采用生石灰和碱分步处理磷石膏回水，其中氟形成了氟化钙与硫酸钙的混合物，使氟的脱除率高于 99%。William 等[47]通过系统研究，认为氟在湿法磷酸生产过程会形成 12 种沉淀，如 K_2SiF_6、Na_2SiF_6、$CaSO_4$ 等，为湿法磷酸中氟沉淀法脱除技术奠定了理论基础。常用脱氟沉淀剂以钾盐、钠盐与钙盐居多。

$$M^{x+} + SiF_6^{2-} \longrightarrow M_xSiF_6 \downarrow \quad (x = 1 \text{ 或 } 2) \qquad (5\text{-}16)$$

如：
$$2Na^+ + SiF_6^{2-} \longrightarrow Na_2SiF_6 \downarrow \qquad (5\text{-}17)$$

$$2K^+ + SiF_6^{2-} \longrightarrow K_2SiF_6 \downarrow \qquad (5\text{-}18)$$

氟硅酸钠、氟硅酸钾这两种产物在水中基本不溶解，但在湿法磷酸中的溶解度会增大，其溶解度随温度与磷酸浓度变化曲线如图5-28所示。

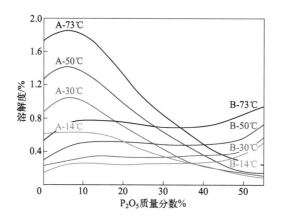

图5-28　氟硅酸钠（A）、氟硅酸钾（B）在不同磷酸浓度、温度下的溶解度曲线

温度或湿法磷酸浓度不同，氟硅酸钠和氟硅酸钾的溶解度有所差异，需根据具体工艺条件选用钾盐或者钠盐，一般来说，在湿法磷酸浓度较低时，钾盐的脱氟效果比较好；湿法磷酸浓度较高时，钠盐的脱氟效果比较好。但目前上述沉淀法是基于湿法磷酸中氟的赋存形态之一——氟硅酸而研究的，存在氟脱除率低、引入其它杂质离子及沉淀产物纯度不高等问题。

除钠盐、钾盐外，碱性钙化合物在降低氟含量的同时实现湿法磷酸中铁、铝、镁等杂质的脱除，其工艺流程见图5-29。碱性钙化合物主要来源于石灰石的煅烧，经水消化过滤后生成石灰乳$[Ca(OH)_2]$悬浮液。反应式(5-20)表明，$Ca(OH)_2$可与稀磷酸中的氟化物反应生成氟化钙沉淀，其它杂质离子也形成磷酸盐沉淀，反应如式(5-21)、式(5-22)所示。

$$H_2SiF_6 + 3Ca(OH)_2 = 3CaF_2 \downarrow + SiO_2 \cdot 4H_2O \downarrow \qquad (5-19)$$

$$2HF + Ca(OH)_2 = CaF_2 \downarrow + 2H_2O \qquad (5-20)$$

$$H_3AlF_6 + 3Ca(OH)_2 + H_3PO_4 = 3CaF_2 \downarrow + AlPO_4 \downarrow + 6H_2O \qquad (5-21)$$

$$H_3FeF_6 + 3Ca(OH)_2 + H_3PO_4 = 3CaF_2 \downarrow + FePO_4 \downarrow + 6H_2O \qquad (5-22)$$

$Ca(OH)_2$同时还与一部分磷酸发生反应，生成$Ca(H_2PO_4)_2 \cdot 2H_2O$：

$$2H_3PO_4 + Ca(OH)_2 \Longrightarrow Ca(H_2PO_4)_2 \cdot 2H_2O \qquad (5\text{-}23)$$

因 $Ca(OH)_2$ 与磷酸反应总是处于界面过饱和状态，伴随发生如式(5-24)的反应：

$$H_3PO_4 + Ca(OH)_2 \Longrightarrow CaHPO_4 \cdot 2H_2O \downarrow \qquad (5\text{-}24)$$

采用石灰乳 $Ca(OH)_2$ 中和沉淀氟与杂质时，生成的主要沉淀物质包括两类：

第一类是非磷酸盐型沉淀，如 CaF_2、$SiO_2 \cdot 4H_2O$、$CaSO_4 \cdot 2H_2O$。

第二类是磷酸盐型沉淀，如 $AlPO_4$、$FePO_4$、$CaHPO_4 \cdot 2H_2O$。

第一类非磷酸盐型沉淀中的 CaF_2 和 $SiO_2 \cdot 4H_2O$ 为沉淀氟化物产生的目的产物，理论上不带走磷酸中的磷；第二类磷酸盐型沉淀中的 $AlPO_4$ 和 $FePO_4$ 既是沉淀氟的目的产物，也是因沉淀氟而共沉淀产生的磷酸盐伴生物，带走磷酸中与之相对应的磷，导致磷的损失。钙盐沉淀脱氟与其它金属杂质一般应用于生产饲料磷酸氢钙。

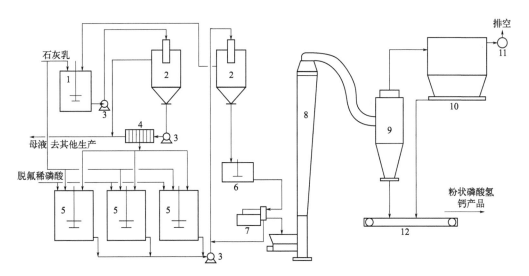

图 5-29　两段中和生产磷酸氢钙工艺流程

1—带搅拌桨的回收中和槽；2—稠厚器；3—泵；4—压滤机；5—产品中和沉淀槽；6—稠浆槽；7—离心机；8—气流干燥器；9—旋风分离器；10—袋滤收尘器；11—风机；12—皮带机

为了进一步提高氟的脱除率，降低磷的损失率，国内外学者在钠、钾、钙的基础上加入化学助剂，化学脱氟助剂有二氧化硅、氢氧化铝、含钛化合物、铵等，但是考虑到脱氟效果和脱氟成本及应用范围，应用最广的助剂是二氧化硅，另外还有硅藻土、白炭黑等。二氧化硅的作用一般认为是脱除湿法磷酸里的氢氟酸，其产物主要为氟硅酸，反应方程式如下：

$$SiO_2 + 4HF \longrightarrow SiF_4 \uparrow + 2H_2O \tag{5-25}$$

$$SiO_2 + 6HF \longrightarrow H_2SiF_6 + 2H_2O \tag{5-26}$$

当溶液中有钾盐、钠盐存在时，氟硅酸与之反应生成沉淀脱离体系，从而提高脱氟率。研究表明，当体系中加入活性二氧化硅时，会明显提高湿法磷酸脱氟率。

5.5.2.2　浓缩法回收磷酸中氟

二水物法磷酸(P_2O_5)浓度为 22% ～ 28% P_2O_5，在生产磷肥与饲料磷酸钙盐(浓酸法)时需将稀磷酸(P_2O_5)浓缩至 45% ～ 54% P_2O_5。磷酸浓缩主要采用典型的强制循环真空蒸发流程。具体流程详见本章关于磷酸浓缩的内容。湿法磷酸采用蒸汽间接加热蒸发浓缩稀磷酸水溶液时，理论上其沸腾平衡气相中只存在水蒸气，所以可以将磷酸浓缩到较高浓度。但是随着湿法磷酸浓度的提高，溶液中某些杂质组分由于溶解度降低而呈沉淀析出，导致磷酸黏度上升，使蒸发操作变得困难。主要表现为：一方面铁、铝、镁等达到饱和或过饱和状态，形成继沉淀物；另一方面在湿法磷酸浓缩过程中，随磷酸浓度和温度升高，湿法磷酸中氟硅酸分解为 SiF_4、HF 随水蒸气在一定负压条件下呈气态逸出即可实现脱氟。浓缩脱氟是国内湿法磷酸氟回收主流技术，但由于腐蚀、蒸发效率、设备材质等的制约，浓缩温度一般控制在 85℃以内，导致浓磷酸浓度不高，氟的收率低于 50%，大部分氟仍留存于磷酸中，造成资源的浪费与潜在的环境风险。针对上述问题，国内外学者开展了较多技术优化研究，如采用分段浓缩，提高磷酸浓度的同时，降低能耗，实现氟收率的提高；此外对氟硅酸循环洗涤系统进行改造，提高氟硅酸的洗涤率等；Peng 等 [48] 在不同真空度和不同温度下进行浓缩，在 15 ～ 17kPa 下，将温度提升至130℃后浓缩湿法磷酸，氟的回收率和氟硅酸的纯度分别为93.26%、97.24%，但设备腐蚀严重，难以实现规模化应用。

5.5.2.3 汽提法回收磷酸中氟

汽提法为利用换热器直接(间接)将湿法磷酸升温至一定温度，实现湿法磷酸中的氟硅酸、氢氟酸等从体系中逸出，再用介质(空气/蒸汽)带走逸出的氟，不断改变气液平衡从而实现快速脱氟[49-50]。其中，热空气法脱氟是指在湿法磷酸中加入过量的含活性SiO_2的物质将F^-大部分转化为H_2SiF_6，通过加热空气，采用正压或负压浓缩提高磷酸浓度和温度，同时氟大部分呈气态氟化物(SiF_4、HF)形式随热空气逸出；蒸汽法指在汽提脱氟过程中，高压过饱和蒸汽进入容器后与磷酸产生强烈碰撞，将酸加热，酸中的氟很快被汽化，并随水蒸气一起被真空泵抽走，同时也有少量HF进入气相，从而实现脱氟。

其主要反应方程式如式(5-27)所示。

$$H_2SiF_6 + nH_2O \longrightarrow SiF_4 \uparrow + 2HF \uparrow + nH_2O \tag{5-27}$$

氢氟酸常温下为气体，能够充分溶解在湿法磷酸中，并形成氢键。加热后湿法磷酸中的氢氟酸溶解度降低，逸出到气相；氟硅酸沸点低，受热易分解，部分分解后生成氢氟酸和四氟化硅从体系中逸出，部分以氟硅酸形式逸出。汽提脱氟的操作温度一般在100℃以上，根据操作方法，可分为常压空气法和真空空气法。常压空气法是在常压下加热操作，一般反应器都可满足操作要求；真空空气法是在加热的同时，通过真空泵维持一定的真空度，实现氟从湿法磷酸中快速逸出。为了提高脱氟效率，在汽提脱氟过程中，向湿法磷酸中加入活性硅源(包括纳米二氧化硅、副产硅渣、水玻璃等)，促使氢氟酸与硅源反应变为氟硅酸，氟硅酸受热分解生成HF和SiF_4，随着蒸汽、空气逸出，可实现湿法磷酸中氟的脱除与回收，其反应方程式如式(5-28)所示。

$$SiO_2 + 4HF \longrightarrow SiF_4 \uparrow + 2H_2O \tag{5-28}$$

但由于湿法磷酸组分复杂，氟在湿法磷酸中的赋存形态与脱除机制不清晰，致使脱氟停留时间较长，能耗较高，深度脱除的效率较低。

5.5.2.4 吸附法回收磷酸中氟

吸附法是利用材料的吸附作用实现磷酸中氟的吸附。目前吸附剂主要有活性氧化铝、活性炭和沸石等。活性氧化铝的主要有效成分为水合氧化铝，比表面积大，具有多孔结构，是目前比较有效的氟吸附剂，其吸附氟的能力和溶液的 pH 值及氧化铝颗粒大小有关。当 pH 值为 5 ～ 6 时吸附能力较强；颗粒越小，吸附能力越强，一般认为活性氧化铝的吸附既有物理吸附又有离子交换。活性炭和沸石吸附主要是利用其多孔结构进行吸附，主要包括外扩散和内扩散两个过程，可有效吸附氟。严远志等 [51] 以工业湿法磷酸副产的氟硅酸为原料合成的 Si/Al-MCM-41 分子筛作为湿法磷酸的吸附脱氟剂，考察了吸附时间、吸附温度、固液比、分子筛硅铝比和磷酸浓度对分子筛脱氟的影响。结果表明，在常温下，吸附时间为 30min、固液比为 1∶50、分子筛硅铝比为 9 时，吸附氟的效果明显，脱氟率可达 56.67%。随着磷酸浓度的增加，MCM-41 分子筛的脱氟率增大。但总体来说，吸附法用于湿法磷酸的氟的脱除与回收面临如下挑战：强酸体系下吸附剂的适应性、吸附剂用量、吸附剂成本及吸附剂的循环利用问题。

5.5.2.5 固相氟的回收

湿法磷酸生产中 20% ～ 30% 的氟流入固相中，主要进入磷石膏 [52]。磷石膏中的可溶氟主要以氟和氟硅酸根离子的形式存在，不溶氟主要以氟化钙、氟硅酸钠(钾)等形式存在。含有可溶性氟致使磷石膏建材制品强度低、易析出，严重限制了磷石膏的规模化、资源化利用；此外，磷石膏堆存在渣库导致氟资源的浪费与潜在的环境风险。国内外对磷石膏中氟的脱除与回收开展了大量研究。Zhang 等 [53] 采用石膏调浆-石灰-母液循环预处理技术能有效脱除磷石膏中 76.20% 的水溶氟，氟可降至

0.043%，满足 GB/T 23456—2018《磷石膏》的二级品指标限值要求。李兵等[54]利用电石渣固化磷石膏中的水溶性氟，在电石渣添加量为 0.8g（200g 磷石膏）、反应时间为 2h、反应温度为 30℃条件下，磷石膏中水溶性氟基本被固化。李展等[55]采用石灰中和法和酸浸法研究了磷石膏中氟的脱除规律，并利用 SEM（扫描电镜）、FTIR（傅里叶变换红外光谱仪）、XRD（X 射线衍射）研究了氟脱除过程中磷石膏微观形貌、表面基团和物相组成的变化，认为碱性条件会抑制 CaF_2 的生成，因此添加石灰至溶液为中性时，氟的脱除效果较佳，过量的石灰会导致溶液碱性增强，从而阻碍可溶氟的脱除。Wu 等[56]采用电石渣或石灰作为磷石膏的碱基中和剂，聚合硫酸铁或聚合氯化铝作为定向凝固稳定剂，进行了磷石膏的稳定性混合后 1d、3d、5d、15d 浸出毒性实验，结果表明，该方法效果良好，在浸出 pH 值为 6 ～ 9 时，浸出液中氟小于 10mg/L，满足国际标准要求，并通过机理分析表明，有毒物质的固结是由于不溶性物质的产生、吸附和封装，很好地实现了磷石膏中氟的固化。Xie 等[57]采用硫铝酸盐水泥制备了酸化硫铝酸盐水泥复合材料，其对氟的去除率较高，氟的产物是萤石（CaF_2）、氟化铝（AlF_3）和三氟化铁（FeF_3）；同时，酸化硫铝酸盐水泥复合材料可以使磷石膏渗滤液在较宽的浓度范围内均能得到有效的处理，浸出液中氟化物含量均低于 4mg/L。Xiang 等[58]利用酶诱导碳酸盐沉淀的新方法，用改性嗜酸菌溶液去除磷石膏中的氟，结果表明：当微生物诱发碳酸盐沉淀与酶诱导碳酸盐沉淀的比例为 2 : 1 时，F 的去除率最高，达到 72.87% ～ 74.92%。上述技术均是采用固化的方法脱除氟，但稀缺且宝贵的氟资源未回收利用。基于上述情况，云南磷化集团有限公司与昆明理工大学共同开展了磷石膏原位净化方面的研究，开发了新鲜二水磷石膏在调晶剂协同作用下，细晶溶解、原位再结晶新方法，揭示了磷、氟对亚稳期磷石膏晶体成核与成长的影响机制，首次开发了磷石膏原位深度净化技术，并基于该技术开发了溶解再结晶串级稳态结晶器与"1+2"深度逆流净化器。净化后水溶性氟杂质含量由 0.2% 降至 0.01% 以下，净化液返回湿法磷酸萃取装置，在提高磷石膏品质的同时，同步实现氟资源的回收利用，目前该技术已在全国大范围推广应用。

5.6

磷石膏的利用

　　磷石膏是指在磷酸生产中用硫酸处理磷矿时产生的固体废渣。磷石膏外观为黄白色、浅灰白色或黑灰色细粉状固体，主要成分为$CaSO_4 \cdot 2H_2O$，其质量分数通常在85%以上，与天然石膏相似。新鲜磷石膏pH值为1.5～4.5，呈酸性，含游离水20%～30%；黏性较强，堆积密度1000kg/m³，与水相当。此外还有多种其它杂质，主要为Si、F、P、K、Na等[59]。

　　工业副产石膏特别是磷石膏的利用一直是业内共性难点问题。磷石膏目前主要应用于建筑、化工、农业三大领域。

　　目前全球累计堆放磷石膏约60亿吨，每年仍有1.5亿吨量的新增排量。

　　中国磷石膏历史堆存量大，据中国磷复肥工业协会统计，截至2020年，中国已累计堆存磷石膏超过8.3亿吨，且每年新增约7500万吨。随着磷石膏资源化利用技术的逐渐成熟，部分关键共性技术得以突破与应用，主要以水泥缓凝剂及各类建材产品等初级化利用途径为主[60]。表5-4给出了近年磷石膏产生、利用情况及磷石膏不同综合利用途径利用量变化情况。由表可见，2018～2020年间中国磷石膏综合利用水平有了较为明显的提升。2020年，水泥缓凝剂用量最大，约占磷石膏利用量的30%；其次为外供或外售，约占25%；各类建材产品，如石膏板、石膏砖、石膏砌块、建筑石膏粉等，约占20%；此外还有少量用于磷石膏土壤调理剂、磷石膏制硫酸等应用途径[61]。其中，2022年，利用量约3600万吨(含矿井充填)，综合利用率约为48%[62]。

　　生态环境部印发的《长江"三磷"专项排查整治行动实施方案》指出：磷石膏库整治重点实现地下水定期监测，渗滤液有效收集处理，回水池、拦洪沟、排洪渠规范建设，以及磷石膏的综合利用。2021年3月18日，

表5-4 我国磷石膏综合利用量各途径占比

项目	2018 年	2019 年	2020 年	2021 年	2022 年
磷石膏产生量/万吨	7800	7500	7500	8000	7510
磷石膏利用量/万吨	3100	3000	3400	3650	3600
利用率/%	39.74	40.0	45.3	45.6	48
各应用途径用量占比/% 水泥缓凝剂	29.8	34.6	29.06	27.43	30.14
外供或外售	26.8	24.2	24.65	24.89	26.69
石膏板	15.5	11.6	7.06	7.01	15.73
筑路或充填	13.1	14.3	9.82	10.1	13.24
制硫酸	4.6	2.4	2.44	3.26	3.89
建筑石膏粉	3.5	5.7	11.56	10.45	4.34
石膏砌块和石膏砖、凝胶材料	3.4	2.5	1.65	1.68	1.87
生态修复	—	—	12.53	13.98	2.8
其他	3.3	4.7	1.23	1.20	1.3

国家多部委联合出台《关于"十四五"大宗固体废弃物综合利用的指导意见(发改环资〔2021〕381 号)》,积极引导、鼓励大宗固废综合利用,并提出"到 2025 年,大宗固废的综合利用能力显著提升,利用规模不断扩大,新增大宗固废综合利用率达到 60%,存量大宗固废有序减少"的"十四五"规划目标。国务院印发的《2030 年前碳达峰行动方案》明确指出:"在确保安全环保前提下,探索将磷石膏应用于土壤改良、井下充填、路基修筑等。"国家已不支持新建、扩建磷石膏渣库,磷石膏资源化综合利用势在必行,迫在眉睫。

5.6.1 磷石膏用于生态修复与矿山充填

生态修复与矿山充填是国内磷石膏大规模利用的关键途径。无害化预处理后用于矿山生态修复回填治理、矿井充填,能解决大宗固废大规模利用、堆置占地、环境污染及资源损失、采空区治理、地压灾害和地表塌陷等问题。2019年6月，安徽六国化工股份有限公司对磷石膏进行无害化处理后，用于铜陵市长龙山伯乐矿业废弃矿坑生态修复回填治理，修复了伯乐矿业开采破坏的生态环境，伯乐矿业废弃矿坑生态修复利用量约180万吨、利用率占比达27.4%。2019年，中国电建集团贵阳勘探设计研究院有限公司和贵州开磷集团股份有限公司合作研发的"磷石膏基植生材料技术研发"项目完成室内试验及室外模拟试验，2020年3月完成了"穿岩洞矿段明采矿段废矿排土场顶部区域示范场地"实验，初步形成了《磷石膏基植生材料生态复绿标准》（企业标准），后期将以该标准为技术指引，实施"瓮福磷矿穿岩洞边坡防护及绿化"技术研究及工程化应用。贵州开磷集团股份有限公司把磷石膏无害化处理后用于井下充填已有10多年，2020年其磷石膏综合利用量931.6万吨，用于矿井充填322.53万吨，占比34.62%，该技术曾获国家科技进步二等奖。贵州省颁布了《磷矿开采磷石膏充填采矿技术规范》（DB52/T 1179—2017）地方标准。2019年10月22日，贵州川恒化工股份有限公司和北京科技大学共同开发的"半水磷石膏改性胶凝材料及充填技术"被中国石油和化学工业联合会专家委员会鉴定为"国际领先水平"，建议加快推广应用。磷石膏作为生态修复与矿山充填材料的关键是杜绝磷石膏有毒有害元素对生态环境的影响。

5.6.2　磷石膏用于水泥缓凝剂

磷石膏生产水泥缓凝剂可完全替代天然石膏与脱硫石膏，是大量消纳磷石膏的主要途径之一。磷石膏生产水泥缓凝剂技术成熟，产品可达到《改性磷石膏水泥缓凝剂》（DB53/T 396—2012）要求，使用量为水泥熟料质量的3%～5%。2020年，全国磷石膏利用量3400万吨，用于水泥缓凝剂988万吨，占全国磷石膏利用量约29%[63]。但用于水泥缓凝剂附加值低，物流成本高，缺乏经济性，加之我国建筑高峰期已过，消耗量会逐渐减少。

5.6.3 磷石膏用于建筑材料

磷石膏在建材上的应用，主要是替代天然石膏生产建筑所需的石膏板、石膏砌块、石膏砖、石膏砂浆、石膏粉等石膏建筑材料。磷石膏基建筑石膏是以磷石膏为原料进行煅烧加工制备而成，主要成分是半水硫酸钙，是生产石膏基建材的基料。磷石膏应用于基建墙体与装饰技术较为成熟，其中石膏砌块和石膏板材市场应用最为广泛，需求量最大。

5.6.3.1 磷石膏制 β 半水石膏粉

半水硫酸钙主要有 α 型半水硫酸钙和 β 型半水硫酸钙两种。α 型半水硫酸钙结晶较完整，分散度较低；β 型半水硫酸钙结晶度较差，分散度较大，呈片状微粒晶体形态。实际运用中，α 型石膏粉制成的制品具有结构致密、强度高、需水量小等特点，α 型石膏粉广泛用于装饰模具、卫生医疗、精密铸造及陶瓷工业等工业及民用领域。β 型半水硫酸钙水化速度快、水化热高、需水量大，硬化体的强度较 α 型低。β 半水熟石膏粉价格较低，主要用于进一步大规模加工生产板材、砌块等石膏类建材。

原料磷石膏的品质、净化处理以及焙烧生产过程，决定了建筑石膏粉及其下游各类石膏基建材产品的质量。低成本生产高品质建筑石膏粉，其生产工艺和设备技术是关键。磷石膏由于含有可溶性磷、氟、碱金属盐、有机质、共晶磷等，制约了 β 半水石膏粉的质量，若不进行净化处理，其制品会出现盐析、泛霜以及潮湿环境中出现发霉等问题。

磷石膏制 β 半水石膏粉流程为：新鲜磷石膏用装载机铲至生料斗，经皮带运输机输送到生料破碎机，破碎后的磷石膏运送到振动筛，筛分过的磷石膏运送到锤式气流烘干机，经重力沉降和布袋除尘器气固分离，分离后的磷石膏经二次破碎后再经提升机输送到石膏粉沸腾炉进行煅烧，然后降温、磨机改性后由提升机输送到成品仓，成品仓分别配置散装系统和袋装系统用于罐车装货和平板车装货运出。

云南磷化集团有限公司与昆明理工大学共同针对磷石膏存在水溶磷、水溶氟高，二水石膏转化为β半水石膏粉欠烧或过烧现象，创新性提出以深度原位净化磷石膏为原料，硫酸余热为热源，开发干燥、脱水两段新方法，生产出高品质稳定的磷建筑石膏与石膏制品。

5.6.3.2 磷石膏制石膏板及石膏线条

随着生态环境保护力度不断加大，天然石膏开采受到限制，磷石膏、脱硫石膏等工业副产石膏逐渐替代天然石膏生产纸面石膏板、无纸面石膏板、石膏线条。

纸面石膏板是市场需求量很大的一种建材产品，具有质轻、耐火、隔热、保温、隔声、施工成本低等诸多优点，广泛应用于建筑装修装饰。目前国内用于房屋吊顶装饰装修的石膏板产品占比高达 70% 以上，而用于建筑隔墙的石膏板产品占比仅 30% 左右。国内隔墙建造，目前仍以加气混凝土砖、块等传统建材为主，反观欧美等发达国家，石膏板产品主要用于建筑隔墙，占比高达 80% 左右，用于房屋吊顶装饰装修占比不足 20%。我国纸面石膏板的生产和消费主要集中在东部沿海和中部经济发达地区以及全国各大中型城市，西部地区、小城镇以及乡村的使用量还比较少，存在区域生产、消费不均衡的现象。纸面石膏板是以β半水石膏粉为主要原料，加入纤维、少量添加剂和水搅拌后，连续浇筑在两层护面纸之间，然后经过成型、封边、凝固、切断、干燥而成的一种轻质建筑板材。按其功能可以分为普通、耐水、耐火以及耐水耐火纸面石膏板四种。

无纸面石膏板即纤维石膏板（或称石膏纤维板），是一种表面无护面纸的石膏板产品，广泛应用于建筑装修装饰等领域，其应用涵盖了纸面石膏板的全部范围，具有很大的市场发展空间。其生产工艺技术与纸面石膏板类似，只是不再设置纸面，因此对原料石膏粉的强度要求较高，尤其是大尺寸规格的产品，一般需要采用高强度石膏粉作为原料。无纸面石膏板产品质量标准，参照《无纸面纤维增强石膏板认证技术规范》

（中国建筑标准设计研究院 CBSC-CC02-2013）执行。

石膏线条是市场需求量较大的一种建材产品，具有质轻、耐火、隔热保温、隔声、施工成本低等诸多优点，并能起到美观、豪华的装饰效果，广泛应用于建筑装修装饰，具有较大的市场发展空间。石膏线条生产技术：将 β 半水石膏粉和各种添加剂按一定比例与水混合均匀，灌入不同尺寸型号的模具，并加入一定比例的纤维以增加韧性，经固化、晾晒或烘干后，得到产品。产品表面可设计各种花纹，主要安装在天花板以及天花板与墙壁的夹角处等位置，起到美观装饰效果，其内可设置水管、电线等。产品主要包括不同尺寸的角线、平线、弧线等等。目前，石膏线条执行的相关产品质量标准有：《石膏装饰条》（JC/T 2078—2011），《石膏空心条板》（JC/T 829—2010），《建筑用轻质隔墙条板》（GB/T 23451—2023）。

5.6.3.3　磷石膏制砌块与免烧砖

石膏砌块在世界范围内用量占内墙材料总量的 30% 以上，可广泛应用于住宅、办公楼、酒店等场所，全世界有 60 多个国家生产和使用石膏砌块，其中欧洲是生产应用较多的地区。石膏砌块在干燥环境应用比较成熟，但其耐水、防潮性能不佳，一般不用于卫生间、厨房等潮湿环境装修。2004 年，国家将石膏砌块定为"绿色环保材料"，推出了相关的免税政策。2008 年财政部与国税总局联合发布了《关于资源综合利用及其他产品增值税政策》，石膏砌块被住房和城乡建设部列入了住宅推荐墙体材料。2010 年，国家制定了建材行业标准《石膏砌块》（JC/T 698—2010）。2015 ～ 2020 年，我国石膏砌块产能和产量均呈高速发展态势，2018 年产量超过 2600 万平方米；山东、河北、贵州等地石膏砌块发展迅速。但利用磷石膏作砌块的发展缓慢。

磷石膏砖和路沿石也是应用广泛的墙体材料和道路、广场等铺路材料。根据生产工艺不同，磷石膏砖可分为烧结砖和免烧砖两种。

5.6.3.4　磷石膏制自流平砂浆

自流平砂浆是一种特殊砂浆，由胶凝材料、骨料及化学外加剂等组成，具有良好的流动性及稳定性，劳动强度低，早期强度高，施工速度快，广泛地应用于各种大型建筑领域，如学校、医院、工厂、商店、公寓、办公楼等地面找平施工。自流平砂浆根据胶凝材料的不同，可分为水泥基和石膏基两种类型。

自流平石膏是由高强石膏、细骨料(石英砂)、水泥、减水剂、缓凝剂、激发剂、消泡剂均匀混合而成的专用于室内地面找平的干粉材料。20 世纪 60 年代，欧洲开始采用石膏基地坪材料；我国自流平石膏起始于 20 世纪 90 年代，且受限于技术、成本而进展缓慢。近年来，建材企业用脱硫石膏、磷石膏等替代硬石膏，研发石膏基自流平砂浆，大大降低了生产成本，相关技术日趋成熟。陈正强等 [64] 公开了建筑材料领域的一种 β 磷石膏基自流平砂浆，其配方为：β 半水磷石膏粉 55 ～ 62 份，硅酸盐白水泥 1 ～ 3 份，石英砂 35 ～ 40 份，有机硅防水剂 0.15 ～ 0.25 份，乳胶粉 0.3 ～ 0.8 份，减水剂 0.2 ～ 0.4 份，消泡剂 0.15 ～ 0.3 份，植物蛋白缓凝剂 0.1 ～ 0.25 份，黏度 20 万个单位以上的纤维素 0.1 ～ 0.3 份。得到的 β 磷石膏基自流平砂浆具有强度高、流动性好、施工性好、耐水性好、不起泡、不分层、环保节能等优点。未来，在建筑物地面找平、修补、装饰方面，自流平砂浆必定堪当大用。

5.6.4　磷石膏作填料

净化提质磷石膏替代传统填料和添加剂，可广泛应用于塑料、橡胶、涂料、造纸等行业。我国塑料、橡胶、造纸、涂料等行业产能巨大，在生产过程中均大量使用重质 / 轻质 $CaCO_3$ 和 $BaSO_4$ 等填料作为"骨料"，增强产品的刚度及韧性，降低生产成本。磷石膏净化、焙烧制备得到无水 Ⅱ 型石膏，通过表面改性处理，制备的石膏基粉体功能材料，具有较好的分散性，熔点高达 1450℃，热稳定性好，吸油值低，抗渗色性好，耐酸、耐蚀性好，比传统碳酸钙等无机填料具有较多优势。

① 磷石膏用于塑料填料。中研普华产业研究院《2020—2025 年中国日用塑料制品行业供需分析及发展前景研究报告》数据显示：我国多种塑料及其制品产量居全球首位，2020 年塑料制品产量达到 3.67 亿吨。塑胶厂生产色母粒，目前使用的填料主要是重质 / 轻质 $CaCO_3$ 和 $BaSO_4$。我国碳酸钙产业已形成千亿吨的市场规模，不同用途的塑料制品中添加碳酸钙的比率一般在 15% ~ 65%，可见各种填料是碳酸钙的主要消耗渠道之一。以磷石膏净化焙烧制备的无水Ⅱ型或 α 型石膏替代一部分碳酸钙，尤其是重质碳酸钙填料，潜在市场空间较大。

② 磷石膏用于涂料填料。根据《2020 年中国涂料行业市场现状及发展前景分析》，2019 年我国涂料产量已达 2438.8 万吨，年均增长率 9.27%。2025 年产量规模或将近 2700 万吨。涂料生产中使用的填料主要是重质 / 轻质 $CaCO_3$、滑石粉、透明粉（几种非金属矿物的混合物）等，使用量较大。碳酸钙应用于油墨，能使漆膜光泽清晰、持久、半透明，印刷色调优雅、均匀，降低生产成本。磷石膏在涂料行业的应用研究较多，也有部分针对纸张涂布颜料和金属高温涂料的研究。在应用上，主要集中在建筑涂料。将 800℃焙烧磷石膏的产物与高炉矿渣以 1:1 的比例混合均匀后，作为干粉涂料的填充物。水性油漆填料起到填充骨架作用，增加漆膜厚度，使漆膜丰满坚实，调节改善其增稠、防沉淀、磨蚀、消光等性能，提高漆膜机械强度、耐磨性、耐久性和光学性能，改善漆膜外观和粒径、白度和吸油值等。

③ 磷石膏用于保温隔热高分子填料。聚氨酯保温隔热材料的填料主要是重质 / 轻质 $CaCO_3$，色泽方面要求较低，根据不同产品的强度要求，填充物用量比例在 30% ~ 40%。贵诚集团开展了磷石膏在高分子材料中的应用研究，将磷石膏提质改性焙烧后，代替碳酸钙作为树脂等复合材料的填充骨料，能增强产品的刚度及韧度。

④ 磷石膏制晶须替代造纸填料和部分纸浆。我国是世界造纸生产和消费大国，每年纸浆、纸及纸板和纸制品的产量逐年增加，预计到

2025 年，中国纸和纸板需求量将达到 16500 万吨；包装用纸需求量将达到 1000 万吨；瓦楞原纸需求量将达到 4700 万吨。与之不相匹配的是，我国的纸浆原料大量依赖于进口，原料缺口很大。而将二水石膏制备高长径比、高强度和高弹性模量的石膏晶须，并替代纤维进行纸张造纸，这不仅解决了作为工业废弃物的磷石膏大量堆放而污染环境、占用土地等问题，还减少纸浆的消耗，带来可观的经济效益。田泽杉[65]通过对二水石膏和半水石膏的过饱和度比与甘油影响体系水分活度的理论研究，得到不同甘油-水比例下二水石膏转化为半水石膏晶须所需的温度曲线；在体积比 4∶6 的低甘油-水溶液中，固液比(质量比)为 3.5% 的二水石膏在 98℃下反应 45min，NaCl 的最佳加入量为原料质量的 6%、晶种的最佳加入量为原料质量的 15%，在最佳制备条件下，可得到平均长度为 240μm、平均长径比为 190 的石膏晶须。将溶解度为 3.8g/L 的半水石膏晶须在 600℃下煅烧 1h 转化为 0.33g/L 的无水石膏晶须，平均长度降低至 185μm，平均长径比降低至 164；使用六偏磷酸钠对无水石膏晶须在 40℃、300r/min 下改性 3min，溶解度降至 0.077g/L，平均长度降至 165.4μm，平均长径比降至 141；使用 γ-氨丙基三乙氧基硅烷对无水石膏晶须在 80℃、400r/min 下改性 30min，溶解度降至 0.098g/L，平均长度降至 148.5μm，平均长径比降至 128；使用吐温 80 对无水石膏晶须在 60℃、200r/min 下改性 30min，溶解度降至 0.14g/L，平均长度降至 183.5μm，平均长径比降至 160。γ-氨丙基三乙氧基硅烷改性后的晶须替代 60% 的 45°SR 针叶木浆所抄造纸张的力学性能高于其它晶须；该改性晶须替代 50% 纤维所抄造的纸张，仅有不透明度略低于 GB/T 30132—2013；阳离子淀粉相较于其它助剂可以明显提高晶须-纤维纸张的力学性能，并使纸张不透明度满足标准要求，最佳抄造工艺为 1.5%(质量分数)的阳离子淀粉与纤维混合在 250r/min 下搅拌 45s 后加入晶须抄纸，所抄造 60g/cm² 的晶须-纤维纸张完全满足 GB/T 30132—2013 中对胶印书刊纸的力学和光学性能的要求。石膏晶须的价格为 4000～6000 元/t，属于高附加值新型无毒无机纤维材料，具有耐腐蚀、耐高温、强度高、韧性好、白度高等特点，除应用于造纸外，还可应用于沥青改性(添加量为

2%～10%)、废水处理等方面。

5.6.5　磷石膏作筑路材料

磷石膏加工的筑路材料应用于公路水稳层，可以消耗大量磷石膏，是提高磷石膏利用率的主要途径之一。

美国佛罗里达大学和迈阿密大学研究发现，黏土砂和磷石膏用于公路筑路，能获得良好效果。2015年俄罗斯PhosAgro公司开发了一种基于磷石膏的简化施工工艺，在低交通密度的城市居民区，用作通用道路和街道的路基底层。国内唐庆黔等就磷石膏应用于路基路面工程的可行性、力学性能进行了研究，试验路堤施工中发现磷石膏对水敏感，未碾压的磷石膏遇雨水饱和后性质类似弹簧土无法压实，施工时必须严格控制含水率。2016年，云南交通职业技术学院、交通运输部公路科学研究院、昆明理工大学、安宁市交通运输局、云南天安化工有限公司等单位合作，开展了磷石膏制备改性筑路材料应用于公路工程的研究；2019年，云南云天化股份有限公司牵头，与云南省公路研究院合作，在易武高速九场辅道，采用磷石膏制备的筑路材料作为路基基层，铺设了一段400m试验路段，运行正常；同年，云南天安化工有限公司、云南天鸿化工工程股份有限公司与云南省公路科学技术研究院合作，在云南天安化工有限公司内部分别铺设了202m、145m两个试验路段，铺设厚度35cm；2020年9月，云南省交通投资建设集团有限公司牵头，在姚楚高速公路铺设了一段500m试验路段，铺设厚度39cm，这些道路运行后未发现异常。

2020年，由四川龙蟒新材料有限公司作为牵头单位，开展《磷石膏基公路基层材料技术规程》团体标准编制工作，该标准目前已完成立项申请、公示。

受制于暂无大规模应用的成功经验，以及无环保等行政许可和相关政策支持、标准缺失等多方面因素，我国磷石膏作为筑路材料尚未进入市场化推广阶段。磷石膏应用于筑路材料，关键是通过添加一定比例的碱性胶凝材料和其它添加剂，中和其中的酸，降低溶解度，提高材料的软化系数、耐水性、压实密度、强度和耐久性，同时，解决水溶性磷、氟和重金属等限量杂质的去除或固定问题，确保长期使用过程中物理化学性质稳定，在含水率较高情况下，不会出现软化而导致路基下沉等问题，杜绝有害杂质释放带来的环保风险。

5.6.6 磷石膏作土壤调理剂

磷石膏含有丰富的钙、硫元素及硅、锰、锌等微量元素，具有促进作物生长和增产作用。磷石膏用作土壤调理剂对作物和环境安全已开展过大量试验研究和应用。20世纪80～90年代间，化工部化肥司等进行了磷石膏田间土壤改良实验，作物增产效果明显，最高可达200%，且后效明显，可持续2～3季作物。江苏盐城沿海地区农科所进行连续性磷石膏农用试验，已有近100万亩耕地得到改良。云南农业大学、云天化集团有限责任公司和多个地州农科所等单位联合开展"磷石膏土壤调理剂的机理研究与应用"研究的报告显示：磷石膏作为土壤调理剂使用，具有促进生长和增产作用。甘肃金昌2020年前后，建立了20万吨/年磷石膏土壤调理剂生产装置，在磷石膏中加入腐殖酸等，已实现产品生产与销售。

磷石膏土壤调理剂产品应符合国家农业行业《土壤调理剂 通用要求》(NY/T 3034—2016)和国家化工行业标准《磷石膏土壤调理剂》(HG/T 4219—2011)要求。磷石膏在特定土壤、农作物上的应用效果是显著的，主要应用于盐碱地改良对硫有需求的作物。云南云天化股份有限公司2012年在云南6个不同地点的红壤、紫色土、石灰性土壤等3种土壤类型上进行了玉米、马铃薯、甘蔗、油菜、大豆等5种作物大田试验，结果表明磷石膏对马铃薯、大豆、玉米、甘蔗、油菜等作物具有一定的增产作用，其中大田玉米增产3.74%，马铃薯增产21.09%(达显著水平)，甘蔗增产 17.9%（达显著水平），盆栽大豆增产 18.17%（达显著水平），油菜增产 16.4%（达显著水平）。但 2020 年，全国范围内磷石膏作为土壤调理剂的利用仅为磷石膏总用量的 0.71%；一直停留在试验研究阶段，难以大规模推广使用，关键在于磷石膏作为土壤调理剂如何进行前处理确保生态环境和施用效果的统一，获得磷石膏对作物、土壤、生态的评价数据。许金辉等[66] 综述了磷石膏堆场对土壤酸碱性、微生物含量、有机质含量、土壤肥力、土壤质地和结构均有不同程度的影响，磷石膏堆场附近土壤浸出液 pH 值为 3.7，属于强酸性土壤；土壤中的细菌和放线菌适宜在中性或偏碱性的环境下生存，而土壤的 pH 值过高和过低都会影响微生物的活性；在磷石膏堆场附近土壤中，由于微生物活性的降低，从而导致土壤结构性变差、黏重，土壤水、气、热不协调，土壤有机质富集、保肥、供肥能力也会相应降低。

5.6.7　磷石膏与天然石膏、脱硫石膏制品的比较

天然石膏是自然界中蕴藏的石膏矿产，主要为二水石膏和硬石膏。我国石膏矿产资源储量丰富，已探明的各类石膏保有储量约为 704.3 亿吨，居世界首位，分布于 23 个省、自治区、直辖市。其中硬石膏占总量的 60% 以上，作为优质资源的特级及一级石膏，仅占总量的 8%，其中纤维石膏仅占总量的 1.8%。天然石膏在地区分布上，以山东石膏矿最多，占全国储量的 65%；山东、山西、河北、湖南、湖北、甘肃、宁夏、青海、内蒙古、四川、云南等省、自治区石膏生产自给有余；江苏、广西、安徽、陕西、新疆等省、自治区石膏生产基本自给；广东、河南、贵州、辽宁、吉林等省石膏生产自给不足，需部分从外省运进。黑龙江、浙江、福建、江西和海南等省几乎全部依靠外省运进。天然石膏具有硅含量高、白度高等特点，适宜制作石膏板、抹灰石膏粉、石膏装饰材料。如果用于医用或模具方面，则存在颗粒不均匀、细腻度不够的缺陷。目前我国一方面天然石膏矿山小、散、乱，对局部地区造成粉尘污染，影响生态

环境；另一方面，合成石膏量达 1.5 亿吨以上，大部分堆存，造成环境污染。

脱硫石膏主要成分和天然石膏一样，均为二水硫酸钙（$CaSO_4 \cdot 2H_2O$），含量 ≥ 93%，是湿法脱硫的副产品，即以石灰-石灰石回收烟气中的二氧化硫反应生成硫酸钙及亚硫酸钙，亚硫酸钙经氧化转化成硫酸钙得到的工业副产物，因为其来源于脱硫的副产物，故称为脱硫石膏。2020 年脱硫石膏的产量达到 1.47 亿吨。脱硫石膏相对于磷石膏而言，具有 $CaSO_4$ 纯度高、杂质含量低的特点，其综合利用率达到 74%，远高于磷石膏利用率。脱硫石膏同属于国家鼓励的工业副产石膏综合利用范围，但烟气脱硫技术多种多样，随着脱硫技术的不断发展和完善，火电规模逐步下降，加之双碳降煤耗目标，脱硫石膏将逐渐减少，但在长期一段时间内，脱硫石膏仍是磷石膏利用最大的竞争产品。

磷石膏相对天然石膏、脱硫石膏品质较差，新鲜磷石膏 pH 值为 1.5 ～ 4.5，呈酸性，含有 Si、F、P、K、Na 等其他杂质，特别是水溶磷、水溶氟、共晶磷对磷石膏建材的强度影响最大。可溶磷对磷石膏性能影响最大。可溶磷含量取决于磷石膏的洗涤过滤工艺，一般为 0.3% ～ 0.8%。可溶磷在磷石膏中分布不均匀，含量随磷石膏颗粒度的增大而增大；可溶磷被磷石膏中的二水石膏晶体所吸附，分布于二水石膏晶体表面，水化时可溶磷与溶液中 Ca^{2+} 反应生成难溶的 $Ca_3(PO_4)_2$ 附着于石膏表面，阻碍石膏的进一步溶出和水化，使磷石膏凝结时间延长、结构疏松、强度降低。共晶磷是由于 HPO_4^{2-} 同晶取代部分 SO_4^{2-} 进入 $CaSO_4$ 晶格而形成的，一般为 0.2% ～ 0.8%；含量随磷石膏颗粒度的增大而减小。水化过程中，共晶磷从晶格中溶出，与溶液中 Ca^{2+} 反应生成难溶的 $Ca_3(PO_4)_2$ 阻碍半水石膏水化，使二水石膏晶体粗化，强度降低。可溶氟有促凝作用，会显著降低磷石膏的强度。因此，磷石膏的利用，首先要消除其杂质对后续产品性能的影响，需要对磷石膏进行预处理，如水洗、碱中和、提纯除杂等，使得磷石膏的利用相对天然石膏、脱硫石膏工艺更为复杂，成本更高。

5.6.8　磷石膏制酸

磷石膏制硫酸联产水泥（或熟料）是一条硫、钙循环的有效途径，硫制成硫酸，循环到湿法磷酸分解磷矿，钙作为水泥活性组分进入建材行业。目前，国内磷石膏制硫酸联产水泥主要有三种工艺技术：单段回转煅烧窑工艺（M-K 法）技术、预热器回转窑工艺（O-K 法）技术及"流化态还原-回转窑煅烧"两段法工艺技术。采用单段回转煅烧窑工艺技术，云南磷肥厂、鲁北化工、东方化工等企业建成共计七套装置，连续运行多年，技术可行；但该工艺是在同一个回转窑内，同时完成煤炭对磷石膏的还原分解及其产物硫化钙的氧化煅烧两个主要过程，存在窑内不同段的气氛难以控制、煤耗和能耗最高、窑气净化流程长、装置投资大、生产成本高、SO_2 气浓低等问题；该技术已被淘汰。正在使用的是预热器回转窑工艺技术。

5.6.8.1　悬浮预热回转窑技术

鲁北化工磷石膏制硫酸与水泥装置是典型的预热器回转窑工艺技术。"年产 15 万吨磷铵、副产磷石膏制 20 万吨硫酸联产 30 万吨水泥"装置采用半水烘干石膏流程，单级粉磨，四级悬浮预热器窑分解煅烧（回转窑为两个并列设备、硫酸为一个系列），封闭稀酸洗涤净化，两转两吸工艺。由三大部分组成：磷铵生产排放的废渣磷石膏分解为水泥熟料（含 CaO 等的矿物质）和 SO_2 窑气；水泥熟料与锅炉排放的煤渣和盐场来的盐石膏等配制水泥；SO_2 窑气制硫酸，硫酸返回用于生产磷铵。硫在装置中循环使用，整个生产过程没有固体废物排出。

磷铵副产磷石膏悬浮预热回转窑制硫酸联产水泥技术工艺过程见图 5-30。

鲁北化工磷石膏制 20 万吨 / 年硫酸联产 30 万吨 / 年水泥装置的主要设备见表 5-5。

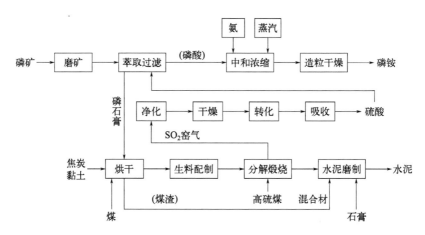

图 5-30　磷铵副产磷石膏悬浮预热回转窑制硫酸联产水泥技术工艺过程

表5-5　鲁北化工磷石膏制20万吨/年硫酸联产30万吨/年水泥装置的主要设备

序号	名称	规格	台数
1	矿浆磨	直径 3m，长 11m	1
2	萃取槽	内直径 8.5m，高 6.9m，V=326.68m³ 搅拌桨：上层桨叶四片，直径 2.8m	3
3	盘式过滤机	PF80，后翻式 $F_{总}$=80m² $F_{有效}$=70m² 转速 $n = 0.1 \sim 0.6$r/min	2
4	喷浆造粒干燥机	直径 4.75m，长 18m 筒体斜度 2% 转速 n=4r/min	1
5	磷石膏烘干机	直径 4m，长 32m 高效回转式、顺流	2
6	生料磨	直径 3.2m，长（7+1.8）m 尾卸，烘干兼粉碎磨，配套旋风式选粉机	1
7	回转窑	直径 4m，长 75m 配套预热器	2
8	冷却机	直径 2.8m，长 28m 单筒	2
9	水泥磨	直径 3m，长 11m 配套高效选粉机	1
10	水泥包装机	回转式	1

序号	名称	规格	台数
11	窑气冷却塔	直径 6.4m，高 15.2m 内衬铅、砖	1
12	干燥、吸收塔	内直径 5.2m，高 18m 内装填料，衬砖	3
13	SO_2 风机	风量 2600m³/min 风压 38000Pa	2
14	转化器	直径 9.8m，高 18.6m 内装催化剂，衬砖	1

主要生产控制参数：

① 磷石膏（二水基）。

$SO_3 \geqslant 40\%$、$CaO \geqslant 30\%$、$SiO_2 \leqslant 8.5\%$、$P_2O_5 < 1.0\%$、$F < 0.35\%$。

② 焦炭。

$C \geqslant 60\%$、挥发性成分 $V_{ad} < 5\%$；焦炭的灰分熔点须高于 $CaSO_4$ 的分解温度。

③ 熟料。

$CaS < 2\%$、$SO_3 < 2\%$、$f_{CaO} < 2\%$。

④ 硫酸。

硫酸转化器进口 SO_2 6.5% ～ 7%；硫酸转化率 $\geqslant 99.1\%$；硫酸吸收率 $\geqslant 99.0\%$；产品酸浓度 93% ～ 94%。

主要能源消耗指标见表 5-6。

表5-6 鲁北化工磷铵副产磷石膏制硫酸联产水泥主要能源消耗指标

装置名称	项目	单耗指标
硫酸	电耗 /（kW·h/t）	85
水泥熟料	原煤 /（t/t）	0.3
	焦沫 /（t/t）	0.1
	电耗 /（kW·h/t）	72
	综合能耗 /（kg/t）	153
水泥	电耗 /（kW·h/t）	30
	综合能耗 /（kg/t）	100

硫酸产品质量见表 5-7。

表5-7　硫酸产品质量

浓度 /%	灼烧残渣 /%
93.01	0.042

鲁北化工可以稳定生产 425 号或 525 号水泥，其典型的水泥质量见表 5-8。

表5-8　典型水泥产品质量表

烧失量 /%	SO₃ /%	MgO /%	细度 /%	安定性	凝结时间		抗折 /MPa		抗压 /MPa	
					初凝	终凝	3 天	28 天	3 天	28 天
1.04	2.06	1.42	5.1	合格	3：31	5：11	5.4	8.5	26.9	62.6

5.6.8.2　"流化态还原-回转窑煅烧"两段法工艺技术

云天化集团有限责任公司开发的"流化态还原-回转窑煅烧"工业试验装置采用分段工艺，便于气氛控制，提高煅烧窑烟气 SO_2 浓度。同等可比条件下，煤耗、能耗比预热器回转窑工艺下降10% ～ 15%；流程简化，节约投资。不足之处：该项新工艺技术尚未建设产业化应用装置，部分工艺指标控制尚不够成熟，存在不确定性，需要进一步开展相关研发试验验证、考察，获得产业化应用的可靠依据。

四川大学开展了硫黄还原磷石膏的研究[67]。硫黄分解磷石膏制硫酸技术总体方案如图 5-31 所示。磷石膏制酸过程分三步进行，第一步磷石膏经节能化煅烧后获得 β 半水石膏，第二步半水石膏分解产生 SO_2 气体，第三步 SO_2 气体通过接触法制硫酸。其中半水石膏分解脱硫为关键步骤，其过程为经预热后半水石膏与汽化后的硫黄在循环流化床中进行一段气固反应(还原过程)，反应后冷凝的液硫返回熔硫槽，而较高温度的固相与部分半水石膏混合配料经粉磨后进入回转窑中进行二段固固反应(氧化过程)，生成的固相产物即为氧化钙，氧化钙可作为饲料级磷酸氢钙、电厂烟气脱硫、电石和冶炼等的原料，也可进一步加工成硫铝酸盐特种水泥或提纯为高含量的氧化钙或碳酸钙晶须产品，反应中得到的 SO_2 气经降温、净化、干燥和补氧，作为硫酸生产的主要原料，制成的硫酸可返回磷化工循环利用。

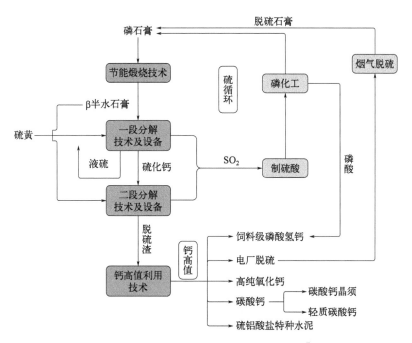

图 5-31　四川大学开发的硫黄分解磷石膏制硫酸技术总体方案路线图

5.6.8.3　磷石膏制酸与硫黄制酸、冶炼酸经济性分析

按 2022 年地区硫酸、市场行情(昆明冶炼酸价格 380 元／吨、硫黄制酸成本 540 元／吨，下同)估算，鲁北化工装置(未考虑回收处理工业废硫酸的经济效益)，扣除水泥熟料产生的价值 200 元／吨，硫酸生产成本约为 668.92 元／吨，比硫黄制酸成本高 128.92 元／吨，比冶炼酸高 288.92 元／吨；金正大诺泰尔化学有限公司装置，扣除水泥熟料产生的价值 262.5 元／吨，硫酸生产成本约为 697.5 元／吨，较硫黄制酸成本高 157.5 元／吨，较冶炼酸成本高 317.5 元／吨。因此，经济性是制约我国磷石膏制硫酸产业发展的主要因素。

5.6.9 磷石膏制硫酸盐

5.6.9.1 磷石膏制硫酸铵

硫酸铵(硫铵)是一种重要的硫、氮肥料,广泛用于农业生产。1914年德国 Farben 公司把奥地利化学家 Mersburg 发现的硫酸钙与碳酸铵复分解制得硫酸铵的反应实现了工业化生产。以磷石膏为原料与以天然石膏为原料制硫酸铵的差别在于,流程前端设置了磷石膏调浆和过滤洗涤工序,使磷石膏得以净化。磷石膏制硫酸铵的主要工序包括磷石膏的预处理、碳酸铵溶液制备、磷石膏转化、碳酸钙的过滤分离、硫酸铵溶液蒸发结晶、硫酸铵晶体干燥与成品包装。

2011 年年初,国内首套 250kt/a 磷石膏制粒状硫酸铵装置在瓮福集团建成投产,4 月生产出首批合格产品。

磷石膏制硫酸铵的工艺流程如图 5-32 所示。磷石膏经处理除去杂质,与碳酸铵溶液在转化工序反应,生成硫酸铵和碳酸钙料浆。碳酸钙料浆经过滤,使碳酸钙与硫酸铵溶液分离。硫酸铵溶液经中和、结晶、分离,制成硫酸铵产品存入成品库。碳酸钙滤饼经预热、分解、冷却后,制成石灰入库,外售。

关键技术:

① 磷石膏含有的杂质对生产过程的影响。磷石膏含有磷矿制湿法磷酸时残留的多种杂质,比如游离磷酸在接触碳酸铵后首先生成磷酸铵,磷酸铵又与硫酸钙反应生成磷酸二钙、磷酸三钙,在碱性条件下它们都是细小的质点或胶状物。

② 磷石膏游离水降低了硫酸铵溶液浓度。用天然石膏($CaSO_4 \cdot 2H_2O$)和 40% 碳酸铵溶液转化制得的硫酸铵[$(NH_4)_2SO_4$]溶液浓度一般为 38%。磷石膏经真空过滤后一般含游离水 20% ~ 25%。1% 游离水将使转化得到的硫酸铵溶液浓度降低 0.2%。因此,由于磷石膏游离水将使转化生成的硫酸铵溶液浓度降低 4% ~ 5%。为了提高硫酸铵溶液的浓度应提高碳酸铵溶液的浓度。碳酸铵溶液的浓度每提高 1%,可提高 0.6% 硫酸铵浓

度。因此，为了获得与天然石膏为原料时同样的硫酸铵溶液浓度，就得把碳酸铵溶液的浓度提高 6.67% ～ 8.3%。提高碳酸铵溶液的浓度意味着需提高吸收塔的操作压力。但这时存在着碳酸铵溶液有较高的氨和二氧化碳分压，因而操作中有较大的氨损失问题。

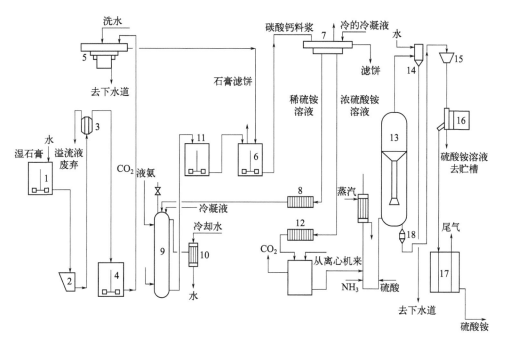

图 5-32 磷石膏制硫酸铵的工艺流程简图

1—石膏料浆槽；2—料浆缓冲槽；3—水力分级器；4—石膏料浆缓冲槽；5—石膏过滤机；6—反应槽；7—过滤机；8—压滤机；9—碳铵液塔；10—冷却器；11—碳铵液贮槽；12—换热器；13—蒸发结晶器；14—大气冷凝器；15—预稠厚器；16—离心机；17—立式沸腾干燥器；18—截盐器

5.6.9.2 磷石膏制硫酸钾

硫酸钾是重要的无氯钾肥，国内需求量很大。世界上对磷石膏生产硫酸钾和硫基复合肥的研究很多。目前石膏转化法制硫酸钾主要有一步法和两步法两种工艺。

一步法是在高浓度的氨溶液[$w(NH_3)$=35% ～ 40%]中，磷石膏和氯化钾一步反应制得硫酸钾。主要反应方程式如下：

$$CaSO_4 \cdot 2H_2O + 2KCl \longrightarrow K_2SO_4 + CaCl_2 + 2H_2O$$

一步法工艺简单、流程短，但生成的低浓度氯化钙难以回收利用，容易导致环境污染，并且反应温度要求低（0～5℃），增加了冷冻水装置的费用，因此尚未工业化。

两步法是以碳酸氢铵（或碳酸铵）代替氨溶液，反应体系分两步进行。第一步是磷石膏制硫酸铵；第二步是将第一步反应生成物分离出碳酸钙后的母液与氯化钾进行复分解反应。反应进行的程度受温度、配料比等条件影响，因此确定好反应温度、反应时间、硫酸铵初始浓度、配料比等，可以得到与体系相平衡的最佳转化点和结晶点，硫酸钾生产可得到进一步改善和提高。该工艺的优点是副产的氯化铵和碳酸钙可循环利用，除少量废液外基本无废物产生。从减少环境污染、资源综合利用角度考虑，利用磷石膏生产硫酸钾既解决了废石膏环境污染问题，又可生产我国急需的硫酸钾产品，从而使整个磷肥工业实现清洁化生产。

磷石膏制硫酸盐，由于产品售价低，而原料涉及合成氨，成本高，因此该利用途径经济性差。

综上所述，我国磷石膏的综合利用面临着历史堆存量大、占用大量土地、存在一定的环境风险和安全隐患的问题，但磷又是国民经济的基础化工与精细化工产品，不可或缺。特别是占磷矿消费80%的磷肥，是保证我国粮食安全的底线。因此，要从技术与政策两方面发力，推动磷石膏的有效大量利用。

① 解决磷石膏杂质多、石膏品质低的关键技术问题。磷石膏的杂质是影响石膏品质的关键因素，必须从磷石膏企业抓起，一方面磷肥生产企业要根据磷矿质量，采用适当的生产工艺，另一方面加强全产业链管理，降低磷石膏排放量和杂质含量，提升磷石膏品质。

② 解决磷石膏制硫酸联产熟料（水泥）的能耗和规模化问题，建立一定比例的磷石膏制酸装置。磷石膏制硫酸联产熟料（水泥）是解决硫、钙循环的最佳路径，应加强系统能量分析，开展技术攻关，提高磷石膏制酸单系列规模，降低能耗。

③ 完善配套政策，加快磷石膏资源化综合利用产业基地建设。磷石

膏综合利用的关键是国家政策的支持力度，要通过财政、税收、能源等政策减少天然石膏开采，采用不产生废弃物的脱硫方法减少脱硫石膏的产出，支持磷石膏综合利用。

④ 完善标准规范，使磷石膏资源化综合利用有章可循。鼓励具备相应能力的学会、协会等率先制定磷石膏产品及工程应用技术规范团体标准。在标准规范正式发布之前，组织行业专家加强技术指导、把关和论证，在各个领域先行建设一批磷石膏资源化综合利用示范项目。在此基础上，制定房建、公路、市政、水利、园林、生态修复等领域磷石膏制品、工程应用相关标准和技术规范，形成磷石膏资源化综合利用相关标准体系。

⑤ 完善管理体系，规范利用磷石膏。磷石膏历史堆存量大，在做好磷石膏治理的同时加大对磷石膏堆场的防护，做好磷石膏堆场安全加固和防渗处理及磷石膏渗滤液的科学治理，减少磷石膏堆场对周围环境的污染。

参考文献

[1] 吴佩芝. 湿法磷酸 [M]. 北京：化学工业出版社，1987: 6-8.

[2] 王跃林，廖吉星，吴有丽，等. 湿法磷酸萃取尾气中氟硅资源回收利用工业化技术研究 [J]. 磷肥与复肥，2017, 32(10):31-33.

[3] 钟文卓. 比利时普莱昂厂二水 - 半水磷酸技术及磷石膏直接利用介绍 [J]. 硫磷设计，1999(04): 36-38.

[4] Rhone-Poulenc，Progil merger builds giant[J]. Chemical & Engineering News，2010, 47(20).

[5] 周华波. 半水-二水法、二水法磷酸工艺浓磷酸质量比较 [J]. 磷肥与复肥，2020, 35(04):21-24, 27.

[6] 杨培发，陈军民，陈志华. 我国湿法磷酸生产技术对比 [J]. 磷肥与复肥，2020, 35(01):24-26.

[7] John W，陈靖宇. 半水法湿法磷酸工艺技术的节能优点 [J]. 化肥设计，2009, 47(04):56-59.

[8] 周华波. 半水-二水法再结晶浓磷酸工艺流程过滤系统的优化 [J]. 化肥工业，2015, 42(03):8-11, 14.

[9] 吕天宝. 二水法改二水 - 半水法生产湿法磷酸的技术改造 [J]. 磷肥与复肥，2010, 25(02):31-32.

[10] Sandra Belboom, et al. Environmental impacts of phosphoric acid production using di-hemihydrate process: a Belgian case study[J]. Journal of Cleaner Production, 2015, 108:978-986.

[11] 章守陶，唐琛明. 磷矿杂质对湿法磷酸生产的影响及处理 [J]. 硫磷设计，1997(04): 25-29.

[12] 张应虎，念吉红. 磷矿石中杂质对磷酸生产的影响 [J]. 硫酸工业，2018(08): 31-33.

[13] 管秀华. 磷矿中铁、铝、镁杂质对二水物湿法磷酸反应过程的影响 [J]. 湖南化工，1991(04): 29-32.

[14] 雷学联. 硅氟变化对湿法磷酸生产的影响及应对措施 [J]. 硫磷设计与粉体工程，2005(03): 30-32, 53.

[15] Mehdi A, et al. Optimization and evaluation of the effect of impurities on phosphoric acid process performance using design of experiments[J]. Results in Engineering, 2022, 15(9): 100501.

[16] Chen B J, et al. Waste treatment and resource utilization: removal and recovery of soluble impurities from nitric acid leaching residue of phosphate rock by electrokinetic[J]. Electrochimica Acta, 2023,

449(1): 142231.

[17] Tao C Y, et al. Research on leaching rate enhancement and organic matter removal in wet-process phosphoric acid [J]. CIESC, 2020, 71(10): 4792-4799.

[18] He B B, et al. Designing an efficient fluorine recovery strategy for Wet-Process phosphoric acid purification by disclosing competitive complexation behavior between fluorine species and metal cations[J]. Separation and Purification Technology, 2023, 320(1): 124219.

[19] 陈靖宇. 半水法湿法磷酸工艺技术的节能优点 [J]. 化肥设计, 2009, 47(04): 56-59.

[20] 赵继善. 二段强制循环真空蒸发湿法磷酸浓缩 [J]. 化肥工业, 1985(05): 2-10, 63.

[21] Wu Y Z, et al. The operating condition of R-P phosphoric acid concentration process[J]. Phosphate & Compound Fertilizer, 2002, 5(1): 28-30.

[22] 杨桂玲, 徐宏. 湿法稀磷酸浓缩工艺日产和斯温森工艺的比较 [J]. 山东化工, 2006(05): 46-48, 51.

[23] 孙国超. 湿法磷酸两级浓缩技术应用现状与展望 [J]. 硫磷设计与粉体工程, 2011(02): 1-4.

[24] 杨前武. 余压发电在湿法磷酸生产工艺中的应用 [J]. 化工管理, 2020(02): 195-196.

[25] 聂鹏飞, 周琼波, 何宾宾, 等. 一种湿法磷酸生产过程中低压蒸汽发电系统: CN213205769U[P]. 2021-05-14.

[26] 孙菊萍. 湿法磷酸装置的节能降耗途径 [J]. 硫磷设计与粉体工程, 2010(03): 28-29, 55.

[27] Young R D, et al. Fertilizer Technology, TVA process for production of granular diammonium phosphate[J]. J. Agric. Food Chem., 2002, 10(6):442-447.

[28] 钟本和, 魏文彦. 浓缩料浆法生产固体磷酸铵 [J]. 成都科技大学学报, 1983(04): 73-79.

[29] 王金铭. 管式反应器在 AZF 工艺磷酸二铵及三元复合肥生产中的应用 [J]. 磷肥与复肥, 1996(03): 42-45.

[30] 马空军, 贾殿赠, 朱家骅. 磷铵尾气减排节能资源化清洁工艺 [J]. 化学工程, 2013, 41(06): 70-73.

[31] 李家莉. 化肥生产中节约能源的重大突破——压力式喷雾流化干燥制粉状磷铵 [J]. 成都科技大学学报, 1987(02): 44.

[32] 宋学军, 魏蜀刚. 磷铵装置中液氨蒸发与中和浓缩工序的优化设计 [J]. 磷肥与复肥, 2014, 29(05): 30-32.

[33] 沙德宏, 陈俊. 液氨蒸发与中和一体化节能技术在粉状磷酸铵生产中的应用 [J]. 化肥设计, 2013, 51(04): 35-37.

[34] 李英团, 韩效钊, 徐超, 等. 夹点技术及其在化肥行业的应用前景 [J]. 安徽化工, 2008, 34(S1): 42-45.

[35] 史春英, 胡宏, 解田, 等. 碘回收方法及发展现状 [J]. 磷肥与复肥, 2011, 26(06): 6-8.

[36] 杨建元, 唐明林, 邓天龙, 等. 从川南低矿化度气限水中提碘研究 [J]. 盐湖研究, 1994, 2(03): 56-59.

[37] 吕俊芳, 刘启瑞, 郑国柱, 等. 含碘废液中碘的含量测定与回收 [J]. 延安大学学报 (自然科学版), 2000(01): 57-60.

[38] 闫焕新, 冷凯良, 周三, 等. 海藻酸 - 碘复合物的制备 [J]. 食品与药品, 2014, 16(02): 109-112.

[39] 陈清艳. 含碘废液的回收利用 [J]. 江西化工, 2003(02): 79-81.

[40] 王献科, 李玉萍. 碘的液膜分离富集与测定 [J]. 化学推进剂与分子材料, 74(2): 37-39.

[41] 王彤. 液膜技术提取碘的研究 [J]. 化学通报, 1995(01): 28-30.

[42] 牛盾, 王育红, 王林山, 等. 吸附粒子浮选法回收碘的研究 [J]. 辽宁化工, 1998(06): 19-21.

[43] 彭宝林, 吴有丽, 项双龙. 磷矿伴生超低品位碘资源回收工业化技术研究 [J]. 现代化工, 2017, 37(08): 162-165, 167.

[44] 陈肖虎, 何浩明, 王江平, 等. 磷矿伴生碘资源回收新技术产业化 (成果鉴定). 贵州省, 贵州大学, 2010-06-17.

[45] 任孟伟. 湿法磷酸反应过程脱氟技术研究 [D]. 郑州: 郑州大学, 2018.

[46] Zheng Z, et al. Four stage precipitation for efficient recovery of N, P, and F elements from leachate of waste phosphogypsum[J]. Minerals Engineering, 2022, 178: 107420.

[47] William F A, et al. Chemical behavior of fluorine in production of Wet-Process Phosphoric Acid[J]. 1977, 11: 1007-1014.

[48] Peng B X, et al. Release and recovery of fluorine and iodine in the production and concentration of wet-process phosphoric acid from phosphate rock[J]. Minerals Engineering, 2022, 188: 107843.

[49] He B B, et al. Study on defluorination for purifying wet-process phosphoric acid by steam stripping[J]. Inorganic Chemicals Industry,2016,48(09):49-50.

[50] 何宾宾, 张晖, 傅英, 等. 湿法磷酸生产中减压热空气法脱氟技术开发 [J]. 磷肥与复肥, 2016, 31(08): 14-15.

[51] 严远志, 吴桂英, 金放. 湿法磷酸副产氟硅酸合成的硅铝 MCM-41 分子筛作为磷酸吸附脱氟剂的研究 [J]. 山东化工, 2019, 48(12): 19-21.

[52] 罗栋源, 吴海霞, 杨子杰, 等. 磷石膏水洗液中磷、氟、有机物的去除 [J]. 有色金属 (冶炼部分), 2023(05): 129-137.

[53] Zhang L Z, et al. Experimental study on removal of water-soluble phosphorus and water-soluble fluorine from phosphogypsum [J]. Inorganic Chemicals Industry,2022,54(04):40-45.

[54] 李兵, 韦莎, 谭伟. 磷石膏库渗滤液处理技术进展 [J]. 磷肥与复肥, 2020, 35(02): 45-48.

[55] 李展, 陈江, 张覃, 等. 磷石膏中磷、氟杂质的脱除研究 [J]. 矿物学报, 2020, 40(05): 639-646.

[56] Wu F H, et al. Harmless treatment technology of phosphogypsum: Directional stabilization of toxic and harmful substances[J]. Journal of Environmental Management, 2022, 311:114827.

[57] Xie Y H, et al. Simultaneous and efficient removal of fluoride and phosphate in phosphogypsum leachate by acid-modified sulfoaluminate cement[J]. Chemosphere, 2022, 305: 135422.

[58] Xiang J C, et al. Synergistic removal of phosphorus and fluorine impurities in phosphogypsum by enzyme-induced modified microbially induced carbonate precipitation method[J]. Journal of Environmental Management, 2022, 324: 11630.

[59] Wei Z, et al. Research hotspots and trends of comprehensive utilization of phosphogypsum: Bibliometric analysis[J]. Journal of Environmental Radioactivity, 2022, 242:106778.

[60] 国亚非, 赵泽阳, 张正虎, 等. 磷石膏的综合利用探讨 [J]. 中国非金属矿工业导刊, 2021(04): 4-7.

[61] 张利珍, 张永兴, 张秀峰, 等. 中国磷石膏资源化综合利用研究进展 [J]. 矿产保护与利用, 2019, 39(04): 14-18, 92.

[62] 张立, 胡修权, 张晋, 等. 工业固废耦合磷石膏制备胶凝材料试验 [J]. 非金属矿, 2022, 45(02): 33-37.

[63] 崔荣政, 白海丹, 高永峰, 等. 磷石膏综合利用现状及"十四五"发展趋势 [J]. 无机盐工业, 2022, 54(04): 1-4.

[64] 陈正强, 叶其富, 谢宗智, 等. 一种 β 磷石膏基自流平砂浆及其制备方法: CN202010871846.8[P]. 2020-11-17.

[65] 田泽杉. 石膏晶须制备及其造纸应用研究 [D]. 昆明: 昆明理工大学, 2022.

[66] 许金辉, 邵龙义, 侯海海, 等. 磷石膏综合利用背景下的环境影响研究现状 [J]. 矿业科学学报: 2022, 12(1): 1-7.

[67] 王辛龙, 张志业, 杨守明, 等刚. 硫磺分解磷石膏制硫酸技术进展及推广应用 [J]. 硫酸工业, 2018(01): 45-49, 53.

6

磷化工过程强化技术

Energy Saving and Resource Utilization in Phosphorus Chemical Industry

化工过程强化技术是采用新设备、新工艺，达到大幅度减小设备尺寸或提高产能、降低能耗和三废排放目的，形成高效节能、清洁、可持续发展的平台化技术，具有效率倍增、更紧凑、更经济、更环保、更节能、更安全的特征。本章结合磷化工技术，重点介绍微化工与超重力技术。

6.1

微化工技术

6.1.1　微化工技术发展历程

微型化是现代科技进步的一个重要趋势。早在 1959 年，著名物理学家费曼就提出：微型化是未来科学技术发展的方向，需要寻求新的途径促进在纳米尺度进行微型化[1]。20 世纪 80 年代微电子机械系统（MEMS）的出现推动了光刻和蚀刻等超精密加工技术的发展，从此越来越多的科技领域走向了微型化之路。在航天航空领域，航天器减量化和高性能化得益于微型器件的迅速发展。在生物和医学领域，微流控芯片和微全分析系统的出现为人类的身体健康和高品质生活提供了新的保障。

化学工业是流程工业的代表。针对化学工业，科学家们希望在保持相同生产速度和产量的情况下，大大减小传统化工设备的尺寸，达到降低生产成本和提高安全性的目的[2]。早在 20 世纪 70 年代晚期，英国帝国化学工业公司（ICI）的 Ramshaw 教授就提出了微型化工设备的概念[3]；1986 年，原东德申请了世界上最早的关于微反应器的专利。1989 年，德国卡尔斯鲁厄科研中心（Forschungszentrum Karlsruhe）研发并公开报道的第一台微型换热器，其所具有的巨大潜力引起了学术和产业界对微化工技术的关注。1993 年，美国太平洋西北国家实验室(PNNL)正式启动微化工技术在能量领域的研究。同年，英国 Jack W. Ponton 教授提出了化工过程微型化的概念。1995 年，德国美因兹(Mainz)举办的一个专题研讨会专门讨论微反应器在化学反应和生物反应研究方面的工作进展，被认为是全球微反应器研究的起点。1997 年，第一届国际微技术会议(IMRET)在德国举办，标志着微反应器研究进入全球快速增长时期。自此以后，有关微反应器设备及其应用的基础研究呈爆发式增长；相继推出的专刊、综述、杂志、专著和国际会议，促进了微化工技术的国际交流和合作，如《Beilstein 有机化学手册》分别在 2009 年和 2011 年出专刊介绍微反应器和连续合成方法，美国化学会的《有机合成工艺研究》分别在 2012 年、2014 年和 2016 年出专刊介绍连续工艺、微反应器和流动化学；*Lab on a Chip*、*Microfluidics and Nanofluidics* 将微流控技术作为关注的重点；Kappe 教授于 2011 年创办《流动化学》杂志，专门报道微反应器和流动化学方面的研究工作。微化工技术已经成为化学和化工等相关学科国际会议的重要内容，除每两年举办一次的 IMRET 系列会议和每年举办一次的纳、微和小型通道国际会议外，在世界化工大会、美国化学会年会、美国化学工程师协会年会、欧洲流动化学会议、欧洲过程强化会议上都有微反应器相关的专场讨论会。

在工业应用领域，欧洲于 2009 年 6 月开始启动 F3 项目。该项目由欧盟委员会第七框架社区研究计划支持，持续三年，投资 3000 万欧元，9 个欧盟国的 26 家单位参与，包括拜耳、阿斯利康、巴斯夫、宝洁、赢创等企业和卡尔斯鲁厄理工学院等大学和科研机构。对七个涵盖医药、化学中间体和聚合物领域工业项目的研究表明，微反应器技术不仅可以成功应用在实际工业生产中，而且与传统反应设备相比，在产率、生产能力、时空产率、设备投入、运营成本和环境影响等多方面都具有明显优势，打开了微反应器技术在化工企业中实际应用的大门。同期，日本专项资助微纳空间研究计划，推进微化工技术产业化应用；韩国设立了面向药物制造的智能微化工系统项目。

在我国，清华大学化学工程系和中国科学院大连化学物理研究所是最早关注微反应器技术并开展研究的单位，在国际上有着重要的影响。双方于 2016 年在北京共同主办了第 13 届 IMRET，骆广生教授和陈光文研究员担任大会主席。清华大学汪家鼎院士和骆广生教授共同指导的国内第一篇有关微化工技术的博士论文《液液体系膜分散及传质性能研究》，工作开始于 1998 年 [4]。他们在 2002 年 9 月香山科学会议上第一次提出"发展微型混合及分离设备"的研究方向，指引团队在随后近 20 年里开展了微尺度单相、多相流动与混合、微尺度传递性能、微尺度化学反应性能、微型设备的放大方法及其工业应用的系统研究，形成了比较完备的理论基础，积累了较为丰富的微化工技术工业实践经验，部分研究成果获得了国家、省部级奖励。近年来，四川大学、天津大学、大连理工大学、南京工业大学、北京化工大学、华东理工大学、浙江大学、上海交通大学、中国科学院力学研究所、中国科学院过程工程研究所等单位也纷纷开展微化工及其相关技术的研究工作。我国已成为国际上微化工技术的重要研究力量，在产业化应用方面更是走在了西方发达国家前面。例如，清华大学微化工研究团队开发的微反应器连续化技术，已经在湿法磷酸净化、无机纳米颗粒合成、聚合物材料制备、橡胶助剂和精细化学品中间体等领域获得成功应用。国内外微化工技术的产业应用，充分展现了微化工技术在传统产业转型升级和新产品开发过程中的变革性作用，为我国化学工业及其相关产业的绿色和可持续发展提供了重要示范。

6.1.2　微化工技术基本原理和特点

微化工技术 [5] 是指在微米或亚微米尺度上进行化学反应和化工分离过程的技术。微化工设备是微化工技术的核心。微化工设备最显著的特征是具有较小的三维尺寸，实验室内典型的微反应器内部体积在 1mL 到几毫升。在微反应器中，由于较低的雷诺数 (Re)，流型以层流为主，反应物之间的混合主要是依靠分子扩散，而特征混合时间 (t_m) 与特征扩散距离(L)的平方成正比，与扩散系数(D)成反比，即 $t_m \propto L^2/D$。因此，尺寸越小，混合时间越短，反应物混合得越快[6]。在换热速率方面，反应器换热速率(q)与整体换热系数(U)、换热面积(A)和对数平均温差(ΔT_{LM})正相关。可以通过增加换热面积、增大换热系数和增加冷热介质的温差来增加换热速率。相较于传统的反应釜设备，由于通道尺寸较小，微反应器比表面积要大几个数量级，有助于突破传热对反应控制和工艺开发的限制[7]。

总之，当反应器特征尺寸减小后，会表现出非常明显的尺度效应（表6-1），包括黏性力与惯性力比值显著增加，界面张力与惯性力比值大幅度增加，驱动传递的浓度梯度和温度梯度显著增加，流场的控制力由大设备内的重力和惯性力转变为黏性力和表面力，由于湍流而出现的随机脉动等无序行为得到有效抑制，这些都为微化工过程的高效可控提供了理论基础。

表6-1　反应器特征尺寸与作用力变化

项目	反应器特征尺寸		
	μm	mm	m
长度	10^{-6}	10^{-3}	1
面积	10^{-12}	10^{-6}	1
体积	10^{-18}	10^{-9}	1
比表面积	10^{6}	10^{3}	1
黏性力/惯性力	10^{12}	10^{6}	1
界面张力/惯性力	10^{18}	10^{9}	1

为此，微化工反应工程表现出独特的性能：化学反应的安全性、实现均相和非均相的快速混合[8]和优异的换热能力[9]、均匀的温度分布、较短的停留时间、较窄的停留时间分布、过程有序可控、易于放大等。

① 微反应器的本质安全性。与间歇式反应釜不同，微反应器采用连续流动反应技术，反应器内停留的化学原料数量很少，反应物体积很小，即使失控，危害程度也非常有限。而且，微反应器换热效率极高，即使反应突然释放大量反应热，也可以被迅速导出，从而保证反应温度的稳

定，减小发生事故的可能性。因此，微反应器可以轻松应对苛刻的工艺要求，实现安全高效生产。

② 实现快速混合，提供均一的反应物浓度，避免由于浓度不均产生的副反应。很多化学反应要求反应物料必须在分子水平达到严格配比，比如缩聚反应要得到较大分子量的聚合物，反应物料 1∶1 的精确配比至关重要。在间歇式反应釜中，局部浓度不均很难避免。在反应比较快的情况下，在达到均匀混合之前的这段时间内，容易发生副反应，影响收率和后续纯化过程。微反应器的反应通道通常只有数十微米，可以实现物料按精确比例瞬间均匀混合，避免浓度不均，从而消除由此引起的副反应。

③ 实现快速换热，提供均匀的温度分布，避免温度不均产生的副反应。在间歇式反应釜中，由于换热效率不高，很难避免体系局部过热现象，导致副反应发生，降低化学反应的选择性和收率。更严重的后果是，热量失控导致冲料、爆炸等事故。微反应设备极大的比表面积赋予微反应器极大的换热效率，可以及时地对反应体系温度进行调控，实现反应温度的精确控制，消除反应热点，从而消除因此引起的副反应，例如金属有机化学中常用的丁基锂和叔丁基锂参与的反应。

④ 提供均一的反应时间，避免串联副反应。在间歇式反应釜中，通常采用慢慢滴加一种反应物的方式来减缓换热压力，增强对反应过程的控制，导致先生成的部分产品在反应釜中停留时间过长。而在很多反应中，反应物、产物或中间过渡态产物会发生串联副反应。微反应器技术是连续流动反应，瞬间均匀混合可以给所有反应物分子提供一致的反应环境和反应开始时间，当反应达到要求的转化率后，可以采用有效的淬灭方法同时淬灭所有分子的反应，从而精确控制物料在反应条件下的停留时间，停留时间分布窄，能够有效避免因停留时间分布过宽而引起的副反应。

⑤ 实现超快化学反应过程。在间歇式反应釜中，由于换热和反应过程可控性的限制，通常需要人为降低反应速率，极大影响生产效率。微反应器本质安全性和极好的可控性为化学反应达到本征动力学时间提供

了强有力的工具，可以安全地实现毫秒级的反应过程，已经在金属有机领域广泛使用。

⑥ 实现苛刻的反应条件。由于间歇式反应釜的换热面积和结构限制，高于 200℃ 的反应和高压反应的难度和成本较高，微反应器可以比较容易和安全地实现 500℃ 和 10MPa 压力下的反应。

⑦ 无放大效应。精细化工生产多使用间歇式反应器，由于大生产设备与小试设备传热传质效率不同，一般需要经历小试、中试和放大生产的工艺开发过程。在微反应器的工艺开发过程中，工艺放大不是通过增大微通道的特征尺寸，而是通过增加微通道的数量来实现的。因此，小试最佳反应条件不需做很多改变就可直接用于生产，相比常规批次反应器的放大难度大为减小，从而可以大幅缩短产品由实验室到市场的时间。

另外，微化工技术由于装备和相关系统的尺寸明显大幅度减小，在实际工业运行中还具有快速开停车、研究成果快速转化为生产力、过程响应快，以及可实现柔性生产和分布移动式生产等优点。

6.1.3 微化工设备

微化工设备[10]，按其功能分类，可分为微换热器、微混合器、微分散器、微反应器和微型检测器等。将微化工设备与物料输送设备、流体管道、温度传感器、流量传感器、压力传感器和在线分析设备等组合起来，就可以构建一个具有独立功能的微化工系统。常规设备往往是微化工系统中必要的组成部分，而微化工设备是微化工系统的特征和核心元件。

微换热器是在两种流体间进行热量传递的微型设备，根据换热方式可分为直接微换热器和间接微换热器。常用的是间接微换热器，按其通道结构不同分为宽/扁平流道、窄/深流道和穿透流道的微型换热器。

微混合器的作用是在短时间内实现两种或多种不同流体混合成一相的微型设备，通常分为气相和液相微混合器。按混合过程中是否需要提供外部动力来分类，可分为主动微混合器和被动微混合器。主动微混合器主要是依靠分子扩散实现快速混合，被动微混合器靠外部提供产生湍流的方法，如电动搅拌、超声波等，实现物质间的快速接触，再依靠分子扩散实现快速混合。对于高浓度或高黏体系，常常使用被动微混合器。

微分散器是指用于实现非均相体系微分散的设备，即形成微小液滴和微小气泡的微型设备，它的作用是实现不互溶介质的快速接触和增大非均相液体的接触面积，按混合前物质的相态可分为气液微分散器和液液微分散器。

物质在微换热器中加热，以及在微混合器或微分散器中实现混合或分散的过程中，如果同时发生化学反应，则该微换热器、微混合器或微分散器可以称为微反应器，按照反应物相态主要分为均相和非均相微反应器。

由于微反应器的孔道尺寸很小，在微反应器内流体流型主要为层流，此时微反应器是基于扩散而不是湍流实现快速混合。要达到快速扩散的目的，必须让流体形成很薄的流体层或小尺寸颗粒来减小扩散距离，这是微反应器的主要设计原理。不同微反应器最本质的区别在于如何让流体形成很薄的流体层或小尺寸颗粒，实现方式有：在 T 形结构中实现两股支流接触、两股高能流体相互碰撞、让一股流体形成多股支流注入到另一股主流体中、让两股流体都形成多股支流再相互注入、降低垂直于流动方向的扩散长度、两股流体形成薄层后再经多次分叉和重新组合，以及一股薄层流体的周期性注入。实际应用中，根据体系的需求，通常结合多种方式进行设计。为有效监控与微反应器相关的温度、浓度、压力等的实时变化，通常还需要将检测设备小型化，发展微型检测器[11]。

在上述微型设备中，微混合器和微分散器是最具化工特色的：按结构分类，可分为单通道设备、多通道设备；按微分散单元的结构形式分类，可分为 T 形、Y 形、十字形、水力学聚焦型、同轴型、几何结构破碎型等；按分散介质类型分类，可分为微通道型、毛细管型、微筛孔阵列型、微滤膜型、微槽型、降膜型、多股并流微通道型等。将电场、光照等外场与微反应器结合可得到外场强化式微反应器，其微小的尺寸可以改善外场的均匀性或增加外场梯度，从而获得不同于常规设备中的外场强化效果。

面向工业生产，微化工设备以"数量放大"为基本准则，采用微结构单元串并联集成扩大处理能力，有效避免"逐级放大"带来的放大效应，具有优良的单通道"三传"状态重现性和多通道间抗干扰性，保证大规模生产的工况与实验室条件基本一致，实现实验室成果的快速产业化[12]。

典型的液液、气液微分散放大装置通常由三部分组成：液滴/气泡生成单元、流体输送通道、连接二者的中间层（通道）。使用流体输送装置将液体或气体输入到微分散设备的主通道中，经过分配之后，流体进入多个输送通道，在生成单元处被另一相流体剪切生成液滴或气泡。为了实现液滴或气泡的大规模生产，同时确保液滴/气泡尺寸的均一性，多相流体在并行微通道中的均匀分配是关键，需要设计通道的结构和特征尺寸，将生成单元和流体分配通道以一定的排列连接方式进行集成，形成不同的几何形状。

梯形几何结构是流体分配通道最常见的设计之一。例如，"千足虫"形状的微分散装置，它包含数百个独立的喷嘴，位于中央通道的两侧，分散相从中央通道注入，通过喷嘴与外腔中的连续相接触形成液滴。喷嘴出口设计了一个三角形储液器，减慢了液体流动，建立了液滴生成的准静态条件。多毛细管嵌入的阶梯式微通道：毛细管的作用是增大流动阻力，当两个液滴生成单元之间输送通道的压降远小于液滴生成段（毛细管内）的压降，就有条件实现分散相流体在液滴生成层的均匀分布；该装置在射流下操作，通过在单个微通道中嵌入10个毛细管实现了频率40kHz的单分散液滴制备。

树形分支几何结构是另一种常见的流体分配通道设计方式。在该结构中，两相流体通过一系列的节点，被分为气泡/液滴序列和气体/液体柱塞。如果在各节点处均发生破裂且满足流动对称性条件，可以得到各通道内气泡/液滴体积和间距均匀的分段流动。树形分支结构的优点是可以均匀对称地分布通道中的流体，从一组入口开始增加节点的数量，无须考虑每个入口的流体阻力。树形分支结构尽管在设计和实现上较简单，但必须在分支的放置上投入较大的空间，很难达到梯形结构中液滴生成器的排布密度。在梯形装置中，如果输送通道和液滴生成器的阻力比足够大，某个液滴生成装置堵塞不会显著影响流体分布。但是在树形分支设备中，由于对称性被破坏，分支中一个通道的堵塞会严重影响流量分配。从这个角度讲，梯形几何结构设计更适合体系和过程复杂的化工生产过程。

　　此外，通过适当的尺寸放大实现的规模放大可以显著降低管路堵塞的风险，提高微化工设备应用的鲁棒性。进行尺寸放大的前提是在微尺寸条件下，保留快速混合、传质、传热的优点。早在 2000 年，Krummradt 等人 [7] 比较了不同尺寸反应器的反应收率，发现在一定的流动条件下，1μm 与 500μm 通道的流体动力学是相似的，但与 5mm 通道的流体动力学有着显著差异。因此，通过合适的尺寸放大来增加产量并保持流体动力学和传递特性是可行的。我们还可以选择性地增加一个维度的通道尺寸而保证另外维度的尺寸在微尺度，一些深或狭缝状的微通道已经使用这种方法提高了生产率。Wang 等人最近提出了一种实用的结合平行放大和通过 CFD(计算流体动力学)模拟优化的结构尺寸放大的反应器放大方法。有了这个概念，他们成功地设计和测试了在环己烷羧酸和发烟硫酸的反应中用于中试装置的微筛孔分散微反应器。在放大的微反应器中，产量增加了 160 倍，产物选择性达到 96%，仅比实验室规模的微反应器中的选择性低 1% ～ 2%。

　　截至目前，已经在大规模化工生产中成功应用的膜分散、微筛孔阵列、微槽三类微混合反应设备，均采用梯形几何结构。

　　膜分散混合器以微孔膜 / 微滤膜为分散介质，通过微孔膜 / 微滤膜将一种待混合的流体分割成多股子流体或以微小液滴的形式进入到另一种流体中，以达到两种流体的充分混合 [13]。一方面，微孔膜可以看成是成千上万个并列排布的微通道，整个膜孔隙率较大；另外分散膜的厚度很薄，在几十到几百微米之间，通道距离短，过膜的阻力比一般长微通道小，因此膜分散操作中压力差小，在几十到几百千帕内，所需能量小；同时形成的液滴直径均一，可以通过分散膜的孔径来控制液滴大小，特别是能形成直径小于 10μm 的分散相液滴。另一方面，膜孔隙率大，单位面积膜的处理量大，可以大幅提高混合器的处理能力。分散膜是膜分散混合器中最为关键的元件之一。分散膜按几何结构可分为管式膜和平板膜，按材料可以分成有机膜和无机膜，其中无机膜有一定的耐压性能和耐溶剂性能，比较适合于作为膜分散混合器的分散介质。

微筛孔阵列设备使分散相通过筛孔状的一系列分散通道引入，连续相在主通道内流动并对通过筛孔的分散相流体产生错流剪切的作用，从而形成液滴。这种分散方式与单通道的差别在于，多个分散通道之间会有一定的相互影响，主通道的壁面作用主要体现在上下两个面而不是四个面。

将 T 形微通道宽度方向进行放大就可以得到微槽。微槽通道可构成微槽设备。用标准的液液萃取体系进行传质性能标定表明，微槽通道处理量较常规的微滤膜分散器以及 T 形通道都要高，与 300 个通道集成的 IMM 微通道阵列系统相当。同时，微槽通道结构简单，易于尺寸和数目的同时放大，制造成本低，抗堵性能好，有很好的工业应用前景。

6.1.4 微化工过程的流动和传递特性

流体的流动形态取决于界面力、重力、黏性力以及惯性力之间复杂的相互作用 [14]。在微化工设备的特征尺寸内，界面张力发挥的作用比在常规化工设备中要大得多，甚至能够占据主导地位，这使得微尺度下的多相流动过程更容易控制和形成规则而稳定的液液或气液界面，从而呈现出更加丰富多样的流动形态，大致可分为具有非封闭相界面结构的层状流动和具有封闭相界面结构的分散流动两类，其中后者在大规模的工业过程中最为常见和常用。

在微流体系统中，除了引入外场等主动手段外，流体的断裂主要由界面的不稳定性引起，多相不互溶流体的不稳定性是引起同向流动的流体界面面积增加并最终断裂形成分散液滴的被动手段，这些导致界面波动甚至断裂的不稳定性因素主要包括：毛细管不稳定性、流体压差以及高流速等。（在水力学聚焦或同轴环管型通道中），通过流体剪切可以形成无边界限制的圆锥形界面。该界面由于存在毛细管不稳定性，会断裂使分散相形成液滴。根据液滴断裂位置的不同，可将液滴分散流体分为滴流和射流。流体压差是引发界面断裂的另一种方式，在低 Ca 数范围，T 形微通道中存在由生成过程中液滴前后所受的压力差而非连续相剪切力引起的液滴断裂。随着 Ca 数的增加，分散流依次呈现 3 种不同流型：挤出流、滴流和射流，挤出流中液滴的生成是由于断裂过程中的压力波动并不受 Ca 数影响。过高的流体流速同样会导致流体界面不稳定。Kelvin-Helmholtz（KH）不稳定性会引起流体界面垂直于运动方向的波动。在低于一定阈值时，流体界面张力可以稳定界面，反之小波长的波动会逐渐发展直至液滴形成。由于微通道具有大的比表面积，其中的多相分散流形态也与各相流体与通道壁面间的浸润性密切相关。要得到稳定的流型，连续相流体对通道壁面的浸润性必须强于分散相。气液液三相体系在微反应和微萃取方面有着广泛的应用前景。对于这类体系，在微设备内可以形成气泡、液滴交替流动的流型，也可以控制制备得到 G/W/O 或 G/O/W 双乳液，这为发展微气泡强化液液传质技术提供了基础[15]。

混合和热质传递性能优异是微化工过程的重要特征。VillermauX/Dushman 平行竞争反应是常用的表征微混合性能的方法。由其得到的分隔指数越小，则微混合性能越好[16]。在基准条件下，微筛孔反应器的分隔指数可低至 0.003，比常规混合器小两个数量级，而且混合性能随着连续流体流速的增大而增强[17]。此外，微筛孔和混合通道的特征尺寸比、微筛孔的形状、流动方向上其它微筛孔的布置都会影响混合性能，在追求极致混合性能时需要优化设计。对于膜分散微混合器，分隔指数可以达到 0.002，增加连续相流量有利于减小混合尺度，减小膜孔径也是在减小混合尺度，是提升混合性能的有效方法，特别是在低负荷下[4]。微槽混合器则是在高负荷下具有优异混合性能的微化工设备，其与微通道混合器在混合性能方面存在基于 Re 的相似性。

针对气液相间传质性能的研究一直是反应、吸收、精馏等化工过程的重点。研究表明，在微通道内，气泡或气柱的运动阶段传质系数可达 10^{-3}m/s 量级，体积传质系数在 $1 \sim 10$s^{-1} 量级，较传统化工设备内气/液传质过程有 $1 \sim 2$ 个数量级的提高。在微气泡或气柱的生成阶段，传质系数在 $10^{-4} \sim 10^{-3}$m/s 之间，总传质量的 25% 以上可以在生成阶段完成[18]。由于微尺度下相间传质具有浓度梯度高、比表面积大的特点，一些传统过程中液相传质阻力控制的体系在微尺度下可转变为受气相传质阻力控制。

与气液体系类似，微尺度下液液体系相间传质系数为 $10^{-6} \sim 10^{-4}$m/s 量级，体积传质系数为 $0.1 \sim 10$s^{-1} 量级，较传统化工设备高 $1 \sim 2$ 个数量级，在微通道内设置障碍物或者引入惰性气体，在强烈的流场扰动作用下，体系的传质性能还能够得到进一步强化。此外，微尺度下快速的传递过程更容易引发 Marangoni 效应等动态界面现象。在微通道内 Marangoni 效应产生的主要原因在于两相间巨大的浓度梯度和液滴内外的循环流动，这会导致传递物质在界面上分布不均匀，从而引发界面张力的分布不均匀。界面方向上张力的梯度又会进一步影响界面附近流体的流动，从而使流动和传递过程变得更加复杂。这对于科学研究和新技术开发既是挑战也是机遇。另外，液液微分散体系的体积传热系数可以达到 MW/($m^3 \cdot$ K) 的水平，比传统毫米级分散体系高 1 个数量级，在小于 1s 的物料接触时间内就可以完成 90% 的传热过程。

6.1.5 基于微化工设备的分离过程强化

在化工生产中，分离过程是保证原料和产品品质、实现反应物和介质循环、妥善处理三废的关键。分离过程强化的目标在于提高效率、降低成本、减少环境影响。为达成这些目标，使用更小、更高效的分离设备无疑是最直接和有效的手段，微设备是这类设备的典型代表。

气体吸收过程是分离过程中最重要的单元操作之一，在分离气体混合物、气体净化、制备含气体的溶液以及工业尾气减排等方面都有广泛的应用。分离的效率和能耗是影响吸收操作技术经济性的主要方面，而使用微设备可以通过高效、可控地形成微分散体系，显著强化吸收过程，克服常规设备中分散困难对吸附工艺开发的限制，为提升吸收操作技术经济性创造条件。此外，由于微设备具有微小的设备体积和采用不依赖重力的分散方式，能够适应高黏、高压的吸收过程，在某些化学吸收和单级物理吸收过程中具有明显优势。例如，膜分散气液吸收设备能够有效解决 MEA- 甘醇溶液等高黏高沸点 CO_2 吸收剂内的气液分散问题，Murphree 效率达到 90% 所需的传质时间小于 2s，可以大幅度降低 CO_2 捕集的动力消耗、解吸能耗和吸收装置建造成本，通过与流动降膜解吸装置结合，可以进一步实现吸收-解吸过程的循环操作[19]。

溶剂萃取是化工分离技术的一个重要分支，在湿法冶金、石油化工、原子能化工等领域起着不可替代的作用。工业生产中常用的萃取设备有混合澄清槽、离心萃取器、萃取塔(分为无机械搅拌和有机械搅拌)，在这些传统的萃取设备中进行液/液两相萃取，溶剂使用量大、平衡时间长，而且液滴分散不均匀导致装置内部流体力学状态复杂，给萃取器的设计和优化带来阻碍和限制。

1997 年，Brody 和 Yager 首次将微型化的概念引入萃取过程[20]，之后，微化工技术在萃取过程中得到了广泛的应用，如金属离子、酸、染料等的萃取，表现出独特的优势。首先是传质性能优异。Ju 等[21]利用微芯片进行水溶液中 In^{3+} 的萃取，萃取剂为二(2-乙基己基)磷酸(D2EHPA)，油水两相相互接触 0.55s，即实现 90.80% 的萃取率。其次是溶剂使用量少，能耗低，废料少。与传统萃取设备相比，达到相同萃取量，所需要的溶剂量少、选择性高；特别是对于溶剂有毒有害的体系，使用微化工技术进行溶剂萃取，能够减少安全隐患和环境污染[22]。新型高效微萃取设备还能够适应含固渣、界面张力高、两相物性差异大的复杂体系，如己内酰胺酸团萃取过程，使用堆叠式并流微槽设备的传质效率可以达到98% 以上，处理能力达到 $70m^3/h$ 的微设备外部体积仅为 $0.01m^3$，可以在设计能力 40% ～ 150% 的范围内实现高传质效率和可靠稳定运行。

6.1.6　基于微化工设备的反应过程强化

基于良好的混合、传热和传质性能，微反应器适合完成本征动力学为快反应甚至瞬间反应的化学过程，如沉淀反应。根据"成核生长"的基本原理，当溶液中物质达到过饱和后会快速沉淀析出，化学反应产物在溶液中的过饱和度越高，越容易发生成核作用形成纳米颗粒[23]。因此，通过沉淀法制备纳米颗粒在微反应器内很容易实现，如 $BaSO_4$、$CaCO_3$、TiO_2 和 ZnO 等颗粒材料[24]。对于纳米颗粒制备过程，微尺度反应过程还有利于实现颗粒原位改性，满足聚合物填充、润滑油清净剂等不同应用环境的需要。在颗粒合成中原位添加表面活性剂等改性剂还能够控制颗粒的尺寸。

在众多有机合成反应中均伴随多个串联或并联反应，利用主副反应本征动力学的差别来获得高选择性是微化工过程强化化学合成反应的优势所在[25]。利用微反应器提高反应选择性的案例很多，包括卤化、硝化、加氢、氧化等。例如，利用微反应器进行蒽醌加氢反应可以有效抑制过度加氢；在微反应器内进行环氧氯丙烷合成可以有效抑制串联的水解反应，获得高于 97% 的选择性；在微反应器内可实现低酸肟比的环己酮肟贝克曼重排过程，有效抑制局部酸肟比不足导致的八氢吩嗪超标。

另外，利用微反应器优异的热质传递性能强化传热/传质控制的反应过程则更为普遍[26]。例如，在微反应器内可实现快速安全的绝热硝化过程，将反应器停留时间缩短至秒级且放大可靠；利用微反应器进行蒽醌加氢和氧化，可将反应时间缩短 1 个数量级以上，催化剂、工作液的成本及系统内大量工作存留带来的安全风险都会显著降低。

聚合物合成和改性是另一类重要的反应过程。对于聚合过程，与传统搅拌反应器相比，微反应器在控制聚合物分子量分布、简化反应环境、提高反应选择性、调节聚合物分子结构和宏观形貌方面展现出一定的优势。对于聚合物改性，微反应器能够强化聚合物与改性剂的接触，改善改性过程的均匀性并抑制副反应。限于篇幅，此处不再赘述。

6.1.7 微化工技术在磷化工中的应用

(1)面向湿法磷酸萃取净化的微化工技术

湿法磷酸净化是磷资源高值化的关键，由于塔式装备投资大、生产周期短、成本高，因此国外引进工艺只考虑产品酸的高收率，而忽略了生产系统的调节能力和磷资源的综合利用。一方面高收率意味着杂质在副产物中的过度富集，造成副产物萃余酸难以利用；另一方面高收率主要依赖高理论级数和复杂萃取设备，无法适应含有大量沉淀的净化过程，从根本上限制了微化工这一变革性技术的使用。此外，萃取酸净化通过产品酸洗涤来实现，这一过程对最终食品级磷酸的总收率造成严重影响，也带来产品质量不稳定和生产成本高等突出问题。

针对以上问题，根据微化工过程效率高、生产成本低和调控能力强等特点，对传统塔式多级萃取-洗涤-反萃工艺进行根本性变革，发展适用于微设备的简捷净化工艺和副产物资源化利用的微反应工艺，以突破微化工技术难以在多级分离过程应用的根本性限制[27]。

通过系统研究 MIBK(甲基异丁基酮)萃取湿法磷酸体系相平衡规律，发现：①存在可被 MIBK 萃取的磷酸浓度下限，单级反萃可以实现99%以上的收率；②磷酸以水合物形式被 MIBK 萃取，其分配系数随水相离子强度提高而提高，通过单级萃取亦可高收率地实现磷酸分子萃取；③被萃磷酸水合物及 MIBK 中的水含量会随水相离子强度提高而降低，水含量低至2.5%(质量分数)以下离子含量急剧下降[28]。

根据上述基本规律，提出并确定了湿法磷酸净化单级萃取和单级反萃新工艺，保证净化酸收率达到理论值的95%且萃余酸可作为磷酸一铵的原料，实现了磷元素最大化利用。进一步发明了使用氨气和饱和磷酸一铵水溶液作为洗涤剂的洗涤工艺，其选择性比净化酸洗涤工艺高5倍，单级洗涤即可达到净化酸质量要求且磷酸收率提高50%以上，大幅降低生产成本[29]。最终提出"单级萃取-单级洗涤-单级反萃"这一国际上最为简捷的湿法磷酸净化制备食品级磷酸生产工艺，不仅解决了微化工技术在多级分离过程应用中受到限制的难题，而且净化酸收率也达到国际先进水平。

在工程上实现简捷的湿法磷酸净化工艺需要大通量、稳定的高效反应和传质设备。为了实现"单级萃取 - 单级洗涤 - 单级反萃"工艺，应用于萃取、洗涤和反萃工序的设备需要有接近 100% 的传质级效率才能真正简化系统和操作；应用于脱色工序的反应设备需要将双氧水和磷酸快速混合才能避免高温下双氧水分解导致的成本和安全问题。国际上商品化的微结构设备难以满足湿法磷酸净化体系特殊性的要求，例如：萃取工序中沉淀量巨大，微通道极易阻塞；洗涤和反萃工序的操作相比有数量级的差距，常规微混合设备难以保证瞬间高效混合；脱色工序的混合流比超过 100，此极端流比难以通过普通微混合设备实现，无法保证双氧水快速高选择性地与磷酸中的有色杂质发生反应。因此，只有发展能够稳定有效地处理高固含体系、具有宽广的高效传质区间、在极端流比下能够实现快速混合的新型微结构元件，才能突破上述常规微设备的应用禁区。

微通道放大和结构优化是提高固体通过能力的途径之一。由 CFD 模拟和流场分析，确定 T 形通道在交汇流动的垂直方向和混合后流体流动方向上的放大对混合性能影响小，发现在高通量下以垂直流剪切方式操作可以在非均相体系内形成卷吸流，其与微分散过程的瑞利不稳定性相互协同，能通过二次破碎形成大量微小液滴。据此提出微通道一维放大思想，发明了槽式微结构元件 [30]。微槽元件的双重特性尺度减小了结垢对微流动的影响，增强了装置的鲁棒性，增加了微结构单元通过能力，降低操作压降，使设备放大至万吨级变得简单易行。对于湿法磷酸萃取体系，使用垂直流微槽元件单级效率可达 95% 以上，总体积传质系数比传统设备高 2 个数量级，处理量与 300 个通道集成的国外商品化微通道阵列相当，加工成本和鲁棒性方面优势十分明显 [31]。垂直流微槽元件在 12 万吨 / 年湿法磷酸净化萃取装置上得到可靠稳定的工业应用。

通过剖析均一孔径微筛孔阵列元件高效传质平台窄的原因，发现低负荷下有分散流体流出的孔受外界干扰空间分布不均及高负荷下形成射流造成上游孔对下游孔短路，决定了高效传质平台延展的边界。据此，提出了利用尺寸非均一的微结构阵列主动调控流体分布的思想，发明了双重孔元件，通过压缩不稳定或随机流型产生的区域，使流体分布和分散行为更加可控，提高了微结构设备对大规模灵活生产过程的适应性。双重孔元件相对于均一孔元件，考虑级效率高于90%的传质平台，操作弹性有数量级水平的提高[32]。使用双重孔径筛孔阵列的微设备在万吨级工业装置上可以同时满足洗涤和反萃对99%以上级效率的要求。

通过剖析极端混合比下微设备内的流场，发现混合点附近的分散流体进料管内明显的速度场"回流"和浓度分布"前混"现象会严重延滞混合过程；分散流体进料管截面减小会使前混段长度缩短，垂直流剪切会引发涡流，聚焦接触会缩短传质距离，混合点后加突扩结构可带来湍动，这些都有助于提高混合性能。据此设计制造了双重管径微通道元件，在20∶1流比条件下实现了高效混合，突破了极端流比高效混合的原理性限制，应用于磷酸脱色工序，成功代替了大型脱色塔，取得了节省空间、降低双氧水用量和接近免维护的效果。

发展基于微化工设备的湿法磷酸净化高值化系统，能否保证其能够长期稳定运行将决定着新技术产业应用的命运。在这方面，湿法磷酸净化系统构建的最大难点在于萃取过程。该过程传质量大、两相体积变化大、沉淀物产生量大，对传质、相分离和沉淀物处理的要求都很高。常规萃取系统低效的根源在于试图在一个大型萃取塔内同时完成三个任务。通过系统研究三者的基本动力学特征，发现萃取的特征时间小于1s，而沉淀物沉积的特征时间远大于秒级，由此在微化工系统设计上可以采用基于传质过程强化和停留时间控制的单元功能简化原则，即使微混合结构内部停留时间远小于沉淀物沉积的特征时间，令沉淀物在微萃取器出口管道内大量形成，带有沉淀物的液液两相再于分相槽内完成相分离，使三个过程分别在各自适合的时空条件下进行，实现微设备作为高效传质单元和分相槽作为相分离单元的功能区分，充分发挥两者各自的结构与性能优势。根据这一原则建设工业侧线试验装置，确定微通道入口处为系统稳定性主要敏感位点，以增大微结构尺寸和提高流动线速度为降低敏感性的基本方法，优化微结构设计、萃取器管道设计和分相槽设计，发展基于沉淀迁移规律的操作参数调控策略，再与周期性双向往复操作微萃取设备的方法相结合，就可以实现微设备的高效在线自清洁，使湿法磷酸净化系统的稳定运行时间有了根本性的提高。

湿法磷酸工业化微萃取器及相关流动状态和设计方程见图6-1。

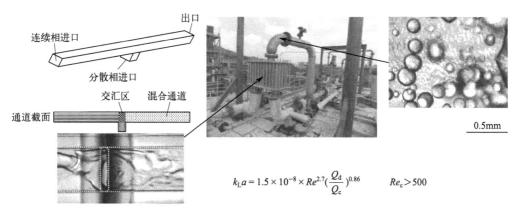

$$k_L a = 1.5 \times 10^{-8} \times Re^{2.7}(\frac{Q_d}{Q_c})^{0.86} \qquad Re_c > 500$$

图6-1　湿法磷酸工业化微萃取器及相关流动状态和设计方程

在湿法磷酸萃取系统的实际运行中，由于微结构设备内的流动仍有一定的非理想性，在处理达到其内部体积上百万倍的物料后，仍可能发生堵塞，需要基于堵塞物的组成和溶解度来确定清洗剂。根据微结构设备体积微小、结构简单的特点及堵塞过程的动态特性，可以采用微萃取设备的在线清洗技术和日常维护策略；将此策略与原料在线过滤系统相结合，微结构设备在线运行率超过99%。此外，针对混合流体流量和物性差异对微设备操作稳定性的影响，可采用以阻力匹配为准则的进料系统设计方案，使洗涤、脱色等过程实时保持稳定和高效，从而保证净化酸质量。这些工作从微设备设计、微系统构建和微系统控制及维护三个层面保证了湿法磷酸净化大型微化工系统的灵活、高效、稳定运行，该系统可随时开停车，生产能力可在7万～12万吨/年内灵活调整。

相比国外主流技术，湿法磷酸净化微化工系统的非生产时间节省90%，净化磷酸生产成本降低20%，萃取剂存量减少60%，尾气排放近零，安全环保水平显著提升。此外，微化工技术在使用 H_2S 的净化酸高效安全深度除杂等方面的研究与应用进展也值得关注。

(2) 面向湿法磷酸清洁生产的微化工技术

湿法磷酸生产和净化的副产物，包括萃余酸、氟硅酸、池水等的资源利用问题，是制约磷化工产业可持续发展的瓶颈。以微化工技术的特点和发展为基础，提出并实现了氟硅酸氨法制备纳米 SiO_2、萃余酸制备磷酸一铵以及池水二段脱氟等微反应工艺，构建了兼顾湿法磷酸资源高值化和梯级综合利用的全新的微化工清洁生产系统和关键装备。

针对湿法磷酸副产物氟硅酸的资源化利用，研究了通过氨气吸收-解吸调控氟硅酸铵与氟化铵间相互转化的热力学规律与热效应，明确了反应体系绝热温升的主要来源，提出了对氟硅酸铵溶液进行氨气预饱和来控制反应温度和强化吸收过程的策略，基于纳米二氧化硅形成条件，分析提出了以适当过量的氨气启动反应、在微反应器内强化氨气吸收及利用相分离设备于反应后及时移除过量氨气的纳米二氧化硅连续制备工艺。

针对氟硅酸铵氨化过程二氧化硅的沉淀形成与演变，搭建了可严格控制温度和停留时间的微反应平台，在秒级时间尺度下系统研究了其中的动态规律[33]。发现：二氧化硅沉淀是传质控制的过程，在微反应器内可在 1s 内完成；纳米二氧化硅在酸性条件下易形成凝胶，在碱性条件下易发生团聚，但所需时间都在数秒以上；存在纳米二氧化硅处于高收率及高分散状态的时空窗口，在该窗口内将过量氨分离即可获得高性能的纳米二氧化硅产品，保证二氧化硅单程转化率超过 80%。

针对 SiO_2 容易在微通道中沉积堵塞以及氨气在连续相氟硅酸铵水溶液中的大量、快速溶解易导致产液倒吸等影响系统稳定运行的工程难题，创新了微反应器的组合结构和安装方式，设计了微槽气液分散元件，优化了微槽深度及氨气进料缓冲室的结构和尺寸，提出了基于惰性气体缓冲的开停车与运行维护方案，避免液相向气相进口侧倒窜，实现了产能

1kt/a 微系统的长周期连续稳定运行，收率达到 90% 以上，产品的比表面积可达到 $260m^2/g$。

针对用于制备磷酸一铵的常规管式反应器在使用湿法磷酸净化副产物萃余酸作原料时存在的氨耗高、尾气氨含量高、设备振动大、安全生产有隐患等问题，提出利用微反应器严格控制化学计量比和强化化学吸收过程传质，达到简化系统、提高可靠性、降低能耗物耗及尾气排放的目的；利用微反应器提供的受限气液接触空间，限制气液界面变化的幅度及其引起的机械振动，提高设备整体的安全性和可靠性。

针对液氨与萃余酸接触反应存在相态多次急剧变化和强烈放热等特点，创制了具有直线型液相流径和紧凑型氨进料缓冲室的新型微反应器，成功应用于 30kt/a 磷酸一铵生产装置。与管式反应器相比，吨产品氨耗同比下降 0.51%；中和尾气氨浓度由 $300×10^{-6}$ 降低至 $100×10^{-6}$ 以下；结构紧凑，方便现场布置，反应过程振动明显减轻，改善了生产装置的安全性；克服了指标稳定性较差、产品指标波动较大、晶型较差、团聚明显等问题，产品指标更趋平稳，产品外观、晶型较好，基本消除了团聚现象。

针对池水石灰乳法制饲料钙脱氟渣磷含量高、磷利用率低等问题，通过系统研究搅拌强度、石灰乳浓度、温度对池水脱氟动力学和选择性的影响，从热力学角度分析，发现脱氟的关键是终点 pH 值，通过在整个脱氟过程中精准调控 pH 值，理论上可以实现高选择性脱氟；从动力学角度分析，存在石灰乳因团聚和被产生的沉淀包覆而无法及时发挥作用的情况，保证石灰乳的分散状态和与池水的快速有效接触至关重要，能够同时提高脱氟反应速率和选择性。

针对池水脱氟反应前期对石灰乳分散性和石灰乳、池水快速有效接触、后期对精准调控体系 pH 值的特殊要求，提出以乳化法制备石灰乳浆料保证分散性、以微反应器一级脱氟保证石灰乳和池水快速有效接触、以部分饲料钙产品作为后期脱氟剂保证 pH 值精准调控的池水脱氟利用新方案。应用该方案，磷资源转入饲料钙产品的比例可由采用串级搅拌槽方案的 65% 提高到 88%，同时副产氟含量近 30%、高于一般萤石品位的脱氟渣。为适应高固含率(13%)石灰乳浆料设计的处理量60t/h的微反应器,作为一级脱氟反应器运行稳定,取代了体积100m³的一级反应槽。

此外,对于以浮选分离、氟等重要伴生战略性资源利用为代表的其它湿法磷酸清洁生产关键领域,微化工技术的研究和应用进展也值得关注。

基于微反应器的湿法磷酸高值化和清洁生产的工艺流程见图6-2。

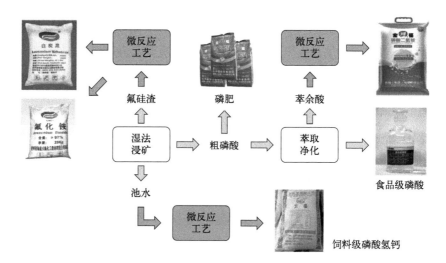

图6-2 基于微反应器的湿法磷酸高值化和清洁生产的工艺流程

(3)面向高端磷酸盐制备的微化工技术

磷酸二氢钾是重要的磷钾复合肥。对于不同的磷酸二氢钾生产工艺,复分解法产品质量差,不能够满足生产者的要求;直接法对原料磷矿石的品质要求高,而我国磷矿石资源90%以上为中、低品位,杂质多,净化困难;离子交换法能耗较高,还有频繁更换树脂带来的麻烦和成本压力。相对而言,萃取法能够更好地满足生产者需求,具有良好的工业化前景。

然而,萃取法在实际生产中应用较少,这主要是由于工业化过程中仍存在一些科学上的和工程技术上的难点,主要体现在两个方面。一是在工业放大过程中，体系容易发生乳化，萃取剂损失严重。为了萃取HCl，萃取剂中通常含有有机碱，此时萃取过程实际是酸碱反应，体系很容易发生乳化。特别是在放大过程中，油水分散不均匀，很容易造成局部过碱，导致体系乳化。二是过程控制困难，晶体的尺寸、形貌难以控制。萃取法的两个主要反应(萃取反应和反萃反应)同时涉及萃取、反应、结晶三个过程，因此过程复杂。而且，萃取和反应两个过程的动力学与结晶过程的动力学不匹配。对于前两个过程，动力学越快越好，以实现快速的萃取或者反萃，提高过程效率。但是对于结晶过程，动力学越慢越好，以实现晶体的缓慢生长，得到大尺寸晶体。过程的复杂性以及不同过程动力学的不匹配造成萃取法过程控制困难。

赵方[34]提出了基于微反应器的反应萃取制备 KH_2PO_4 的新工艺，首先萃取剂与 H_3PO_4、KCl 和 KH_2PO_4 的混合溶液在微通道中，35℃左右进行反应萃取，然后进入传统结晶器中，常温下进行结晶。结晶完成后固相洗涤干燥得到 KH_2PO_4 产品，水相返回反应萃取步骤，油相进入微通道中与吸收氨气后的 NH_4Cl 溶液反应进行反萃过程，然后进入传统结晶器中进行结晶。结晶完成后固相洗涤干燥得到 NH_4Cl 副产品，水相吸收氨气后返回反萃步骤，油相循环返回反应萃取步骤。相较于传统的萃取法工艺，新工艺具有以下优势：解决了体系容易乳化的问题；利用微通道将反应萃取过程和结晶过程解耦，将晶体的成核过程和生长过程分开，使得过程更加容易控制，并实现对晶体尺寸、形貌的调控，得到颗粒尺寸大、尺寸分布集中的 KH_2PO_4 晶体；萃取剂的稳定性好，工业放大容易。

磷酸铁基材料是一类在新能源储能及催化领域具有重要应用潜力的无机功能材料，组成和结构对其应用性能有着直接的影响。沉淀法是制备无定形 $FePO_4$ 纳米颗粒普遍使用的方法。该方法具有操作简单、能耗低、所需设备简单，并且能够生成尺寸较小的 $FePO_4$ 纳米颗粒的优势。根据所使用铁原料价态的不同，沉淀法制备 $FePO_4$ 纳米颗粒主要分为两类：一是液相氧化沉淀法，二是液相非氧化沉淀法。前者使用硫酸亚铁、双氧水和磷酸盐作为反应原料，需要在惰性气氛的保护下进行，操作复杂，产品中含有杂质，特别是硫酸根对产品应用性能的影响大，去除困难，往往需要以高水耗为代价。后者使用三价铁盐和磷酸盐作为反应原料。沉淀法制备得到的 $FePO_4$ 产品尺寸、组成等强烈依赖于具体的反应条件。由于三价铁离子非常容易水解，因此为了制备高纯的 $FePO_4$ 纳米颗粒，反应必须在很低的 pH 值下进行（一般 pH < 2），才能抑制 $Fe(OH)_3$ 杂质的产生，这样导致过程的效率非常低，反应时间甚至长达一周。由于反应时间长，因此反应物的浓度必须很低才能得到纳米级的 $FePO_4$ 产品，文献中报道的浓度甚至在 0.1mmol/L 这个量级上，严重制约了其实际应用。

Zhang 等[35]利用膜分散微反应器提供的均匀反应环境，通过对不同反应温度（20 ~ 120℃）、反应体系组成、反应物浓度（0.05 ~ 0.3mol/L）下共沉淀产物物相组成的系统考察，确认了主要副产物 $Fe(OH)_3$、$Fe_2(HPO_4)_3$ 及其产生与抑制条件，得出"表观离子成分为 Fe^{3+} 和 HPO_4^{2-} 是快速沉淀制备高纯 $FePO_4$ 的必要条件"的重要结论，在膜分散微反应器的技术平台上实现了 P/Fe 摩尔比为 1.00 的高纯无定形 $FePO_4$ 纳米颗粒的直接沉淀法连续制备。进一步发展了微反应器与高温老化耦合的技术平台，研究了多组分共沉淀产物之间的演变规律，揭示了 $Fe_2(HPO_4)_3$ 在高温热处理的条件下向 $FePO_4$ 转化的动态过程，解决了副产物 $Fe_2(HPO_4)_3$ 影响产品纯度的问题，拓宽了高纯 $FePO_4$ 纳米颗粒的制备区间[36]；利用 H_3PO_4 和 HNO_3 混合酸实现了对铁离子存在状态和磷酸根分布的灵活调控，通过改变成核阶段的过饱和度和后续老化过程中可转化的 $Fe_2(HPO_4)_3$ 的量，实现了高纯 $FePO_4$ 纳米颗粒在 9 ~ 59nm 范围内的尺寸调节[37]。

利用微反应技术合成纳米磷酸铁见图 6-3。

在高端磷酸盐制备领域，通过萃取-反萃交替技术实现湿法磷酸净化与中和制盐的短流程集成，将为扩能降耗提供新的选择，也是微化工技术值得关注的方向。

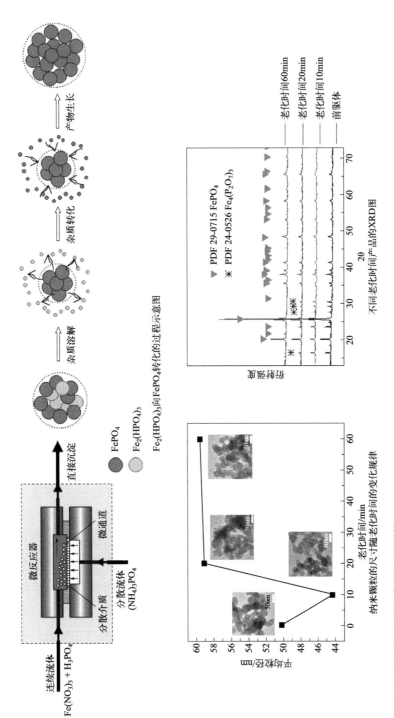

图 6-3 利用微反应技术合成纳米磷酸铁

6.2

超重力技术

超重力技术是 20 世纪 70 年代在国际上发展起来的一项新兴的工程技术，是一项强化相间传质、反应及微观混合的新型技术。1976 年，英国帝国化学公司 (ICI) Ramshaw 教授等人做了微重力场对化工分离单元操作——蒸馏、吸收、解吸等过程影响的研究；他们在研究中发现，在微重力 $(g \to 0)$ 条件下，分子间力会起主导作用，使液体团聚，失去两相充分接触的前提条件，从而导致相间质量传递效果很差；更严重的是，在几乎没有重力的情况下，液体的表面张力将起主导作用，液体凝聚在一起，组分基本得不到分离。而超重力加大了气液间的相对运动速度，极大地提高了传质速率。沿着这一思路，Ramshaw 教授和他的研究小组做了大量的实验和理论研究，首次提出了超重力工程这一突破性概念。此后，超重力技术得到了迅速发展，利用超重力场代替常规重力场，使得精馏、吸收、解吸和多相反应等化工过程中的气液两相的相对速度大大提高，相界面快速更新，生产强度成倍提高。

通常，超重力场用于化工过程是通过填料层 (转子) 的高速旋转来完成或模拟的，形成一种稳定的、可以调节的离心力场 (超重力场) 来强化传递与反应过程[38-39]，这种装置被称为超重力装置或超重机，也称为旋转填料床或旋转填充床。在旋转填料床内，由旋转产生的离心加速度可达 20 ~ 500 倍的重力加速度，在此超重力场下传质效果与单位设备体积的生产强度都提高了 1 ~ 2 个数量级。超重力旋转填料床可在许多场合取代传统的塔设备，特别适用于有高分离能力要求的物质，在强化传递与分离的同时，还增大了过程的操作弹性。因此，作为一种新型高效的传质设备，超重力旋转填料床在许多领域能有效弥补常规塔设备的不足。

根据化学工程的研究方法，可以用无量纲参数（即无因次数）来表达超重力场的强度，以便于将不同尺寸、不同转速的旋转填料床进行对比。把惯性加速度与重力加速度之比称为超重力因子，用 β 来表示。超重力因子[38]的表达式为：

$$\beta = \frac{G}{g} = \frac{r\omega^2}{g}$$

将有关数值代入，超重力因子可以简化为：

$$\beta = \frac{N^2 r}{900}$$

从定义式可以看出，超重力因子是个无因次量，与化学工程常用的无因次数群的概念是一致的。因此，通常也称超重力因子为超重力数。超重力因子与转子旋转的转速的平方成正比，可以通过调节转子旋转的转速来调节超重力场的强度。超重力因子与转子的半径成正比，表明在不同半径的各点（处）的超重力因子是不同的，在相同半径上的各点（处）的超重力因子是相同的，在相同半径处存在一个等超重力场强度线。因此，在旋转填料床中，超重力因子依半径方向存在一定的分布。

当转子旋转的转速一定时，超重力因子的大小随转子的半径呈线性变化，表现为沿径向方向超重力因子呈线性增大，如图6-4所示。

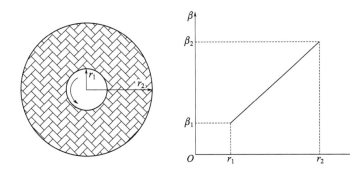

图6-4　填料层内超重力场沿径向的分布

r_1—旋转填料的内径；r_2—旋转填料的外径

由于超重力场强度沿径向存在一定的分布，为使用方便，通常用平均超重力因子来描述超重力场的强度。实际上,超重力场具有立体结构分布场的性质,当转子中的填料在轴向均匀分布装填情况下,超重力场可以看成是一个平面的分布场。超重力场强度的平均值就是其面积平均值,其算法如下。

取半径为 dr 的微元填料求超重力因子的面积平均值,即:

$$\bar{\beta} = \frac{\int_{r_1}^{r_2} \beta \times 2\pi r \mathrm{d}r}{\int_{r_1}^{r_2} 2\pi r \mathrm{d}r} = \frac{2\omega^2(r_1^2 + r_1 r_2 + r_2^2)}{3(r_1 + r_2)g}$$

在转子的内径与外径相差不大的情况下,可以用算术平均值来表示,即

$$\beta = \frac{\beta_1 + \beta_2}{2}$$

在超重力场下,不同大小分子间的分子扩散和相间传质过程均比常规重力场下的要快得多,气-液、液-液、液-固两相在比地球重力场大上百倍至千倍的超重力环境下的多孔介质或孔道中产生流动接触,巨大的剪切力使得相间传质速率比传统的传质设备提高 1 ～ 3 个数量级,即传递效率呈数十倍到数千倍地提高,微观混合和传质过程得到极大强化。同时,在超重力场下,由于流体受到超重力的作用,使得液泛不易发生,气体流速可以较大幅度提高,使得设备的单位体积生产效率提高 1 ～ 2 个数量级。

超重力场的实现是通过高速旋转填料来模拟的,其结构如图 6-5 所

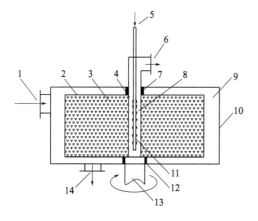

图 6-5 超重力旋转填料床结构示意图

1—气体进口;2—转子;3—填料;4—超重力旋转填料床内腔;5—液体进口;6—气体出口;7,12—密封垫;8—喷嘴;9—超重力旋转填料床外腔;10—外壳;11—中央分布器;13—转轴;14—液体出口

示，它由固定的圆柱形壳体、转轴、转子、圆环状的填料和液体分布器等组成。壳体内设置转子和圆环状的填料、液体分布器等，壳体上部设置液相流体的进口管和气相流体的出口管，在下部设置液相流体的出口管，在侧面设置气相流体的进口管；转轴的一端与转子相连接，另一端与电机或皮带轮相连接，在电机的驱动下实现转子的旋转；转子的主要作用是装载和固定填料，装填了填料后的转子也称为转鼓，在动力驱动下进行旋转；填料的作用是增加气、液两相的接触面积和强化传递过程，可以是规整的填料，也可以是随意堆积或按某种结构设计的形状等。

6.2.1　超重力旋转填料床的类型

按照旋转填料床内气、液两相接触的流动方式，可以将旋转填料床分为逆流旋转填料床、错流旋转填料床、并流旋转填料床三类[40]。

(1)逆流旋转填料床

普通的气相为连续相的气液逆流旋转填料床的基本结构如图 6-6 所示。顾名思义，逆流旋转填料床内的气、液两相呈逆向流动，具体流动过程为：气相经气体进口 1 沿切向引入超重力旋转填料床外腔，在气体压力作用下由转子 3 的外缘处进入填料层 2，液体由液体进口 6 引入转子内腔经喷头 7 喷洒在转子内缘上，进入转子 3 的液体受到高速旋转的填料的作用周向速度迅速增加，所产生的离心力将其甩向转子 3 的外缘。在此过程中，液体被填料分散破碎形成极大的不断更新的表面积，曲折的流道更加速了表面更新，增大了气液相的湍流程度。这样在转子内部形成了极好的传质与反应条件，而后液体被转子甩出，由壳体 4 汇集后经液体出口 8 离开超重力旋转填料床，气体与液体逆流接触后自转子中心引出由气体出口 5 离开超重力旋转填料床，完成了整个传质或反应过程。在此过程中，由于强大的离心力的作用，液体在高分散、强混合及界面快速更新的环境下与气体充分接触，极大地强化了传递和反应过程。

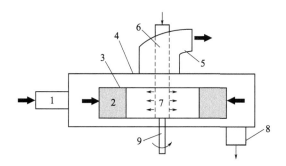

图 6-6   逆流旋转填料床基本结构示意图

1—气体进口；2— 填料层；3— 转子；4—壳体；5—气体出口； 6—液体进口；7— 液体喷头；8— 液体出口；9— 转动轴

(2)错流旋转填料床

在错流旋转填料床内，气、液两相呈错流接触，即液体经液体分布器均匀地喷淋在填料边缘，在离心力的作用下，沿填料的表面或间隙呈液滴、液丝和液膜的形式流向填料外缘，碰到静止的器壁后落下，从液体出口排出(图 6-7)。与逆流旋转填料床不同，气体从气体进口引入后，在压力的作用下，由填料下端轴向穿过旋转填料床，其间与液体在填料内呈错流接触，后由填料上端穿出，再从位于壳体上端的气体出口排出，相比逆流旋转填料床，错流旋转填料床不存在液泛的问题，而气体的液沫夹带问题很容易通过在液体喷淋段后面增设捕沫段得到解决。因此错流旋转填料床适合高气速下的操作，除此之外，在正常通气情况下，床内液体无明显轴向分散，液体的轴向返混很小。

(3)并流旋转填料床

并流旋转填料床中，气、液两相同时由填料内同向穿过填料层后到达填料外缘[41-42]。填料在电机的带动下高速旋转，气体由气体进口管导入填料内腔，在压力作用下自填料内腔进入床层，经过填料进入外腔，从气体出口排出；液体由位于填料内腔的液体分布器喷洒在填料内缘进入床层，在高速旋转产生的离心力作用下，由填料内缘沿径向向外流动，碰到静止的壳体后落下，从位于底部的液体出口排出(图 6-8)。在此过程中，由于强大的离心力作用使得液体被雾化，液体在高分散、强混合及界面快速更新的环境下与气体并流接触。并流旋转填料床的操作虽然简单，但是操作范围较小，分离效果不高，工业应用较少。

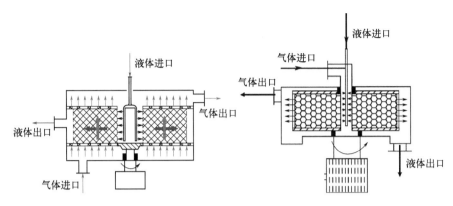

图 6-7　错流旋转填料床示意图　　　　图 6-8　并流旋转填料床示意图

　　应当指出，由于气相流通路径的不同，气、液相的接触形式随之发生变化，这也带来诸多流体力学、传质性能及工业应用上的差异。例如，在正常操作条件下，气、液逆流接触，在相界面产生较大的相对滑移速度，提高了相际间表面更新速度，利于气液传质效果的提升，逆流旋转填料床具有明显的传质优势；然而，逆流接触造成气体通过时产生巨大的阻力，使得逆流旋转填料床的气相压降明显高于错流旋转填料床和并流旋转填料床，若将两相流接触形式由逆流改为错流，可以减轻液泛现象的发生，还可以使转子的直径减小到与气体管路的直径相当，达到减小设备体积、降低设备造价的目的。因此，错流旋转填料床在工业应用上表现出更广泛的价值。

　　超重力旋转填料床既可用于传质分离过程，又可用于多相反应过程。它所处理的介质多种多样，根据不同需要可以是气-液两相，也可以是液-液两相，还可以是气-液-固三相，可以是并流、逆流或错流操作。与传统的塔式设备相比，超重力旋转填料床可显示出其独特的优势[43]：

　　① 强化传递效果显著，传递系数提高了 1 ～ 3 个数量级；

　　② 气相压降小，气相动力能耗少；

　　③ 持液量小、达到稳定时间短，便于开、停车，便于更换物系，易于操作；

④ 物料停留时间短，适用于某些特殊的快速混合及反应过程；

⑤ 设备体积小，成本低，占地面积小，安装、维修方便；

⑥ 既易于微型化适用于特殊场合，又易于大型化放大且效应小；

⑦ 形成的超重力场稳定、可调；

⑧ 填料层具有自清洗作用，不易结垢、堵塞；

⑨ 应用范围广、通用性强、操作弹性大。

6.2.2　超重力旋转填料床流体力学性能

流体力学性能是衡量超重力旋转填料床气液传递性能的重要指标之一，气液传质性能优劣、负荷的大小及操作的稳定性等很大程度取决于流体力学性能。流体在超重力场下的流体力学性能不能简单地用超重力场代替重力场而求取，超重力场下的流体力学性能比传统塔设备中流体更为复杂。超重力旋转填料床流体力学性能一般包括流体流动形态、压降、液泛及停留时间等。

（1）流体流动形态

液体在超重力场中的流动状况十分复杂。国内外学者采用摄像机或高速频闪照相实验技术，直接观察液体的流动过程和流动状态。Burns 等[44]和 Ramshaw[45] 发现，在超重力场中填料的流动状态可以分为三种：孔流（pore flow）、液滴流动（droplet flow）、液膜流动（film flow）。郭锴等发现液体在被加速时并非是一起被加速的，而是存在两种情况：一是当它们被填料捕获后，就达到与填料相同的速度；二是未被填料捕获的部分则保持原有的速度，大约经过 10mm 才全部被捕获，表明填料床存在端效应区。郭奋[46] 发现液体以液滴、液丝和液膜三种形态存在于填料中，在填料内缘处，液体主要以液滴形态存在，在填料主体区，填料表面上液体主要以液膜形式存在。Burns 采用高速频闪照相机对液体在填料中的不均匀分布问题进行了研究；液体在填料中的分布很不均匀，液体以放射状螺旋线沿填料的径向流动，向周向的分散很少。为考察液体在旋转填料中分布性，采用两个 20mm 的金属挡片垂直放置于液体分布器与填料内侧之间，将填料内圈一些部分用挡片挡住，使液体不能从此部分进入填料(图6-9)，结果发现：金属挡片沿填料外缘径向阻挡的这部分填料是干的，说明液体基本上是径向运动，而周向分散很小。

孔流　　　　　液滴流　　　　　液膜流　　　　　填料　液体

图6-9　液体在填料中的三种流动形态

(2)压降

气相压降是衡量设备阻力大小和能量消耗的一项重要指标，是设备设计、填料选择等必须考虑的问题。超重力场下压降的产生依据受力的状态[47]可以分为：

① 离心阻力，即高速旋转的填料对气体形成剪切作用，对气体进行剪切变形，带动气体流动造成能量损失，这就是离心压降产生的主要原因。离心压降的大小与填料旋转的速度、填料形状、装填方式及空隙率等有关。

② 摩擦阻力，是指气体在流动过程中在填料表面和气液界面上产生的黏性曳力。

③ 形体阻力，是由于气体通过的流道突然增大或缩小以及方向改变等造成的能量损失。超重力旋转填料床的气相压降特性有床层压降 (Δp_s)、离心压降 (Δp_c)、干床压降 (Δp_d) 及湿床压降 (Δp_w)、总压降 (Δp_t) 等指标。

王焕[48]研究了错流旋转填料床的气相压降特性，结果表明：错流旋转填料床湿床压降大于干床压降，其干床压降与湿床压降均与气速的平方成正比，处于阻力平方区；干床压降与转速无关；湿床压降与转速的平方成反比，与液体流量成正比；气相压降关联式与传统塔设备类似，但是不同于逆流旋转填料床；错流旋转填料床不会受到液泛气速的影响，气体流速可高达 15m/s，甚至更高；与逆流旋转填料床相比，错流旋转填料床填料的直径可大大缩小。影响错流旋转填料床气相压降的主要是转速和气量，液量影响较小，与逆流旋转填料床相比，错流旋转填料床的压降是它的 1/10。床层气相压降与填料的空隙率及其厚度有关。

（3）液泛

气液在超重力旋转填料床内接触的过程中，由于液相流体受到较大的超重力场的作用或者说流体质点受到较大的离心力作用，其流速远比在塔设备中的液体流速大得多。因此，在这种情况下，能在较高的气体速度下操作，气液接触一般不易发生液泛现象。但是，在操作不当的情况下，会发生气体中大量夹带液体的现象，甚至出现液泛现象，严重时会影响整个气液接触操作。逆流旋转填料床的转子中心出现雾状液滴，气体出口有大量液体喷出，压降有较大幅度波动时，可认为逆流旋转填料床出现液泛现象[49]。液泛现象首先出现在内缘（内腔）区，与气量、液量和转速有关，主要表现形式是气相夹带液滴，从正常操作到发生液泛的过程中气相压降、液相夹带量连续增加。相比之下，错流旋转填料床不存在液泛问题，只有液沫夹带问题，可以在很高的气速下操作。而错流出口气体中的液沫夹带很容易通过捕沫器设计解决；在通气的情况下床内存在轻微轴向偏流，床内液体无明显轴向分散，因此液体轴向返混程度很小。

（4）停留时间

液体在旋转填料床中的停留时间取决于填料径向深度、填料种类、转速以及液体本身的性质。衡量填料转子内液体量有两种基本方法：一个是转子内液体的平均停留时间；另一个是填料内的持液量。旋转填料床内液体的停留时间可以通过示踪观察或者示踪电导传感的方法来测定，实验测得停留时间为 0.2 ～ 1.8s，并且随着转速、液量和转子径向距离的增加而减小，而气量和液体黏度对停留时间影响不大。国内外研究者对旋转填料床持液量的研究并不多。

掌握气体和液体在旋转填料床内的流动特性对于理解其性能非常重要。例如，良好的液体分布特性有利于填料的均匀润湿，而且对于防止填料转子失衡非常重要：液体以液滴、液丝和液膜的形式存在于填料中，有助于传质和传热过程的强化；错流旋转填料床不受液泛的影响以及较低的压降提高了设备的处理能力。因此，旋转填料床的流体力学性能直接影响到填料床内的传质效果和设备能力。通过对旋转填料床内部流体力学性能的研究，掌握设备结构及内构件对流体的作用机理，有助于设备性能的改善和提升，为超重力设备设计、操作参数的设置、设备放大及商业化应用提供重要的技术支持。

6.2.3 超重力旋转填料床传质性能

传质性能是传质设备的一个重要表征手段，与传统化工设备(如板式塔、填料塔等)相比，超重力旋转填料床在传质方面表现出十分优异的效果。

对于超重力旋转填料床而言，研究人员主要通过对超重力设备传质参数实验测量、传质参数关联式拟合以及传质参数模型构建三方面进行研究。其中对于传质参数的实验测量手段和体系趋于成熟和完善，传质参数关联式在不断优化过程中。通过试验，对不同物系不同操作条件下的传质影响因素的关系进行研究得到规律性结论，归纳成体积传质系数与各影响因素的经验模型，是重要的研究方法之一，表 6-2 给出了部分研究学者实验得到的传质模型。

表6-2 超重力旋转填料床内相间传质模型

研究学者	实验体系	传质关联式
Tung 等[50]	氨气-水	$k_L = 0.918(D_L/d_p)(a_t/a)^{1/3}Sc_L^{1/2}Re_L^{1/3}Gr_L^{1/4}$ $Re_L = \dfrac{L}{a_t\mu_L}, \ Gr_L = \dfrac{d_p^2\rho_L^2 g}{\mu_L^3}$
Duduković 等[51-52]	NaOH-CO_2	$k_L = 2.6\times10^{-4}(\dfrac{Q_w}{\Delta X})Sc^{-1/2}Re^{-1/3}Gr^{1/6}$
Kelleher 等[53]	环己烷-正庚烷	$k_L = 2.3\times10^{-7}\dfrac{a_p D_G}{d_p}Sc^{-1/3}Re^{-2/3}Gr^{1/63}$
Chen 等[54]	水-VOCs	$\dfrac{K_G a H^{0.27} RT}{D_G a^2} = 1.91\times10^7 Re_G^{0.323}Re_L^{0.326}Gr_G^{0.18}$

研究学者	实验体系	传质关联式
Arash 等 [55]	哌嗪 + 甲基二乙醇胺-CO_2	$\dfrac{k_G \cdot a}{D_G \cdot a_t^2}(1 - 0.9\dfrac{V_0}{V_t})$ $= 0.023 Re_G^{1.13} Re_L^{0.14} Gr_G^{0.31} We_L^{0.07}(\dfrac{a_t}{a_p'})^{1.4} \times$ $\dfrac{k_L \cdot d_p}{D_L}(1 - 0.93\dfrac{V_0}{V_t} - 1.13\dfrac{V_i}{V_t})$ $= 0.35 Sc_L^{0.5} Re_L^{0.17} Gr_L^{0.3} We_L^{0.3}(\dfrac{a_t}{a})(\dfrac{a_t}{a_p'})^{-0.5}(\dfrac{\sigma_c}{\sigma_w})^{0.14}$

Jiao 等 [56] 研究发现，多孔波纹板填料的体积传质系数是金属丝网填料错流旋转床的 0.95 ~ 2.1 倍，在相同的操作条件下，比传统气液传质设备高 1 ~ 2 个数量级。Lin[57] 采用甲醇-乙醇物系，在常压全回流条件下，在不锈钢金属丝网填料旋转床中进行了精馏实验，结果表明，理论板高度与超重力因子的 0.23 ~ 0.26 次幂成正比，1 ~ 3 块理论板用 8.6cm 填料厚度就可以实现，整体填料层的理论板高度为 3 ~ 9cm，远远低于传统填料床。Wei 等人 [58] 研究发现在超重力旋转填料床中，Cat/O_3-RPB 体系对臭氧的总分解常数与总体积传质系数较为有利，在相近实验条件下，与 Cat/O_3-BR 体系相比，Cat/O_3-RPB 体系下的 K_c 和 K_{La} 值分别是 Cat/O_3-BR 体系的 1.81 倍和 1.9 倍。可以看出，相较于传统塔设备，超重力旋转填料床的传质性能更好，有利于化工过程的进行。

6.2.4 超重力技术在磷化工方面的应用

(1)超重力吸收技术应用——磷化工尾气脱氨

吸收是最典型的传质过程，超重力旋转填料床作为一种新型的传质设备，可显著强化传质过程，因此超重力吸收技术在吸收中占有极重要的地位。

气体吸收过程是利用气体混合物中各组分在溶剂中溶解度的差异或与溶剂中活性组分化学反应的差异实现组分分离的过程，也是气体净化的常用单元操作，气体吸收过程实质是溶质由气相到液相的质量传递过程。工业上的气体吸收过程可分为物理吸收、化学吸收和物理化学吸收三大类。无论采用何种吸收形式，都要解决过程的极限和过程速率两个基本问题。传统塔设备是利用重力作用达到气液两相在其中的充分接触实现物质传质，由于重力场较弱，液膜流动缓慢，在传质过程中体积传质系数较小，故这类设备通常体积庞大，空间利用率和生产强度低。超重力吸收设备，则是利用高速旋转的填料床，使液体受到强大的离心力，在几百至上千倍重力加速度时，液体流速可比重力场提高10倍，液体在巨大的剪切力作用下被拉伸或撕裂成微小的液滴、液丝和液膜，产生巨大的相间接触面积，流体的湍动程度大大增强，减小了相界面的传质阻力，大大强化了气液两相的传质。

因此，超重力吸收设备具有传统塔设备无法比拟的独特优势，越来越多的人意识到它在过程强化领域的发展潜力以及应用前景。许多国家和地区的研究机构在不断地对超重力旋转填料床进行开发应用研究，学者们采用不同吸收体系（CO_2-NaOH[59]、H_2O-NO_x[60]）、不同结构旋转填料床（错流床[61]、逆流床[62]）研究了旋转填料床的气液吸收传质性能。结果表明，超重力旋转填料床的传质效果明显高于传统塔设备，其液相体积传质系数比普通气液传质塔设备高 $1 \sim 2$ 个数量级。试验结果均表明，超重力吸收装置可显著地提高吸收过程的传质速率。

硝酸磷肥的生产过程中会产生大量的废气，称为硝酸磷肥尾气，简称磷肥尾气。采用不同生产工艺所产生的硝酸磷肥尾气成分相同，主要为氨气、氮氧化物、含氟气体以及水汽，差别仅在于成分含量的高低，因原料不同而异。硝酸磷肥尾气具有排放量大、温度高、成分复杂的特点，以间接冷冻法生产的硝酸磷肥尾气为例，硝酸磷肥尾气来源于生产中酸解、过滤、中和、转化工序的气体，混合后温度达到70℃，主要含有含氟气体、氨气、水汽、氮氧化物[63]等，其组成见表6-3。

表6-3　冷冻法硝酸磷肥尾气组成

位置	温度/℃	NH_3浓度/（mg/m³）	NO_x浓度/（mg/m³）	F浓度/（mg/m³）	H_2O含量/%
烟囱	70	7960	751	62	20.6

由表 6-3 可以看出,硝酸磷肥尾气具有以下特点:①氨气浓度过高,根据《恶臭污染物排放标准》(GB 14554—1993),排气筒高度大于 60m 时,最高允许排放浓度为 739mg/m³,只有当氨气的吸收率高于 90.72% 时,才能达到排放标准。②水汽含量高,体积分数达到 20.6%,计算其湿度为 0.1782kg/kg,远远高于大气状态下的饱和湿度,该尾气排放进入大气后,温度骤然降低,从而使得硝酸磷肥尾气排放后形成"工业白烟"。要达到排放标准,必须使排放尾气中水汽含量不高于大气状态下的饱和水汽含量。为此,磷肥尾气达标排放一直是化肥行业的难题。

采用传统分别治理硝酸磷肥尾气的方法,存在工艺复杂、流程长、投资运行费用高等诸多问题。从尾气的组成来看,氨气和水汽是关键组分,整体方案应该集中在对关键组分的有效处理。首先,对于氨气,如采用水或酸性溶液作为吸收剂,塔为吸收设备,存在吸收效率较低、设备体积大、占地面积大、基建及投资费用高的问题,特别是对现有工艺进行技术改造、增加新的脱氨装置时,场地空间严重受限,难以实施。针对硝酸磷肥尾气排放量大、湿度高、温度高的特点,若采用冷却法,尾气冷却需要的换热量很大,尾气被冷却的速率和效率是技术的关键。此外,氮氧化物及氟含量相对较低,在脱氨除湿的过程中会同时被脱除,溶于水中,达标相对容易。因此,寻求传热传质效率高、占地面积小、脱氨除湿一体化的新型技术是解决此类问题的技术关键。由此,中北大学提出超重力吸收法处理硝酸磷肥尾气的技术思路,通过湿法脱氨基础研究和对工艺参数的优化,推进了工程化关键设备设计与工艺技术创新,在企业实施推广应用,取得了显著的经济和环境效益。

超重力脱氨处理硝酸磷肥尾气技术工艺流程如图 6-10 所示。该技术以发明的脱氨工艺及装置为基础(同轴异径双层填料的超重力旋转填料床),将该装置作为吸收设备,以硝酸磷肥生产工艺中产生的酸性废水为降温脱氨吸收剂(降温媒介),尾气经吸收降温处理后,氨生成的铵盐,NO_x 生成的硝酸类化合物,以及除湿生成的水,均进入工艺酸性废水中,返回生产系统循环利用。发明的同轴异径双层填料的超重力旋转填料床如图 6-11 所示,其中在装置下部设置的下填料层以湿填料形式运行,而在上部设置的上填料层以干填料形式运行。两层填料层之间设置了扩张段，以减小气体流速。工艺产生的酸性废水(吸收液)从液体进口进入下层填料，硝酸磷肥尾气从超重力旋转填料床底部进入下层填料，气液在旋转的填料中进行接触。在此过程中，水中酸性物质与尾气中的氨气发生化学反应，同时，气液直接接触换热，尾气温度急速降低，水汽从尾气中冷凝进入酸性废水中。此外，尾气中的NO_x同时被水吸收，转入液体中。从下层填料出来的气体，经过扩张段(区间)气速缓慢降低后，进入上层高速旋转的干填料层。在填料中，旋转填料对气体的剪切和强烈碰撞作用使得气体中夹带的液膜、液雾快速凝并和捕集，进一步降低气体中的水分含量。

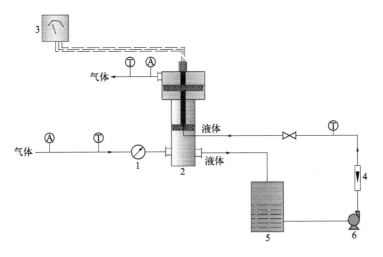

图6-10　超重力脱氨处理硝酸磷肥尾气技术工艺流程
1—气体流量计；2—旋转填料床；3—变频器；4—液体流量计；5—液体循环槽；6—液体循环泵

该项目于2009年在硝酸磷肥生产企业进行了工程化实施，主要是对原有尾气治理流程进行技术改造，由于现场空间位置与场地受限，其他传统吸收装备无法安放，超重力旋转填料床体积小、占地少的特点得以充分体现。单台超重力旋转填料床处理气量为$5.5×10^4 m^3/h$，以生产工艺的原酸性废水为吸收液，装置运行平稳，脱氨率为92%，NH_3被吸收液吸收，生成的铵盐返回主生产工艺，年回收氨3220t，实现了资源循环利用。除湿率为60.8%，年回收水4.35万吨。尾气治理系统压降损失小于1000Pa，不需要另增设风机。

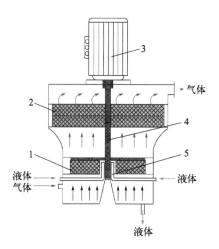

图6-11　同轴异径双层填料的超重力旋转填料床

1—下层填料；2—上层填料；3—电机；4—转轴；5—液体分布器

该技术具有占地面积小、脱氨率高、安装维修方便、投资费用小和运行成本低等优点，解决了硝酸磷肥行业的难题，推广应用于山东等地脱氨工程，节能减排效果显著，带动了相关工艺的进步。

(2)超重力解吸技术应用——磷酸中提碘

解吸是吸收的逆过程，又称气提或汽提，是将吸收的气体与吸收剂分开的操作。解吸的作用是回收溶质，同时再生吸收剂(恢复吸收溶质的能力)。工业上，解吸是构成吸收操作的重要环节。解吸分为物理解吸(无化学反应)和化学解吸(伴有化学反应)。采用传统的塔设备进行解吸，存在传质效果差、气液接触面小等缺点，采用超重力技术解吸，其优势在于解吸率高、气体用量小、不易结垢堵塞、设备体积小、气相压降小等。解吸与吸收的区别仅仅是物质传递的方向相反，它们所依据的原理相似，即溶质从液相中分离出来而转移到气相的过程(用惰性气流吹扫溶液、将溶液加热或将其送入减压容器中使溶质放出)。超重力解吸技术同样如此，解吸液体在旋转填料床中被高速旋转的填料切割成尺寸很小的液丝、液滴和液膜，液体的湍动程度随转速的增大而增大，气液两相接触面积增大。液膜表面的更新速度加快，液相传质阻力减小，与惰性气体接触时，能更有效地进行解吸过程[64]。

碘是制造无机碘化物和有机碘化物的基本原料，是重要的资源，一方面碘对人体健康有重要作用，也广泛用于医药、农药、化工、电子及军事工业；另一方面，含碘液体不加以处理直接排放会带来环境污染。目前，中国碘的年产量只有几百吨，与中国对碘的需求量形成巨大的反差，这直接导致国内市场碘的售价昂贵，而且中国每年都要花费大量的外汇从国外进口碘物资。在磷矿工业中伴生的碘一直作为"暂难利用"资源，在磷肥生产过程中耗散。因此，磷化工企业回收碘资源是一项利国利民的有意义的工作。从稀磷酸中回收碘，碘的吹脱是稀磷酸提碘工艺中重要的一个环节。目前，工业上常用的方法为离子交换法和空气吹出法，离子交换法操作步骤比较烦琐，而空气吹出法工艺较简单，尤其是用于湿法磷酸中碘的回收对主产品稀磷酸的质量无任何影响。

传统工艺吹出塔一般多为填料塔，液相流体以较厚流体层形式缓慢流动，形成的相间传递面积小，更新频率低，导致相间的传递过程受到限制。通常用提高气体速度来改变液相流体的流动状态，进而强化传递过程，但是受液泛的限制，气速的提高十分有限，这就导致填料塔空气吹出法对原料液含碘量要求高(原料液含碘 > 0.03%)，工艺能耗高。生产实践还表明：原料酸液含泥沙及其他黏稠物，沉积物的长期积累会使气液流道变窄，气液接触面积变小，甚至导致填料堵塞，轻则使塔内压降偏大，导致送风能耗陡升；重则造成设备堵塞，被迫停车清理检修。因此，传统塔吹出技术要求原料含碘浓度高、能耗大，且设备易堵塞、难以稳定运行，开工率不足 50%。

超重力吹脱法回收湿法磷酸中碘的工艺流程如图 6-12 所示，先向原料液中通氯气(或氯水)，将碘离子氧化成游离碘，反应式为：$2NaI + Cl_2 \Longrightarrow I_2 + 2NaCl$。含有游离碘的料液进入超重力旋转填料床与鼓入的热空气逆流相遇，使碘被热风吹出。含碘的空气再进入吸收塔，碘被自塔上喷淋的二氧化硫溶液吸收，还原成氢碘酸，反应式为：$SO_2 + I_2 + 2H_2O \Longrightarrow H_2SO_4 + 2HI$。吸收液经多次循环操作，当碘质量浓度达 150g/L 时，进入析碘器。向析碘器中通入氯气进行氧化，反应式为：$2HI + Cl_2 \Longrightarrow 2HCl + I_2$，即析出固体碘，分离得到粗碘。析碘后母液含有较多游离酸和碘，返回储槽中用于原料液的酸化和氧化。将粗碘加浓硫酸熔融精制，冷却结晶后，即得成品碘。

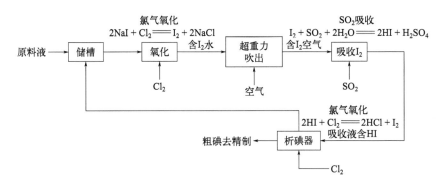

图 6-12　超重力吹脱法回收湿法磷酸中碘的工艺流程示意图

与传统塔吹出技术相比，超重力吹出工序是用超重力旋转填料床替代了塔设备。经氯气氧化后的含碘水从超重力旋转填料床的进液口进入，液体经分布器后均匀喷洒在高速旋转的填料内缘处，在离心力作用下形成液丝、液滴和液膜等微纳尺度的液体形态，在沿径向通过填料层的过程中与热空气在旋转的填料中逆流接触。由于这些液丝、液滴和液膜的比表面积很大，且表面更新速度快，极大地强化了含碘废水与热空气的传热、传质速率和效果，使得水中的游离碘快速从水相进入气相，完成吹脱过程。

中北大学采用超重力旋转填料床进行了磷酸中碘脱除的应用示范实验和工程化技术改造，主要技术优势如下。

① 对总碘浓度为 35.2 ～ 45.1mg/L 的原料进行吹脱处理，其吹脱率达到 91.27%，是传统塔设备吹脱率的 2.80 倍，突破了传统空气吹出法只能处理碘浓度较高（＞ 300mg/m³）原料的技术局限，超重力吹脱法适用范围更宽，吹出效果更好。

② 气液比由原工况的 133 减小到 34 左右（空气量减少 2/3），吹脱率仍在 58% 以上。空气量减少使得吹脱后气体中碘浓度增高，利于后续碘

的吸收。

③ 超重力设备具有自清洗作用，不易结垢和堵塞，提高了吹脱装置开工率。

④ 可从碘含量不足 60mg/m³ 的稀磷酸中回收碘，为我国极为匮乏的卤素资源利用提供了新途径。

(3)超重力气固分离技术应用——尾气除尘

气固分离可分为干法和湿法两大类。干法是利用气体与固体之间物理性质的差异(如密度、荷电性、表面性质等)，依靠重力、惯性力、热聚力、扩散附着力、静电力等外力作用达到分离目的。干法分离设备主要有除尘器、惯性除尘器、旋风除尘器、过滤式除尘器、静电除尘器等。湿法是利用液体对固体的浸润、包裹、湿润、聚集等性质，依靠分离设备对多相流之间产生的剪切作用而达到分离目的，涉及气、液、固三相，因而又称为多相分离。目前国内外还没有适宜的高精度净化气体除尘技术，随着国家对大气环境保护要求越来越严格，净化细颗粒物的技术研发迫在眉睫。因而，研发一种低成本、低能耗、高效率的细小颗粒物净化技术成为当务之急。超重力多相分离技术正符合这一需求。

超重力场下，气固分离过程是在超重力旋转填料床中，将气体中的固体(尘或尘粒)快速转移到液相中，即超重力多相分离过程是将水膜浸润与捕获、离心沉降、过滤、机械旋转碰撞和惯性碰撞、扩散等多种除尘机制集于一体的复合除尘过程，最终利用密度差异来达到分离的目的。

超重力多相分离技术具有切割粒径小、净化效率和除尘精度高、液气比小、压降低、能耗低等优点。因而，人们利用超重力技术进行了除尘净化研究[65]。图 6-13 为超重力气-固分离除尘性能工艺流程，含有细颗粒物的气体经流量计计量后进入超重力旋转填料床穿过旋转的填料。液体在泵的作用下进入超重力旋转填料床，经过液体分布器分散在填料内缘，随后在高速旋转的填料的剪切作用下，液体被切割成液滴、液丝和液膜等微液态，与气体中的颗粒物在填料表面和填料间隙进行多次碰撞后被捕集带走。

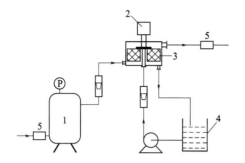

图 6-13 超重力气 – 固分离除尘性能工艺流程

1—缓冲罐；2—调频电机；3—超重力旋转填料床；4—吸收液储槽；5—气体检测装置

① 高浓度硫酸铵尾气的治理。贵州磷化集团原有的麻石除尘器效率低，除尘率不稳定，随入口气体中含尘的变化波动较大，已无法满足此要求。据实地检测，未处理的尾气中硫酸铵高达 5 ~ 8g/m³，出口仍有 0.4 ~ 1.2g/m³，不仅对周围环境造成极大污染，也造成了资源浪费。含硫酸铵的尾气工况见表 6-4。

表6-4 含硫酸铵的尾气工况

气量 /（m³/h）	温度 /℃	含尘量 /（g/m³）	除尘后含尘量 /（g/m³）	入口压力 /kPa
120000（两股）	70 ~ 80	5 ~ 8	0.4 ~ 1.2	5.7

中北大学在原有的除尘装置后增设了超重力湿法净化硫酸铵尾气装置，进行了工业试验和参数优化工作。结果表明，超重力除尘装置的除尘率随着出口尘含量的增加而增加，工艺参数优化后，在液气比为 0.6L/m³ 左右、超重力因子为 65、停止原麻石除尘装置进水的情况下，除尘率高达 99.7%，即从入口尘含量 7000mg/m³ 左右脱除到 240mg/m³ 以下，达到了当地排放标准。表明超重力多相分离技术同样适用于高浓度粉尘气体的净化，且循环水量仅为原麻石除尘器的 1/3。

② 复合肥含尘尾气的治理。复合肥厂利用硝酸磷肥副产硝酸钙生产硝酸铵钙的过程中，因操作温度和压力的不稳定，转鼓流化床造粒机和转鼓流化床冷却机产生大量的造粒尾气，气量为 43000m³/h，含尘（硝酸铵钙）约 3000mg/m³，直接排放对环境污染大。该尾气尘粒径细小，含尘

浓度高，常规方法无法高效脱除，存在极易堵塞除尘设备、难以长期稳定运行的问题；同时，硝酸铵钙生产装置在 22m 高的平台上，空间位置十分有限（厂房内高度仅有 5m），传统除尘设备因除尘效率与空间布置问题而不能实施，导致多年无法治理。

中北大学针对此难题，开发了超重力湿法回收硝酸铵钙尾气治理工艺及装备，建立了示范工程，于 2003 年 10 月投入使用。项目超重力旋转填料床直径 1.6m、高 3.5m，安装在生产现场狭小空间内，满足了厂房内布置的特殊限制。经过 10 多年运行表明，超重力多相分离技术除尘效果良好，出口气体中含尘量仅为 5mg/m³，除尘效率达到了 99% 以上，循环用水量仅为 8～12t/h，用水量仅为普通湿法除尘的 20%～40%，且除尘效率更高。吸收粉尘后的液体进入生产工序，既治理了污染，又回收了产品。

工业应用表明，超重力多相分离技术切割粒径小，特别适用于细颗粒物的脱除，将是从源头治理雾霾的利器。总的来讲，超重力多相分离技术与传统技术相比具备以下特点：

① 利用超重力强化气液传递，并耦合多种除尘机制的特性，极大地提高了除尘效率和净化度，实现超低排放，对于亲水或非亲水性粉尘，一次除尘效率达到 99% 以上。

② 液气比小，约为传统技术的 1/4，较小液气比意味着液体循环量的减少，从而减小循环泵的功率，降低后处理过程投资和运行费用。

③ 适用范围广，与传统除尘机制相比，超重力场除尘更具有良好适应性，能够适用于多种来源的含尘气体处理，包括亲水、憎水、高浓度、低浓度、飘尘、颗粒、油烟、焦油等体系。

④ 压力损失小，与传统除尘设备相比，超重力旋转填料床压力损失小，在低液气比情况下，其压降小于 200Pa，在高的液气比条件下，其压降在 800Pa 以下，而文丘里洗涤器、填料塔的压降为 500～1000Pa。超重力场对于气相压力要求不高，多数场合不需要增加风机。

⑤ 超重力旋转填料床单位体积处理能力大，设备体积最小，相应的投资少、占地省。

面对国家提倡的工业过程节能减排、超低排放等需求，超重力多相分离技术可以广泛适用于工业气体的深度净化，实现过程工业的节能、减排、高效、绿色发展。

符号对照表

a_p——填料比表面积，m^2/m^3；

V_i——旋转填料床内侧半径的体积，m^3；

K_c——臭氧的总分解速率常数，s^{-1}；

K_{La}——臭氧的总传质系数，s^{-1}；

N——转子转速，r/min；

r——转子的半径，m；

ω——转子旋转的角速度，$1/s$；

k_L——液相体积传质系数，s^{-1}；

k_G——气相体积传质系数，s^{-1}；

$K_G a$——气相总体积传质系数，s^{-1}；

D——扩散系数，m^2/s；

d_p——填料直径，m；

a_t——设备单位体积内填料的总界面面积，$1/m$；

a——比界面积，$1/m$；

Sc——施密特数；

Re——雷诺数；

Gr——格拉晓夫数；

L——液体质量流量，$kg/(s \cdot m^2)$；

μ_L——黏度，$kg/(s \cdot m)$；

ρ_L——液相密度，kg/m^3；

Q_d——分散相流量；

Q_c——连续相流量；

G——离心加速度，m/s^2；

g——重力加速度，$9.8m/s^2$；

Q_w——液体流速，cm^3/s；

ΔX——表面更新系数，cm；

H——亨利常数，m^3/mol；

V_0——RPB 的外半径和固定外壳之间的体积，m^3；

V_t——RPB 的总体积，m^3；

We——韦伯数；

σ_c——填料的临界表面张力，kg/s^2；

σ_w——水的表面张力，kg/s^2。

参考文献

[1] Feynman R P. Plenty of room at the bottom[Z]. American Physical Society, 1959.

[2] Benson R S, Ponton J W. Process miniaturization-a route to total environmental acceptability[J]. Chemical Engineering Research & Design, 1993, 71:160-168.

[3] Burns J R, Ramshaw C. Development of a microreactor for chemical production [J]. Chemical Engineering Research and Designs, 1999, 77(3): 206-211.

[4] 孙永. 液液体系膜分散及传质性能研究 [D]. 北京: 清华大学, 2003.

[5] 骆广生, 吕阳成, 王凯, 等. 微化工技术 [M]. 北京: 化学工业出版社, 2020.

[6] Löwe H, Ehrfeld W, Hessel V, et al. Micromixing technology: Proceedings of the 4th international conference on microreaction technology [C], Atlanta, 2000.

[7] Krummradt H, Koop U, Stoldt J. Experiences with the use of microreactors in organic synthesis. Microreaction technology: Industrial prospects. IMRET 3: Proceedings of the 3rd international conference in microreaction technology[C]. New York:Springer, 2000: 181-186.

[8] Woitalka A, Kuhn S, Jensen K F. Scalability of mass transfer in liquid-liquid flow[J]. Chem Eng Sci,2014,116: 1-8.

[9] B randner J, Fichtner M, Schubert K. Electrically heated microstructure heat exchangers and reactors. Microreaction technology: 3rd international conference on microreaction technology, proceedings of IMRET 3[C]. Berlin:Springer-Verlag,2000: 607-616.

[10] 骆广生, 王凯, 吕阳成, 等. 微反应器研究最新进展 [J]. 现代化工, 2009, 29(5): 27-31.

[11] 董永贵. 微型传感器 [M]. 北京: 清华大学出版社, 2007.

[12] 崔永晋, 李严凯, 王凯, 等. 微分散设备数量放大方式研究进展 [J]. 化工学报, 2020, 71(10): 4350-4364.

[13] 陈桂光. 膜分散微混合器及超细颗粒的可控制备 [D]. 北京: 清华大学, 2005.

[14] Wang K, Lu Y C, Xu J H, et al. Generation of micromonodispersed droplets and bubbles in the capillary embedded t-junction microfluidic devices[J]. AICHE Journal, 2011, 57(2): 299-306.

[15] 骆广生, 王凯, 徐建鸿, 等. 微尺度气液液三相流研究进展 [J]. 中国科学：化学, 2015, 45(1): 1-6.

[16] Li S W, Xu J H, Wang Y J, et al. Mesomixing scale controlling and its effect on micromixing performance[J]. Chemical Engineering Science, 2007, 62(13): 3620-3626.

[17] Zhang J S, Wang K, Lu Y C, et al. Characterization and modeling of micromixing performance in

micropore dispersion reactors[J]. Chemical Engineering and Processing, 2010, 49(7): 740-747.

[18] Yang L, Tan J, Wang K, et al. Mass transfer characteristics of bubbly flow in microchannels[J]. Chemical Engineering Science, 2014, 109: 306-314.

[19] 骆广生，王凯，徐建鸿，等. 微化工过程研究进展 [J]. 中国科学：化学，2014, 44(9): 1404-1412.

[20] Brody J P, Yager P. Diffusion-based extraction in a microfabricated device. Sens Actuators A, 1997, 58(1): 13-18.

[21] Ju S H, Peng P, Wei Y Q, et al. Solvent extraction of In^{3+} with microreactor from leachant containing Fe^{2+} and Zn^{2+}[J]. Green Process Synth, 2014, 3(1): 63-68.

[22] Wang K, Luo G S. Microflow extraction: A review of recent development[J]. Chemical Engineering Science, 2017, 169(21): 18-33.

[23] 李少伟. 微结构系统内纳米颗粒可控制备的研究. 清华大学博士学位论文，2009.

[24] 杜乐. 微分散技术可控制备无机粉体材料的研究 [D]. 北京：清华大学，2014.

[25] 王凯. 非均相反应过程的微型化基础研究 [D]. 北京：清华大学，2010.

[26] 骆广生，王凯，吕阳成，等. 微尺度下非均相反应的研究进展 [J]. 化工学报，2013, 64(1): 165-172.

[27] 吕阳成，骆广生. 一种湿法磷酸分步萃取净化工艺：ZL201210284819. 6[P]. 2022. 12. 12.

[28] 刘国涛. 湿法磷酸净化新工艺和过程微型化的研究 [D]. 北京：清华大学，2016.

[29] 骆广生，刘国涛，吕阳成，等. 一种用氨气从负载磷酸的有机溶剂中脱除杂质离子的方法：ZL201310553236. 3[P]. 2016-03-23.

[30] Liu Z, Lu Y C, Wang J, et al. Mixing characterization and scaling-up analysis of asymmetrical T-shaped micromixer: Experiment and CFD simulation[J]. Chemical Engineering Journal, 2012, 181: 597-606.

[31] Liu G, Wang K, Lu Y, Luo G. Liquid–liquid microflows and mass transfer performance in slit-like microchannels[J]. Chem. Eng. J., 2014, 258: 34-42.

[32] 邵华伟. 磷酸萃取设备微型化的基础研究 [D]. 北京：清华大学，2012.

[33] Zhang T B, Lu Y C, Luo G S. Continuous ammonium silicofluoride ammonification for SiO$_2$ nanoparticles preparation in a microchemical system[J]. Industrial & Engineering Chemistry Research, 2013, 52(16): 1099-1109.

[34] 赵方. 反应萃取制备磷酸二氢钾的基础研究 [D]. 北京：清华大学，2015.

[35] Zhang T B, Xin D W, Lu Y C, et al. Direct Precipitation for a continuous synthesis of nanoiron phosphate with high purity[J]. Industrial & Engineering Chemistry Research, 2014, 53(16): 6723-3729.

[36] Lu Y C, Zhang T B, Liu Y, et al. Preparation of FePO$_4$ nano-particles by coupling fast precipitation in membrane dispersion microcontactor and hydrothermal treatment[J]. Chemical Engineering Journal, 2013, 210: 18-25.

[37] Zhang T B, Lu Y C, Luo G S. Size adjustment of iron phosphate nanoparticles by using mixed acids[J]. Industrial & Engineering Chemistry Research, 2013, 52(21): 6962-6968.

[38] 刘有智. 超重力化工过程与技术 [M]. 北京：国防工业出版社，2009.

[39] 刘有智. 超重力分离工程 [M]. 北京：化学工业出版社，2019.

[40] 刘有智，刘振河，康荣灿，等. 错流旋转填料床气相压降特性 [J]. 化工学报，2007(04): 869-874.

[41] 袁志国，刘有智，宋卫，等. 并流旋转填料床中磷酸钠法脱除烟气中 SO$_2$[J]. 化工进展，2014, 33(05): 1327-1331.

[42] 柳巍. 超重力并流除尘技术的研究 [D]. 北京：北京化工大学，2004.

[43] Liu Y Z, Zhang F F, Gu D Y. Gas-phase mass transfer characteristics in a counter airflow shear rotating packed bed[J]. Canadian Journal of Chemical Engineering, 2016, 94(4): 771-778.

[44] Burns J R, Ramshaw C. Process intensification: Visual study of liquid maldistribution in rotating packed beds[J]. Chemical Engineering Science, 1996, 51(8):1347-1352.

[45] Ramshaw J. Process intensification: operating characteristics of rotating packed beds—determination of liquid hold-up for a high-voidage structured packing[J]. Chemical Engineering Science, 2000, 55: 2401-2415.

[46] 郭奋. 错流旋转床内流体力学与传质特性的研究 [D]. 北京：北京化工大学，1996.

[47] 陈建峰. 超重力技术及应用 [M]. 北京：化学工业出版社，2002: 9-11.

[48] 王焕. 错流与逆流旋转填料床气相压降性能研究 [D]. 太原：中北大学，2014.

[49] 陈海辉. 逆流型旋转填料床的液泛实验研究 [J]. 青岛科技大学学报（自然科学版），2004(03): 228-231.

[50] Tung H H, Mahr S H. Modeling liquid mass transfer in higee separation process[J]. Chemical Engineering Communications, 1985, 39(1-6): 147-153.

[51] Munjal S, Duduković M P, Ramachandran P. Mass-transfer in rotating packed beds - Ⅱ. Experimental results and comparison with theory and gravity flow[J]. Chemical Engineering Science, 1989, 44(10): 2257-2268.

[52] Munjal S, Duduković M P, Ramachandran P. Mass-transfer in rotating packed beds—Ⅰ. Development of gas—liquid and liquid—solid mass-transfer correlations[J]. Chemical Engineering Science, 1989, 44(10): 2245-2256.

[53] Kelleher T, Fair J R. Distillation studies in a high-Gravity contactor[J]. Industrial & Engineering Chemistry Research, 1996, 35(12): 4646-4655.

[54] Chen Y S, Liu H S. Absorption of VOCs in a rotating packed bed[J]. Ind. Eng. Chem. Res, 2002, 41(6): 1583-1588.

[55] Arash E, Amin T, Tohid N B, et al. Modeling of carbon dioxide absorption by solution of piperazine and methyldiethanolamine in a rotating packed bed[J]. Chemical Engineering Science, 2022, 248(A): 117118.

[56] Jiao W Z, Liu Y Z, Qi G S. Gas pressure drop and mass transfer characteristics in a cross-flow rotating packed bed with porous plate packing[J]. Industrial and Engineering Chemistry Research, 2010, 49(8): 3732-3740.

[57] Lin C C. Distillation in a rotating packed bed[J]. Journal of Chemical Engineering of Japan, 2002, 35(12): 1298-1304.

[58] Wei X Y, Shao S J, Ding X, et al. Degradation of phenol with heterogeneous catalytic ozonation enhanced by high gravity technology[J]. Journal of Cleaner Production, 2020, 248: 119179.

[59] 焦纬洲，刘有智，刁金祥，等. 多孔波纹板错流旋转床流体力学性能研究 [J]. 化工进展，2005(10): 1162-1166.

[60] 李鹏. 超重力法治理高浓度氮氧化物的研究 [D]. 太原：中北大学，2007.

[61] 王菲. Fe（Ⅱ）EDTA 络合法吸收 NO 气体实验研究 [D]. 太原：中北大学，2015.

[62] 杨平，胡孝勇. 超重力反应器有效传质比相界面积的测定 [J]. 闽江学院学报，2004(02): 83-86.

[63] 孟晓丽. 超重力法硝酸磷肥尾气除氨脱湿的基础研究 [D]. 太原：中北大学，2008.

[64] 曾小涛. 旋转床醇胺吸收法分离沼气中 CO_2 技术研究 [D]. 北京：北京化工大学，2018.

[65] 付加. 超重力湿法除尘技术研究 [D]. 太原：中北大学，2015.

7

含磷废水的处理
与回收

7.1

含磷废水的危害与治理要求

目前，水体富营养化现象备受人们关注，它所导致的水质恶化严重影响了人们的生产和生活。富营养化是指在人类活动的影响下，生物所需氮、磷等营养物质大量进入湖泊、河流等缓流水体，引起藻类及其它浮游生物迅速繁殖，水体溶解氧下降，水质恶化，鱼类及其它生物大量死亡的现象[1]。水体出现富营养化现象时，由于浮游生物大量繁殖，往往使水体呈现蓝色、红色、棕色、乳白色等，该现象在江河湖泊中叫水华，在海中叫赤潮。这些现象在全世界许多水域都时常发生，已成为全球面临的最大环境问题之一。有些藻类含有藻毒素，藻毒素是一种具有多种器官毒性、遗传毒性甚至致癌性的物质，可引起人体过敏反应，严重甚至会导致人类患上急性肝衰竭，诱发急性肝炎、肠胃炎等疾病[2-3]。研究表明磷元素是水体富营养化的主控因子，是限制浮游藻类生长的最重要因素，决定了水体中藻类的数量[4]。富营养化水体中磷的来源主要包括外部(农业施肥、含磷工业废水不达标排放等)进入水体的磷，以及水体内部自身底泥沉积物释放出的磷。其中，外源污染是磷的主要来源，湖泊、水库、河流中的磷80%来自于污水排放。因此，如何有效降低污水中磷的浓度，对磷的有效回收、环境保护具有十分重要的意义。

含磷污水根据来源分为：生活污水、工业废水、畜牧业废水和山林耕地肥料流失废水；根据磷的存在形态分为：无机磷废水(正磷酸盐、聚磷酸盐)和有机磷废水。

我国对含磷废水的排放有严格的要求。1996年出台的《污水综合排放标准》(GB 8978—1996)规定了磷酸盐的最高允许排放浓度。作为第二类污染物，标准规定在排污单位排放口采样，其最高允许排放浓度必须达到该标准要求。2002 年我国出台了《城镇污水处理厂污染物排放标准》（GB 18918—2002），该标准规定了城镇污水处理厂出水、废气排放和污泥处置的污染物限值（表 7-1）。同时，还制订了一些行业标准，包括《磷肥工业水污染物排放标准》（GB 15580—2011）和《磷矿开采行业水污染物排放标准》（DB42/T 1796—2022）（表 7-2）。

表7-1 国家标准中对磷的排放的限值（单位：mg/L）

标准名称	污染物	一级标准	二级标准	三级标准	备注
《污水综合排放标准》（GB 8978—1996）	磷酸盐（以 P 计）	0.5	1.0	—	1997 年 12 月 31 日之前建设的单位
	磷酸盐（以 P 计）	0.5	1.0	—	1998 年 1 月 1 日后建设的单位
	有机磷农药（以 P 计）	不得检出	0.5	0.5	
	对硫磷	不得检出	1.0	2.0	
	甲基对硫磷	不得检出	1.0	2.0	
	马拉硫磷	不得检出	5.0	10	
《城镇污水处理厂污染物排放标准》（GB 18918—2002）	总磷（以 P 计）	1[①]/1.5[②]	3	5	2005 年 12 月 31 日前建设的单位
	总磷（以 P 计）	0.5[①]/1[②]	3	5	2006 年 1 月 1 日起建设的单位
	有机磷农药（以 P 计）	0.5			
	马拉硫磷	1.0			
	甲基对硫磷	0.2			

①指 A 标准；②指 B 标准。

表7-2 行业和地方标准中对磷的排放的限值

标准名称	最高允许排放浓度
行业标准—《磷肥工业水污染物排放标准》（GB 15580—2011）	直接排放标准限值 过磷酸钙：10mg/L；钙镁磷肥：10mg/L；磷酸铵：15mg/L；重过磷酸钙：15mg/L；复混肥：10mg/L；间接排放限值：20mg/L
湖北省地方标准—《磷矿开采行业水污染物排放标准》（DB42/T 1796—2022）	一级标准 0.3mg/L，二级标准 0.5mg/L（总磷）

7.2

含磷废水治理与回收的意义

　　磷是自然界中一种重要的元素，它是生物生命活动的基本元素之一，地球上的一切生命都离不开磷。磷是自然界植物系统(包括农业生态系统)中最主要的三大养分元素之一，如果农业生态系统中没有足够的磷输入，农作物的正常生长将会受到影响；工业上，磷矿常用于制造动物饲料、发火剂、黏结剂等。目前，世界范围的磷矿资源70%～80%用于生产磷肥[5]，5%用于生产饲料添加剂，12%用于生产洗涤剂，其余用于化工、轻工、国防等工业。因此，磷资源对我国及世界经济增长、对人类社会的生存发展有着重要的作用。然而，由于磷矿的加工，也使得加工过程中的磷以不同的化合物形态进入到自然界中，造成了对环境的影响。

　　自然界中磷以不同的形式进行着循环，如图7-1所示。

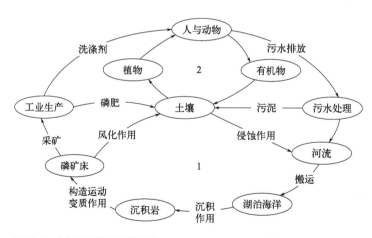

图 7-1　自然界中磷的迁移转化

　　由图7-1可以看出，磷元素主要有两种循环形式：地质循环系统1

与陆地-水体循环系统 2。地质循环系统 1 主要是借由雨水对土壤冲刷产生的作用使得磷同其它物质一起进入河体，由河水漂流至海洋中，再经过沉淀、富集、成岩作用后，由地壳运动等作用使富含磷的岩石转移到地表进行新的循环。这个循环过程非常缓慢，完成一个循环需要 $10^6 \sim 10^9$ 年[6]。而在陆地 - 水体循环系统中，如果没有外来磷资源补充，磷元素只在植物、人类与动物及土壤之间相互循环，且保持磷循环的平衡，其循环速度与在地质循环系统相比要快得多，最快几周就可以完成一个循环，最长也只需要几年的时间。但是，现在由于人类的生产和生活活动的不断加快，使得磷在陆地 - 水体循环系统中的循环受到了干扰，这是因为磷矿在人工大量开采后，通过人类的加工过程以及生物转化作用，被快速地释放出来，转变成可溶性及颗粒性磷酸盐，最终又回到环境，随地表径流而迁移到海洋中；可溶性的磷由于不具有挥发性，除了鸟粪及对海鱼的捕捞，磷没有在短时间内再次回到陆地的有效途径；在深海处沉积的磷，只有在发生海陆变迁，海底变为陆地后才有可能再次释放出。这导致现在地质循环系统 1 中的磷资源被不断开采用于循环系统 2 中，循环系统 1 中的大部分磷最终在有限的时间(上百万年甚至上千万年)内回归到循环系统 2 中，导致磷资源在自然界中的单向迁移。因此，在有限的人类活动时间内，磷是不可再生的，这种只开采却不回收利用磷资源的模式是不可持续的。

随着磷资源的大量开发利用，世界上现有的有开采价值的磷资源急剧下降。

为缓解日益严重的富营养化问题与磷资源逐渐匮乏之间的矛盾，在对污水进行处理并使其达标排放的同时，将污水中的磷进行回收得到有价值的磷酸盐产品，如化肥、工业含磷用品等，变废为宝，不仅可以解决磷对自然水体的污染问题，而且可以将磷循环利用，不仅具有一定的经济效益，而且还会带来巨大的环境与生态效益。

磷回收工艺多种多样，包括化学法、生物法、强化生物除磷(EBPR)工艺与化学沉淀结合工艺、膜生物反应器工艺、膜分离、吸附 / 解吸附法等。本章阐述了部分代表性污水除磷技术的机理及特点，包括化学法、生物法、吸附法、膜分离法除磷。基于已有研究成果，讨论了各自的影响因素、应用范围以及各应用场景下的参数确定、材料或药剂的筛选。

7.3
化学法除磷

　　化学法除磷的原理是向废水中投加一定量的金属盐类或者某种聚合物，使废水中溶解的磷形成难溶盐或氢氧化物而沉淀，然后通过固液分离将沉淀从污水中去除，从而达到除磷的目的。

　　化学法除磷分为 4 个步骤[7]：沉淀反应、凝聚、絮凝、固液分离。沉淀反应和凝聚过程在一个混合单元内进行，目的是使沉淀剂在污水中快速有效地混合。凝聚过程中，沉淀所形成的胶体和污水中原本已经存在的胶体凝聚为直径 $10 \sim 15\mu m$ 的粒子。絮凝过程中各种粒子进一步相互结合形成更大的粒子——絮体，常常会使用有机高分子絮凝剂帮助金属盐生成沉淀，聚丙烯酰胺(PAM)是最常见的絮凝剂之一，可根据带电基团的不同分为阴离子型、阳离子型和非离子型。该过程的意义在于增加沉淀物颗粒的大小，使得这些颗粒能够通过典型的沉淀或气浮加以分离。固液分离可以单独进行，也可以与初沉污泥和二沉污泥的排放相结合。按工艺流程中药剂投加点的不同，磷酸盐沉淀工艺有前置沉淀、协同沉淀和后置沉淀三种类型。

　　化学法除磷的影响因素主要有 pH 值、药剂量。pH 值对化学法除磷的影响主要表现在它显著影响磷酸盐沉淀的溶解度。张亚勤[8]绘制了 pH 值对铁、铝及钙的磷酸盐浓度的影响曲线，见图 7-2。磷酸铁和磷酸铝最小溶解度对应的 pH 值范围分别为 $5.0 \sim 6.0$、$6.0 \sim 7.0$。若低于这一 pH

值，磷酸铁和磷酸铝将重新溶解，导致水中的磷浓度升高，不利于磷的去除。利用 pH 值和磷酸钙浓度对数值之间的关系可优化除磷效率。

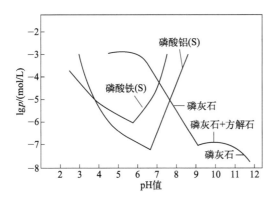

图 7-2　Fe、Al、Ca 的磷酸盐平衡溶解度图（纵坐标为浓度 p 的对数值）

　　化学法除磷所采用的沉淀剂通常有石灰、氯化镁、氢氧化镁、三氯化铁、硫酸铁和硫酸铝等化合物，根据使用的沉淀剂的不同，分为钙法、磷酸铵镁法、铁法和铝法。

7.3.1　钙法

　　石灰可以与水中的磷酸盐发生反应生成羟基磷酸钙（HAP）沉淀，钙盐除磷因其污染物回收率高，能生产出有价值的产品，经济效益可观，环境风险小，成为国内外废水除磷及回收领域的研究热点。钙法除磷的反应机理：

主反应：　　$5Ca^{2+} + 3HPO_4^{2-} + 4OH^- \Longrightarrow Ca_5(PO_4)_3OH + 3H_2O$　　　　（7-1）

副反应：　　　　$Ca^{2+} + HPO_4^{2-} \Longrightarrow CaHPO_4$　　　　　　　（7-2）

　　　　　　　　$3Ca^{2+} + 2PO_4^{3-} \Longrightarrow Ca_3(PO_4)_2$　　　　　　　（7-3）

　　在一定范围内，体系 pH 值升高，HAP 的溶解度降低，有利于结晶形成，当 pH 值过高时，会受 CO_3^{2-} 的影响，产生碳酸钙（$CaCO_3$），降低了 Ca-P 的结晶度。Song 等[9]的报道称，在碱性体系中，高浓度的钙离子可生成碳酸钙沉淀，易造成结垢和 Ca^{2+} 损耗，因此需通过加酸和二氧化碳脱气来调节 pH 值以达到羟基磷酸钙的反应条件。由反应(7-1)可知，理论上 $n(Ca)/n(P) = 1.67$，但一般 $n(Ca)/n(P) = 2$ 时才能形成 HAP。陈小光等[10]研究了磷酸钙盐结晶除磷工艺性能，结果表明，升高 pH 值或 Ca/P 物质的量比有利于提高磷去除率。周元祥等[11]的实验表明可以通过提高溶液中离子浓度、升高 pH 值或温度等方式提高溶液的过饱和度以实现磷酸钙盐的沉淀。兰吉奎等[12]和曾雪梅[13]曾报道使用钙盐处理含磷废水，去除率可达 90.0% 以上。

目前荷兰已经实现了将从废水中回收的磷酸钙作为磷工业生产中磷矿石原料的第二来源。

7.3.2 磷酸铵镁法

化学法除磷使用的一般有 $MgCl_2$、$Mg(OH)_2$、$MgCO_3$ 等，$MgCl_2$ 反应速率比 $Mg(OH)_2$、$MgCO_3$ 快，可缩短水力停留时间，减小反应器体积；但 $Mg(OH)_2$ 比 $MgCl_2$ 价格便宜，同时能提高 pH 值，有助于六水磷酸铵镁的生成，可视具体情况选用合适的镁盐。利用镁盐作为沉淀剂回收废水中的磷生成六水磷酸铵镁(又称鸟粪石)，以下简称磷酸铵镁，是目前的研究热点。磷酸铵镁溶解度极高，除磷效果好；磷酸铵镁还是一种良好的缓释肥，可以减少施肥的次数，高剂量使用时不会灼烧农作物[14]。

六水磷酸铵镁在 25℃时的 pK_s 为 12.6，为无色斜方晶系晶体，相对密度为 1.7[15]；在低 pH 值时易溶于水，高 pH 值下难溶。

磷酸盐在溶液中存在以下平衡：

$$H_3PO_4 \rightleftharpoons H_2PO_4^- + H^+ \quad pK_{P_1} = 2.18 \tag{7-4}$$

$$H_2PO_4^- \rightleftharpoons HPO_4^{2-} + H^+ \quad pK_{P_2} = 7.20 \tag{7-5}$$

$$HPO_4^{2-} \rightleftharpoons PO_4^{3-} + H^+ \quad pK_{P_3} = 12.35 \tag{7-6}$$

其中每一种磷酸盐在溶液中的平衡浓度与总浓度之间的联系可以用

分布系数来表示，一种形式的磷酸根的平衡浓度与磷酸盐总浓度之间的比称为分布系数，以 α 来表示。H_3PO_4、$H_2PO_4^-$、HPO_4^{2-}、PO_4^{3-} 的分布系数分别由 α_{p_0}、α_{p_1}、α_{p_2}、α_{p_3} 来表示，并且有以下关系：

$$\alpha_{p_0} = [H^+]^3/D_p \tag{7-7}$$

$$\alpha_{p_1} = [H^+]^2 K_{p_1}/D_p \tag{7-8}$$

$$\alpha_{p_2} = [H^+]K_{p_1}K_{p_2}/D_p \tag{7-9}$$

$$\alpha_{p_3} = K_{p_1}K_{p_2}K_{p_3} \tag{7-10}$$

$$D_p = [H^+]^3 + [H^+]^2 K_{p_1} + [H^+]K_{p_1}K_{p_2} + K_{p_1}K_{p_2}K_{p_3} \tag{7-11}$$

磷酸根在溶液中的存在形式和 pH 值有很大的关系，当 pH 值大于 7.2 时，磷酸根的主要存在形式为 HPO_4^{2-}；当 pH 值大于 10 时，溶液中开始出现 PO_4^{3-}。

铵盐和镁盐在水溶液中有如下反应关系式：

$$NH_4^+ \Longleftrightarrow NH_3(aq) + H^+ \qquad pK_N = 9.24 \tag{7-12}$$

$$MgOH^+ \Longleftrightarrow Mg^{2+} + OH^- \qquad pK_{Mg} = 2.56 \tag{7-13}$$

MAP 形成的主要化学反应如下：

$$Mg^{2+} + NH_4^+ + PO_4^{3-} + 6H_2O \longrightarrow MgNH_4PO_4 \cdot 6H_2O \downarrow \tag{7-14}$$

$$Mg^{2+} + NH_4^+ + HPO_4^{2-} + 6H_2O \longrightarrow MgNH_4PO_4 \cdot 6H_2O \downarrow + H^+ \tag{7-15}$$

$$Mg^{2+} + NH_4^+ + H_2PO_4^- + 6H_2O \longrightarrow MgNH_4PO_4 \cdot 6H_2O \downarrow + 2H^+ \tag{7-16}$$

可能的副反应如下：

$$3Mg^{2+} + 2PO_4^{3-} \longrightarrow Mg_3(PO_4)_2 \tag{7-17}$$

$$Mg^{2+} + 2OH^- \longrightarrow Mg(OH)_2 \tag{7-18}$$

磷酸铵镁的溶度积常数 K_{sp} 为 $1 \times 10^{-12.6}$，只与温度有关，与溶液中离子的浓度无关[16]，即当溶液的温度一定时，磷酸铵镁的溶度积为一个固定常数。当溶液中三种离子的离子积常数超过 K_{sp} 时，溶液中便会析出磷酸铵镁结晶。

磷酸铵镁结晶过程可分为两个阶段：成核阶段与成长阶段。在成核阶段，组成晶体的各种离子形成晶胚；在成长阶段，组成晶体的离子不断结合到晶胚上，晶体逐渐长大，最后达到平衡[17]。影响磷酸铵镁结晶的主要因素有 pH 值、反应物比例、离子过饱和度、离子比例、晶种种类、镁源以及废水中的共存杂质、搅拌强度等。

溶液 pH 值影响结晶反应体系中的离子平衡，导致 PO_4^{3-}、HPO_4^{2-}、$H_2PO_4^-$、H_3PO_4 等所占比例不同，进而影响物质的过饱和度和结晶的生长速率；pH 值升高，磷酸铵镁溶解度降低，有利于结晶形成，但在过高的 pH 值下会生成更难溶的固体 $Mg_3(PO_4)_2$；改变晶体的特性，Matynia 等[18]发现，溶液 pH 值从 8 增加到 10，合成溶液中磷酸铵镁晶体的平均粒径降低为原来的 1/5；Rahman 等[19]报道称，高 pH 值会使晶体更小。

对于磷酸铵镁而言，由式(7-14)可知，NH_4^+、Mg^{2+}、PO_4^{3-} 化学计算关系为 1∶1∶1，若 NH_4^+、Mg^{2+} 过量，则反应平衡向右移动，消耗更多的磷，因此，NH_4^+、Mg^{2+} 的浓度对磷的去除效率有很大影响。张蕊[20]采用连续运行的流化床磷酸铵镁结晶除磷工艺，磷的去除率达到 96% 以上。上述过程 pH 值变化范围为 8.8 ~ 9.4。结晶产生的污泥量为处理水量的 0.8% ~ 2.78%。60℃烘干后结晶污泥含磷量大于 13%，与天然鸟粪石含磷量相当。张玉生等[21]研究了鸟粪石法回收磷，实验研究表明，当 pH 值控制在 9.3，氮、磷物质的量比控制在 4.0，镁、磷物质的量比控制在 1.1 时，除磷效果最好。

过饱和度的大小与晶种、反应物浓度、搅拌强度相关。结晶法除磷过程中水流过的填料称为晶种。结晶过程包括晶核形成和晶体长大两个过程。晶种诱导可以降低结晶所需的活化能，提高结晶效率，减少反应时间。磷酸铵镁结晶中常用的晶种如石英砂、鸟粪石、方解石、白云石等含磷、钙组分，与羟基磷酸钙有相似的晶格，由相似相溶原理可知，这些晶种优先吸附溶液中的 Ca^{2+}、HPO_4^{2-}、PO_4^{3-} 等离子，在表面形成浓缩层，使离子积 $5[Ca^{2+}] \cdot 3[PO_4^{3-}] \cdot [OH^-]$ 局部超过羟基磷酸钙的溶度积，从而使磷酸铵镁在晶种表面沉积结晶。不同的晶种诱导能力不同，同时受废水中的其他化学组分的影响，除磷效果存在明显差异。搅拌强度会影响溶液中离子的混合，从而影响磷酸铵镁晶核的长大过程。Ye 等[22]的研究表明，混合状态使微粒产生偏析和摩擦，影响自发成核速率，使得晶体数、产物尺寸、尺寸分布以及形貌和成分发生变化，可以加快结晶速率，但当结晶达到一定程度时，高转速反而易使结晶破碎，破碎效应阻碍了晶粒的聚集，导致磷回收率降低。

7.3.3　铁法与铝法

用于化学法除磷的铁盐一般有三氯化铁、硫酸铁、硫酸亚铁和氯化亚铁等。化学法除磷过程中铁离子既可以生成磷酸盐沉淀也可以生成金属氢氧化物沉淀，反应方程式如下（以三氯化铁为例）[23]。

主反应：
$$FeCl_3 + PO_4^{3-} \longrightarrow FePO_4 \downarrow + 3Cl^- \tag{7-19}$$

副反应：
$$2FeCl_3 + 3Ca(HCO_3)_2 \longrightarrow 2Fe(OH)_3 \downarrow + 3CaCl_2 + 6CO_2 \tag{7-20}$$

铁盐溶于水中后，Fe^{3+} 一方面与磷酸盐生成难溶盐，一方面通过溶解和吸水发生强烈水解，并在水解的同时发生各种聚合反应，生成具有较长线型结构的多核羟基配合物，这些含铁的羟基配合物能有效降低或消除水体中胶体的 ζ 电位，通过电中和、吸附架桥及絮体的卷扫作用使胶体凝聚，再通过沉淀分离将磷去除[24]。谢经良等[25]通过实验和研究发现，聚合态和凝胶态的铁不如离子态的铁除磷效果好。Roger 等[26]用红外光谱研究了铁盐除磷后的产物，表明氢氧化铁凝胶及各种铁氧化物都能吸附大量磷酸根，而且产物中存在双核配合物，从而推断出 PO_4^{3-} 在两个 Fe^{3+} 之间形成桥结构。张萌[27]使用强化铁盐除磷工艺处理高浓度含磷废水，进水磷浓度为 93.30mg/L，去除率达到 97.02%。

用于化学法除磷的铝盐一般有硫酸铝、铝酸钠等。化学法除磷过程中铝离子既可以生成磷酸盐沉淀也可以生成金属氢氧化物沉淀，反应方程式如下（以硫酸铝为例）[23]。

主反应：
$$Al_2(SO_4)_3 \cdot 14H_2O + 2PO_4^{3-} \longrightarrow 2AlPO_4 \downarrow + 3SO_4^{2-} + 14H_2O \tag{7-21}$$

副反应：
$$Al_2(SO_4)_3 \cdot 14H_2O + 6HCO_3^- \longrightarrow$$
$$2Al(OH)_3 \downarrow + 3SO_4^{2-} + 6CO_2 + 14H_2O \tag{7-22}$$

当铝盐分散于水体时，一方面与 PO_4^{3-} 反应，另一方面生成单核配合物 $Al(OH)^{2+}$、$Al(OH)_2^+$ 及 AlO_2^- 等，单核配合物通过碰撞进一步缩合形成一系列多核配合物 $Al_n(OH)_m^{(3n-m)+}$ $(n > 1，m \leqslant 3n)$。这些多核配合物具有较大的比表面积和正电荷，能迅速吸附水体中带负电荷的杂质，中和胶体电荷，促进了胶体和悬浮物等快速脱稳、凝聚和沉淀[24]。Galarneau 等[28] 在其研究中指出，正磷酸盐的去除过程中，氢氧化铝的吸附起很重要的作用。Boisseret 等[29] 通过对明矾和聚硅硫酸铝(PASS)的研究表明，磷的吸附和去除主要是一种特殊作用力下的络合反应的结果。孙连伟等[30] 对氯化铝除磷进行了探究，结果表明三价铝离子和磷酸根离子是等物质的量反应，因此药剂的投加量与原水总磷浓度有关，pH 值为 6.0 时去除效率最高。

化学除磷是一种传统方法，不受季节温度影响，操作简单，除磷效果稳定，除磷效率在 80% 以上，分离的沉淀物可以进一步利用，但对低浓度磷酸盐的脱除效果不太理想，主要用于富磷溶液。近年来，由于磷酸铵镁结晶法磷、氮去除率高，反应速率快，能去除高浓度氨氮，且生成的磷酸铵镁具有一定的经济价值，获得了行业的关注。而 HAP 结晶法仅能从废水中回收磷，形成的 HAP 没有 MAP 的沉淀性能好，因此，在目前对污水回收磷的研究与应用中，以 MAP 结晶形式回收磷的实例居多，但这一方法需要溶液当中具有符合磷酸铵镁形成条件的镁离子、铵氮、正磷酸盐物质。

7.4

生物法除磷

生物法除磷具有经济性和环境友好性，适用于处理水量较大、污染物浓度高的废水，其主要利用聚磷菌(PAOs)厌氧释放磷和好氧吸收磷的特性，通过厌氧 - 好氧或缺氧的交替运行，将磷以富磷污泥的形式排出。

根据电子受体不同，聚磷菌可以分为两大类：以氧气为电子受体的聚磷菌(PAOs)及以硝酸盐和亚硝酸盐为电子受体的反硝化聚磷菌(DPAOs)。聚磷菌(PAOs)在厌氧条件下释放磷，在好氧条件下过量吸收磷，通过定期排泥来达到除磷的目的。由于聚磷菌能在厌氧状态下同化发酵产物，使得聚磷菌在生物除磷系统中具备较好的竞争优势。在没有溶解氧和硝态氮存在的厌氧状态下，兼性菌将溶解性有机物转化成挥发性脂肪酸；聚磷菌把细胞内的聚磷(poly-P)水解为正酸盐，并从中获得能量，吸收污水中易降解的 COD，同化成细胞内碳能源存贮物聚 β-羟基丁酸(PHB)或聚 β-羟基戊酸(PHV)。在好氧条件下，PAOs 以分子氧或化合态氧作为电子受体，氧化代谢聚 β-羟基丁酸或聚 β-羟基戊酸，并产生能量，过量地从污水中摄取磷酸盐，通过剩余污泥的排放实现高效生物除磷目的。DPAOs 在厌氧阶段的磷代谢特征与 PAOs 相似，在缺氧阶段，DPAOs 以细胞内的聚 β-羟基丁酸作为能源和碳源，产生的能量一小部分用于细胞合成，大部分用于主动吸收环境中的磷，完成磷的富集。相较于 PAOs 除磷，DPAOs 在缺氧条件下就能完成磷的代谢循环，同时节省了曝气量和反硝化所需的碳源，降低了整个工艺的运营成本。

王然登等[31]对强化生物除磷系统(EBPR)研究发现，除了聚磷菌(PAOs)对磷有去除作用外，细菌的胞外聚合物(EPS)对磷也有一定的去除效果。

生物法的优点是：

① 成本低，微生物通过自身新陈代谢进行更新换代；

② 产泥量少，生物法除磷是利用聚磷菌的生理需求从水中摄取可溶性磷酸盐，在体内合成多聚磷酸盐，慢慢地累积成高磷污泥；

③ 除磷范围广，除了可以将正磷酸盐直接利用外，还可以使其它磷转化为正磷，但是微生物对周围生活环境要求比较苛刻，对水质变化敏感。

目前生物法除磷的主要工艺有厌氧-好氧(AO)生物除磷工艺、厌氧-缺氧-好氧(A^2/O)生物脱氮除磷工艺、氧化沟工艺、序批式反应器(SBR)

工艺和反硝化除磷工艺等[32]。日本滋贺县湖南中部净化中心，先后采用厌氧-好氧(AO)生物除磷工艺、厌氧-缺氧-好氧(A^2/O)生物脱氮除磷工艺和分段进水多级缺氧-好氧/反硝化(SMAO)深度处理工艺，均得到较好的处理效果。

（1）Phostrip 工艺

Phostrip 工艺是最早的生物除磷工艺，工艺流程见图 7-3。该工艺1965 年由 Levin 和 Shapiro 提出，他们发现在二沉池污泥浓缩池中处于厌氧状态的污泥释放磷，致使浓缩池上清液的含磷量很高，将其上清液加石灰沉淀磷酸盐，然后将释放出磷后的污泥再回流到曝气池，使之在好氧态下再摄取磷。

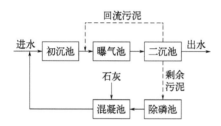

图 7-3 Phostrip 除磷工艺流程

（2）A/O 工艺

A/O 除磷工艺流程如图 7-4 所示。它是最直接地利用传统的厌氧释磷、好氧吸磷的原理建立起来的除磷工艺。在厌氧条件下，聚磷微生物将污水中的有机物转化为体内的 PHB，同时释磷；在好氧条件下，聚磷微生物以游离氧为电子受体过量吸收水中的磷。该工艺的特点是工艺流程简单，不需要投加化学药品；建设费用和运行费用均较低。存在的问题是在二沉池中可能会有磷的释放。

图 7-4 A/O 除磷工艺流程

（3）A^2/O 工艺

A^2/O 工艺是 A/O 工艺的改进，中间加了一级缺氧过程，它不但能有效地降低生物需氧量（BOD）和磷含量，还能进行硝化、反硝化以去除水中的氮。其工艺流程如图 7-5 所示。但由于回流污泥将一部分硝态氮带入厌氧区对聚磷菌释磷产生抑制作用使得除磷效果不稳定。

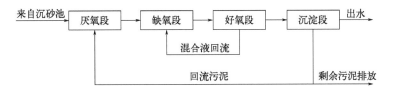

图 7-5　A^2/O 除磷工艺流程

（4）Bardenpho 工艺

Bardenpho 工艺如图 7-6 所示。第 1、3 段不曝气，设置混合器搅拌。第 2、4 段中设曝气装置。第一段好氧时间长，经过第一次好氧后，已达完全反硝化，混合液中的硝态氮在第二个缺氧段中被反硝化细菌还原成氮气。第二个好氧段在高溶解氧（DO）下驱走氮气泡，避免形成浮渣，同时避免污泥在沉淀段中厌氧放磷。

图 7-6　Bardenpho 除磷工艺流程

（5）Phoredox 工艺

Phoredox 工艺实际为 Bardenpho 工艺的改良。在 Bardenpho 工艺中很难保证缺氧段中出现厌氧环境。Barnard 在试验中发现 NO_3^--N 对厌氧段放磷和系统除磷有抑制作用，因此他在缺氧段 1 前增设了一个厌氧段，流程见图 7-7，从二沉池回流的污泥在厌氧段与进水混合，好氧段中混合液回流至缺氧段，只要后面四段硝化、反硝化运行控制得当，氮的去除率就比较高。控制二沉池的污泥回流比，可以控制厌氧段的硝酸盐浓度，减少对除磷效果的影响。

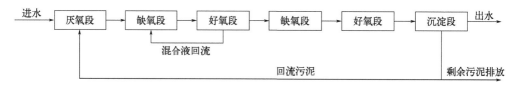

图 7-7　Phoredox 除磷工艺流程

(6)UCT 工艺

在 Phoredox 工艺中，如果进水中 TKN/COD 的比值升高，后面缺氧段往往因为缺少碳源而达不到反硝化的目的，南非的 Vaiopoulou 等人[33]经过长期的试验后推出了 UCT 工艺，流程见图 7-8。将沉淀段的回流污泥和好氧段的混合液均回流至缺氧段，NO_3^--N 在缺氧段中得到有效去除。将缺氧段中混合液回流至厌氧段是为了保证厌氧段中污泥浓度，同时由于缺氧段中 NO_3^--N 浓度极低，可以充分保证厌氧段中厌氧状态，限制了硝酸盐对除磷的不利影响。

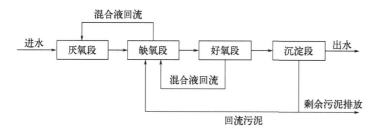

图 7-8　UCT 除磷工艺流程

(7)改良型 UCT 工艺

此工艺有两个缺氧段，第一个缺氧段有混合液回流至厌氧段同时接纳沉淀池的回流污泥，好氧段将混合液回流至第二个缺氧段进行反硝化。这样将两个缺氧段完全分隔可以避免将过剩的硝酸盐带入厌氧段，可有效提高系统的除磷效果(图 7-9)。

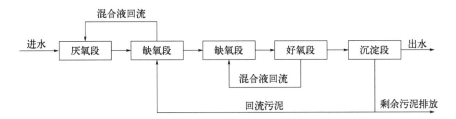

图 7-9　改良型 UCT 工艺流程

(8) SBR 工艺

SBR 工艺是序批式的活性污泥工艺,将生化池和沉淀池放在一个反应器中,各个反应按时间顺序进行,构筑物简单、投资少、管理方便,适合处理量小的污水厂,试验表明 SBR 具有良好的氮磷去除效果,除磷率可达 97%。陈洪波等[34]的实验表明,当进水磷浓度达到 2 ~ 10mg/L 时,SBR 单级好氧生物除磷工艺去除率保持在 90% 以上。

(9) 氧化沟类型的工艺

氧化沟在工艺流程上虽然没有厌氧、缺氧、好氧的明确分界线,但是由于工艺的特殊性,使其在空间布局上也存在厌氧、缺氧和好氧区。因此氧化沟类型工艺与其他传统除磷工艺在原理上是相同的,也是利用厌氧 / 好氧交替的原理达到除磷的目的。在运行情况良好的基础上氧化沟工艺的除磷率能够达到 80% ~ 92%。

与化学沉淀法相比,生物除磷技术更经济、环保。但易受水质、水量变化的影响,运行不稳定,且同样面临后续剩余污泥产量大等二次污染问题。此外,目前大部分污水处理厂的生物除磷系统仍以活性污泥为主,存在污泥膨胀、功能微生物难以富集、二次释磷等局限性,因此,现代污水处理工艺常采用化学辅助生物联合除磷。通过生物法将污水中磷酸盐富集到微生物体内排除污泥,再将这部分污泥中的磷释放到污泥上清液中,将富磷上清液与钙法和磷酸铵镁法结合,便可达到生物强化蓄磷-化学回收磷的目的。这样不仅可以回收磷资源,而且可以提高进水的 C/P,有益于生物除磷[35]。

7.5

吸附法除磷

采用石灰、铁盐等沉淀剂进行化学沉淀，易受 pH 值等环境条件的影响，并面临后续出水中和的问题。此外，生物处理会产生大量的污泥，而反渗透和电渗析等物理方法，效率太低且成本高昂。吸附法是通过某些多孔或大比表面积的固体物质对水中磷酸根离子的吸附亲和力去除废水中磷的方法，可以在更宽的 pH 值范围内和较低的含量下除磷，更容易快速地捕获、富集磷酸盐。吸附法除磷不需要添加化学试剂，操作简单，在稀溶液的溶质分离中效果较好，适宜处理低浓度含磷废水。

吸附法除磷最重要的就是选择合适的吸附剂。磷吸附剂的选择要求满足以下条件：高吸附容量，高选择性，吸附速度快，抗其他离子干扰能力强，无有害物溶出，吸附剂再生容易，性能稳定，原料易得造价低。吸附法除磷的关键是吸附剂的性能与成本。传统吸附剂有水滑石、水铝英石、氧化铁、氧化铝、微砂等[36]。

意大利开发出一种从污水处理主流线上以盐水再生离子交换回收磷工艺（M.NUT 工艺），使用等量的阴离子去除磷酸根离子。美国选用一种特殊设计的磷酸盐选择树脂，并添加铜以提高树蜡与磷酸盐的亲和力来回收磷酸盐，对于低浓度的含磷污水（2.5mg/L）去除率达 95%[37]。北爱尔兰研究将生物与化学过程相结合，让细菌变成磷沉淀反应的载体[38]。

近年来，不少报道表明利用废渣处理含磷废水效果明显，且成本低廉，以废治废。很多学者对天然材料和工业炉渣的吸附脱磷性能进行了广泛研究及试验，多项试验表明，磷吸附容量与吸附材料中 Ca、Mg、Al 和 Fe 等金属元素氧化物含量呈正相关，证实了金属氧化物是吸附磷的主要活性点；无定形非晶态物含量、pH 值、材料的比表面积和孔隙率对吸附容量起重要作用。Yan 等[39] 研究了 3 种柱撑剂（铁、铝、铁铝）改性膨润土吸附除磷效果，结果表明铝柱改性膨润土效果最佳。

采用浸渍法制备的负载氢氧化镧的膨胀石墨(EG-LaOH)除磷剂，相较于目前广泛使用的活性氧化铝等吸附剂，对磷的吸附效率更高，抗干扰能力更强。EG-LaOH 在 90℃下的再生效率可达 80% 以上。

MLC 复合材料[Fe_3O_4 纳米颗粒杂化的 $NaLa(CO_3)_2$]是通过改进的溶剂热法制备的，用于从废水中去除磷酸盐。$NaLa(CO_3)_2$ 充当去除磷酸盐的活性位点，而 Fe_3O_4 则允许磁分离。MLC-21 复合材料(La/Fe 摩尔比为 2∶1)在 4 ~ 11 的宽 pH 值范围内表现出较高的磷酸盐去除性能，在常见竞争离子存在下具有出色的选择性、良好的可重复使用性。随着 pH 值从 4.0 增加到 8.6，二价 HPO_4^{2-} 和一价 $H_2PO_4^-$ 共存，$La(HCO_3)_2^+$ 和 $HPO_4^{2-}/H_2PO_4^-$ 之间的配体交换以及它们之间的静电引力同时促进了磷酸盐的吸附。之后当 pH 值进一步升高至 11 时，$La(CO_3)_2^-$ 通过配体交换吸附 PO_4^{3-}。此外，利用磁选一体化系统处理实际废水和富营养化湖水表明，MLC-21 复合材料具有实用价值。ATR-IR、Raman、XRD 和 XPS 光谱表明，磷酸盐的吸附可归因于静电引力和 $La(HCO_3)_2^+/La(CO_3)_2^-$ 与 P 通过配体交换发生的内球络合[40]。

聚(乙烯亚胺)-接枝-碱木质素负载纳米级氢氧化镧(AL-PEI-La)是一种环保、可回收、高选择性的生物吸附剂[41]。AL-PEI-La 吸附剂通过将纳米级 $La(OH)_3$ 锚定在 PEI[聚(乙烯亚胺)]功能化的碱木质素制得，具有大表面积和总孔体积，显示出较高的磷酸盐吸附容量(65.79mg/g)和吸附率，遵循准二级模型，吸附过程接近于单层吸附的化学吸附，磷酸盐去除过程是自发的、吸热的；在 pH 值方面表现出出色的抗干扰能力，对磷酸盐具有出色的选择性，有较好的再生能力；表面沉淀和配体交换是主要的吸附机制。

Xia 等[42]成功合成了一种具有吸附和过滤双重功能的复合膜来去除稀释废水中的磷，合成了 La/C 纳米复合材料并将其掺杂到多孔膜上以去除磷。磷酸盐的吸附不受共存离子的影响，吸附性能在 pH 值为 7 ~ 11 范围内相对稳定。La/C 表面发生多层吸附和内球络合。La/C 掺杂膜可有效去除典型稀释水中的磷和悬浮固体。碳共混有利于膜的孔隙发育和亲水性的提高，从而导致更高的水通量和更好的抗污能力。

吸附法在实际应用中还存在吸附剂解吸、再生、固液分离、循环利用以及磷的回收等问题；吸附剂在吸附机理、抗干扰性、溶解损失等方面还需要进一步研究。

吸附法的影响因素有很多，其中包括 pH 值、吸附时间、吸附剂用量、共存离子。

① pH 值。吸附剂的零电荷点(pH_{ZPC})在吸附过程中起着至关重要的作用。当溶液 pH 值高于 pH_{ZPC} 时，吸附材料的表面带负电荷，对带负电荷的磷酸盐阴离子产生排斥作用；当溶液 pH 值低于 pH_{ZPC} 时，吸附剂带正电荷，增强对磷酸盐阴离子的吸引。

② 吸附时间。磷酸盐的吸附过程在达到平衡前大致可以分为两个阶段：一个是快速吸附阶段，该过程发生在吸附剂的外表面，在浓度梯度力的驱动下有大量的空吸附位点；另一个是缓慢吸附阶段，即当表面吸附位点饱和时，吸附过程由吸附剂-溶液界面迁移到吸附剂内部进行磷酸盐的吸附。Xu 等 [43] 的实验显示，从吸附剂加入至 100min 时，吸附量迅速增加，而在吸附 100min 后，延长接触时间并不能显著提高磷酸盐的吸附量，整体上看，磷酸盐的吸附量随着时间 t 的增加而增加，最终在 250min 达到吸附平衡。

③ 吸附剂用量。吸附剂的用量对磷酸盐的吸附具有重要影响。吸附剂含量较低时，吸附剂提供的吸附位点不足以满足高浓度磷的去除，但却有利于与磷酸盐充分接触，因此吸附剂达到饱和的速度很快，达到更高的吸附容量；吸附剂含量较高时，尽管在数量上提供了更多的吸附位点，但大量的吸附剂也会发生颗粒聚集、干扰以及增加吸附位点之间的斥力，从而一定程度地抑制了吸附过程。物理、化学除磷原理见图 7-10 和图 7-11[44]。

④ 共存离子。城市和工业废水含有多种共存阴离子，如 SO_4^{2-}、CO_3^{2-}、NO_3^-、F^-、Br^-、I^- 和 Cl^- 等，它们可能与磷酸盐争夺结合位点。一般来说，高电荷密度的多价阴离子比一价阴离子更容易被吸附。此外，共存阴离子对磷酸盐吸附的干扰，因吸附剂种类的不同而不同。Xu 等 [43] 发

现对于阴离子交换树脂(D-280)和大孔径阴离子交换树脂(D-201)，随着阴离子共存浓度的增加，磷酸盐的吸附效率急剧下降；而对于水合氧化锆嵌入的阴离子交换树脂 D280-Zr 和 HZO-201，Cl^-、NO_3^-、HCO_3^- 等阴离子对磷酸盐的吸附过程影响不大。

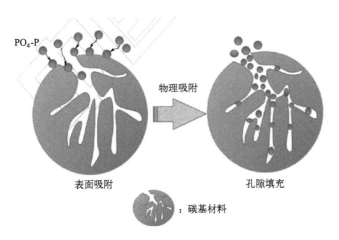

图 7-10　碳基材料物理吸附原理图

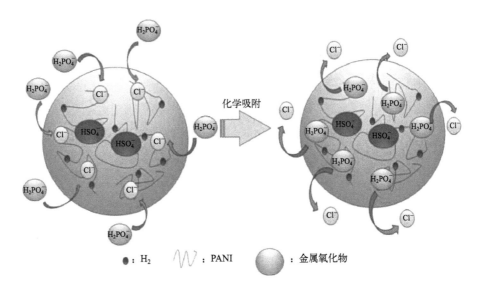

图 7-11　金属氧化物与聚苯乙烯联用化学吸附原理图

7.6

膜分离法除磷

膜分离技术是用具有选择透过性能的薄膜，在外力的推动下对二组分或者是多组分的溶质或溶剂进行分离、提纯、浓缩的方法。其中外界推动力可以分为两类：一是借助外界推动力的方法使进行分离的物质由低位向高位流动，二是以化学势为推动力，物质发生由高位向低位的流动。例如，由于化学势是物质传导的推动力，因此在化学势的推动下，物质由高化学势向低化学势流动。半透膜是只许溶剂通过的一种膜，它的外界推动力是渗透压。在废水处理中常用的有扩散渗析、电渗析、反渗透、超滤等四种膜分离技术。其中电渗析法在除磷的过程中得到了广泛应用，它是在直流电场的作用下，以电位差为推动力，利用阴、阳离子交换膜对溶液中阴、阳离子的选择透过性（即阳膜只允许阳离子通过，阴膜只允许阴离子通过），而使溶液中的溶质与水分离的一种物理化学过程，从而实现溶液的浓缩、淡化、精制和提纯。将含有磷和其他离子的溶液在外加电场下使体积小的离子通过膜而进入到另一侧溶液中，实现分离目的。

除了单一膜分离技术，还有与生物法相结合的生物膜法除磷技术，一般是通过对反应器在时间上进行有效的交换和控制，使同一反应器在时间上处于不同的反应状态，改变聚磷菌的生长环境，达到生物除磷甚至同步脱氮的目的。生物膜反应器按序批方式运行，可以实现高效的生物除磷效果。

刘佳[45]提出膜分离技术-芬顿处理工艺，采用超滤和树脂软化技术对低浓度有机磷废水进行预处理，在其基础上采用二次反渗透工艺（RO），使废水浓缩，接着进行芬顿氧化处理；试验研究表明，这种处理工艺比单一芬顿氧化处理工艺更经济，磷的去除率更高。王亚宜等[46]研究了序批式生物膜反应器（SBBR），SBBR是将SBR间歇操作模式引入到生物膜反应器，这种技术结合了 SBR 和传统生物膜技术的优点，对水力负荷变化较大的城市生活污水具有较高的处理效率，能够实现同步脱氮除磷的深度处理。

膜生物反应器(MBR)在市政污水营养物去除方面具有优势，得到大规模应用。与传统重力沉淀池相比，MBR 工艺可实现悬浮物(SS)零排放。同时，膜强化生物除磷工艺(MEBPR)也在回收污水中的营养物质方面得到应用。

Srinivas 等[47]采用纳滤技术对污泥焚烧灰洗液进行磷回收，并对工艺进行了经济评估。结果表明，纳滤膜对磷酸盐具有较高选择性，可将溶解性的高价阳离子滞留在本体溶液中，但 Al^{3+} 等高价离子对磷酸盐的选择性存在一定影响。对纳滤回收磷工艺初步评估发现，其成本主要与能量消耗、膜面积和所应用的化学试剂有重要关系。

膜技术除磷的运行往往受限于分离膜的特性和废水的特性，因此通常适用于特定的有价值的磷回收。膜技术除磷易发生膜污染、需要定期清洗，对维护管理的技术水平要求较高，在农村地区进行推广应用时，要从环境、技术、经济 3 个层面考虑其适用性。

7.7

含磷废水的应用案例

7.7.1　含磷废水制备饲料级磷酸氢钙

贵阳开磷化肥有限公司磷酸生产产生的低含磷废水来源主要有两部分：①渣场水，含磷量低，平均为 0.7%；②磷酸生产的洗涤水，含磷量相对较高，平均为2.3%。这些含磷废水直接返回磷酸装置会打破磷酸系统的水平衡，不能有效地回收利用，且会增加企业运行成本。该公司用含磷渣水与磷酸生产产生的洗涤水的混合液，制备饲料级磷酸氢钙，该方法在瓮福(集团)有限责任公司同样得到了推广应用。

该方法以含磷废水和生石灰为原料，主要分为杂质分离、产品制备两个阶段制备饲料级磷酸氢钙。该方法磷回收率大于60%，且磷酸氢钙产品的品质能达到(GB 22549—2017)中Ⅰ型产品的质量要求。

(1)杂质分离(含磷废水的预处理)

向含磷废水中加入脱氟剂、脱砷剂除去废水中的氟、重金属及其他杂质，净化含磷废水。其反应温度为35～55℃，反应时间为1～2h，反应终点pH值为2.2～2.8。反应结束后加入絮凝剂沉降，沉降后固体主要为氟化钙、磷酸二氢钙及其他杂质，滤液用于制备饲料级磷酸氢钙。主要反应为：

$$2HF + Ca(OH)_2 \longrightarrow CaF_2 \downarrow + 2H_2O \tag{7-23}$$

$$Ca(OH)_2 + 2H_3PO_4 \longrightarrow Ca(H_2PO_4)_2 \cdot 2H_2O \tag{7-24}$$

$$2As^{3+} + 3S^{2-} \longrightarrow As_2S_3 \tag{7-25}$$

(2)制备饲料级磷酸氢钙

向除杂净化后的滤液中加入石灰乳进行反应，反应完成后进行过滤，滤饼经干燥得到饲料级磷酸氢钙。主要反应为：

$$Ca(OH)_2 + H_3PO_4 \longrightarrow CaHPO_4 \cdot 2H_2O \tag{7-26}$$

含磷废水用于制备饲料级磷酸氢钙工艺流程见图7-12和图7-13。

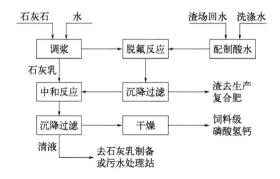

图 7-12　含磷废水用于制备饲料级磷酸氢钙工艺流程（贵阳开磷化肥有限公司）

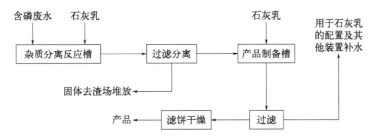

图 7-13 含磷废水用于制备饲料级磷酸氢钙工艺流程（瓮福集团）

7.7.2 黄磷生产废水的处理与回收

（1）黄磷污水的特性与回用要求

黄磷污水主要产生于黄磷炉气冷凝、精制和泥磷处理等过程中，由受磷槽、预沉槽和精制锅排出的污水一般为重污水，有毒杂质数量和种类较多，是污水处理的重点对象。污水含固率 0.5% ～ 1.0%，含有磷、氰化物、氟化物、磷酸、硫化物、二氧化硅、碳及粉尘等杂质，pH 值为 3 ～ 5。

黄磷污水中的磷绝大部分处于悬浮和胶体状态，其中 90% ～ 95% 的磷与粉尘微粒相混形成泥磷，另有 5% 左右的磷与二氧化硅作用形成稳定的胶体结构。前者可利用重力分离，后者很难沉淀。氟化物以氟硅酸形态存在于污水中，氰化物以氰化氢形态出现，二氧化硅一部分与氟结合，一部分在水中形成硅酸胶体。黄磷污水处理后主要作为炉气喷淋洗涤水、熔融炉渣水淬补充水、黄磷漂洗水三部分，对水质要求较低，一般要求 pH ≥ 5、悬浮物 ≤ 300mg/L、水温 ≤ 40℃。因此黄磷污水处理不需要采用深度处理技术，只需达到回用水质要求即可。

（2）黄磷污水处理工艺

① 生石灰中和-平流沉降法。用于炉气水洗后的黄磷污水进入泥磷地池（泥磷池），污水溢流至污水池，在污水池通过平流沉降将大部分泥磷沉降在泥磷池内，然后污水进入曝气沟氧化去除部分元素磷，再进入折流式沉降池，在第一个池内投入生石灰进行中和，调节污水 pH ≥ 5，再

流入其它沉降池进一步沉降分离悬浮物，最后在取水池用泵抽回车间循环使用。

该处理工艺的优点是流程简单，操作方便。但缺点是：第一个沉降池内加生石灰中和后会积累大量石灰渣，增加沉积的污泥量，还会与黄磷裹挟在一起，清理池内污泥时易发生爆燃；且需频繁清理，一般每年至少清理一次，且污泥处理利用难度大。生石灰在污水中形成石灰乳，与污水池内的悬浮物一起沉积到池底，形成的污泥较松散，导致含水率较高，悬浮物去除率低，出水水质差，容易致污水管内壁及转水泵叶轮结垢，堵塞喷淋系统。

② 斜板沉降-石灰（或烧碱）中和法。从受磷槽、精制锅出来的黄磷污水进入斜板沉降槽，进行泥、水分离，回收泥磷，污水从斜板沉降池上部溢流至曝气沟氧化去除部分元素磷，再进入中和池，加生石灰（或烧碱）中和调节 pH 值，然后进入平流池，最后通过泵抽回至车间循环使用。

该工艺的优点是处理装置少、占地面积小，且投资少。主要缺点是：由于泥磷在低于 44.1℃ 会凝固，易堵塞排泥口及附属管路；疏通时要使用大量热水融化泥磷，操作过程很容易产生泥磷喷出烧烫伤，操作难度与劳动强度大。黄磷污水呈酸性，斜板沉降槽的斜板一般是用碳钢板制成，容易被腐蚀，设备维护、维修工作量大。斜板沉降槽去除悬浮物的效率一般为 50% ～ 60%，出水悬浮浓度在 600mg/L 以上，由于没有后续去除悬浮物的工序，所以回水悬浮浓度较高，容易堵塞喷淋塔喷头。如果中和剂用的是烧碱，钠离子与污水中的氟硅酸结合成氟硅酸钠，容易在回水管道内壁析出结垢，堵塞管路。

③ 预沉调节 + 斜板沉降 + 叠螺脱水 + 平流沉降法。针对生石灰中和-平流沉降法、斜板沉降-石灰（或烧碱）中和法存在的问题，开发了预沉调节 + 斜板沉降 + 叠螺脱水 + 平流沉降法。该法主要流程：黄磷污水进入泥磷池将其中大部分泥磷沉降分离，再经过两级预沉槽，然后进入调节槽预沉降分离泥磷，再通过斜板沉降，经斜板沉降上部初级净化的污水溢流至折流池；斜板底和折流池污泥用泵转运至泥磷处理前置罐，搅拌

均匀后泵入污泥处理装置进行絮凝、脱水处理后进入折流池；净化后的污水在折流池进一步沉降后进入取水池用泵抽回车间循环使用。

试验表明，对于 pH 值为 2～3 的黄磷污水，不管加入何种碱性混凝剂都能产生大片絮凝剂沉淀；当 pH 值为 6～7 时，污水基本能澄清。在污水中加入石灰，除磷效果可达 90%～95%。石灰沉淀磷的机理是用石灰和污水中的磷酸、氟硅酸作用生成难溶的磷酸钙和氟化钙，在反应过程中新生成的磷酸钙及氟化钙网罗与挟带硅、磷质及其他杂质共同沉淀。主要反应式如下：

$$P_4 + 5O_2 \longrightarrow 2P_2O_5 \tag{7-27}$$

$$P_2O_5 + 3H_2O \longrightarrow 2H_3PO_4 \tag{7-28}$$

$$CaO + H_2O \longrightarrow Ca(OH)_2 \tag{7-29}$$

$$Ca(OH)_2 + H_3PO_4 \longrightarrow CaHPO_4 \downarrow + 2H_2O \tag{7-30}$$

$$3Ca(OH)_2 + 2H_3PO_4 \longrightarrow Ca_3(PO_4)_2 \downarrow + 6H_2O \tag{7-31}$$

$$Ca(OH)_2 + H_2SiF_6 \longrightarrow CaSiF_6 \downarrow + 2H_2O \tag{7-32}$$

$$2Ca(OH)_2 + CaSiF_6 \longrightarrow 3CaF_2 \downarrow + SiO_2 + 2H_2O \tag{7-33}$$

当 pH ≤ 5 时，石灰与磷酸反应主要生成枸溶性的 $CaHPO_4$，当 pH 值 ≥ 8 时，主要生成难溶性的 $CaHPO_4$，当 pH 值控制在 6～7 时，石灰中和沉淀物中的枸溶性磷酸氢钙为 50%。用石灰处理黄磷污水时必须严格控制 pH 值在 8 以下，否则，当 pH 值大于 8 时石灰会和磷反应生成剧毒、易燃、易爆的磷化氢气体：

$$2P_4 + 3Ca(OH)_2 + 6H_2O \longrightarrow 3CaHPO_4 + 5PH_3 \uparrow \tag{7-34}$$

磷化氢还有一个特点，能使已沉降的沉渣浮至水面，造成操作上的困难。鉴于此，在投放石灰时不能直接将石灰投放至污水池中，以免造成"爆鸣"现象，必须将石灰制成乳液后均匀加入污水中。

在中和过程中加入少量石灰石($CaCO_3$)，对中和过程是一种有效的调节措施，但不能以石灰代替石灰石，否则形成大量胶体，造成脱水及絮凝困难，严重时会造成泵叶轮及污水管道结垢堵塞现象。石灰加入量一般为石灰石总加入量的 3%～4%。其主要化学反应式如下：

$$CaCO_3 + H_3PO_4 + H_2O \longrightarrow CaHPO_4 \downarrow + 2H_2O + CO_2 \tag{7-35}$$

$$3CaCO_3 + H_2SiF_6 + H_2O \longrightarrow 3CaF_2\downarrow + SiO_2 \cdot 2H_2O + 3CO_2 \qquad (7\text{-}36)$$

在用石灰乳中和的同时，加入助凝剂阳离子型聚丙烯酰胺加快悬浮物的沉降速度。阳离子聚丙烯酰胺是线状高分子聚合物，在酸性或碱性介质中均呈现正电性，其澄清污水的性能主要是通过电荷中和作用而获得。其主要机理主要为搭桥、脱水与电中和。

搭桥效应：在黄磷污水中吸附多分散相的悬浮物于胶体上，起到搭桥作用，把胶粒联结起来，变成更大的聚集体加速沉降。

脱水效应：高分子的阳离子型聚丙烯酰胺对水有更强的亲和力，它的溶解与水化作用，使胶体粒子脱水，失去水化外壳而聚沉。

电中和效应：阳离子型高分子化合物——阳离子聚丙烯酰胺吸附在带电的胶体粒子上，可以中和分散相粒子的表面电荷，使粒子间的斥力势能降低，使溶胶聚沉。

预沉调节 + 斜板沉降 + 叠螺脱水 + 平流沉降法的操作要点在于：配制絮凝剂应使用清水，阳离子聚丙烯酰胺配制浓度一般为 0.2% ～ 0.3%，每立方米污水投放量为 3 ～ 10g；配制好的絮凝剂溶液用于含固量较高的污水，且连续投放在脱水机絮凝反应箱内。配制石灰乳应使用清水，用于处理深度净化后的污水，调节 pH 值，根据污水 pH 值确定石灰乳投用量，控制出水 pH 值为 5.0 ～ 5.5 即可，pH 值太高不但浪费石灰，而且增加折流池的污泥量。

7.7.3 含磷废水中有机磷——草甘膦的回收利用

有机磷废水属于含磷废水的一种，主要来自有机磷化工产品的生产过程。对于低浓度的有机磷——草甘膦，可以采用常规的水处理技术进行处理，对于高浓度的草甘膦，则具备一定的回收利用价值。回收利用阶段通常包含以下几个过程：

① 对草甘膦母液进行预处理。草甘膦母液中总磷的含量较高，具有一定的热值，并且还有其他的有机物和氯化钠，但有机物的存在会对回

收氯化钠的过程造成一定的困扰。所以一般主要采用催化氧化法，将草甘膦母液中的大部分有机物氧化，转化为无机物。

在处理的过程中加入酸性物质，将草甘膦母液调节至酸性，然后加入催化剂和氧化剂，催化剂可以是盐酸、硫酸或者磷酸，氧化剂采用次氯酸钠。催化剂进行催化氧化反应，反应完全后进行减压蒸馏浓缩，过滤或离心后分别得到副产品工业盐和高浓度磷浓缩液。副产品工业盐作为产品外售，高浓度磷浓缩液去磷回收工序进行磷元素回收。其工艺流程如图 7-14 所示。

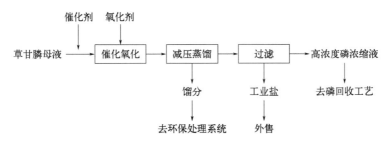

图 7-14 草甘膦母液催化氧化预处理工艺流程

催化氧化：先加入盐酸或磷酸将草甘膦母液调至酸性，控制 pH=5 ～ 6，搅拌升温至 80 ～ 90℃，然后加入催化剂及氧化剂进行氧化反应，过程取样分析磷酸根含量，确定有机磷转化率，当有机磷转化率 ≥ 75% 时，氧化反应结束。

减压浓缩：将氧化好的母液加入减压蒸馏装置，进行脱水，通过馏分的量控制浓缩程度，至反应终点，趁热抽滤，得到副产品工业盐和高浓度磷浓缩液。控制高浓度磷浓缩液相对密度为 1.52 ～ 1.55。草甘膦母液中的有机物主要是有机磷（草甘膦、增甘膦等），在氧化剂的作用下，可将有机磷转化为磷酸盐。

② 对预处理后得到的高浓度磷浓缩液进行定向转化磷回收。根据磷浓缩液热值较高的特点，采用高湿热解、氧化、定向反应的方法，能同时达到无害化和磷回收的双重要求。高浓度磷浓缩液在较高的温度下脱水、热解、氧化，将有机物彻底氧化分解，然后再经元素的重组和定向

转化，得到聚磷酸钠或磷酸钠粗品，实现高浓度磷浓缩液由危险固废到产品的关键突破。高温反应过程中产生的尾气经余热回收、除尘后，达标排放。其工艺流程见图 7-15。

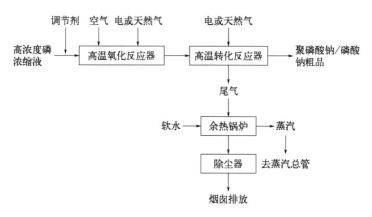

图 7-15 草甘膦母液磷元素回收工艺流程

a. 高浓度磷浓缩液调节：根据期望的目标产物及现有元素比例，按比例加入酸、碱、盐调节剂，混合均匀。

b. 一段转化反应：将一定量的浓缩液进行煅烧，设定温度和时间，进行一段转化反应，反应结束后，得到灰色的固体中间体。

c. 二段转化反应：将一段反应得到的固体中间体用粉碎机粉碎后，缓慢连续加入回转窑中，控制反应器转速、温度，从视镜观察物料状态。反应结束后得到的白色固体即为聚磷酸盐粗品，去后续精制工序。

③ 磷酸盐粗品提纯和下游产品开发。高浓度磷浓缩液经定向转化磷回收后得到的是含量较高的磷酸盐粗品，但仍达不到工业磷酸盐产品标准，需进行提纯。根据磷酸盐粗品的性质，找到了精密过滤、重结晶、离心分离、烘干的提纯方法，具体的提纯工艺流程如图 7-16 所示。

图 7-16 磷酸盐提纯工艺流程

尽管焦磷酸钠等聚磷酸盐附加值较高，但由于其市场容量相对较小，无法满足产销平衡的需要，因此，还需对生成的磷酸盐粗品进行深加工，形成系列工业磷酸盐产品。根据磷酸盐粗品的特点及目标磷酸盐的性质，开发了如图 7-17 所示的磷酸盐粗品深加工工艺流程。

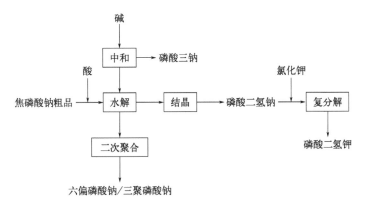

图 7-17　磷酸盐粗品深加工工艺流程

7.8

污染水域的修复

中国的水资源总储量居世界第六位，但由于中国人口基数庞大，人均水资源只有世界人均水资源的 1/4，被列为世界人均水资源匮乏的 13个国家之一。世界上所有国家特别是缺水国家面临着一个重大现实问题，即找到缓解缺水现状的合理办法[49]。

我国部分地区的水污染严重[50]。在我国的七大江河中，黄河、海河、淮河的水质最差，大概 70% 的河段都受到了不同程度的污染。由于城镇中工业的污水排放过多，一些中小河流已变成了污水河，人类已经不能利用这些河流[51]。大量含磷污水排入江河湖泊造成了水体富营养化，导致我国大多数湖泊和近海海域频繁出现大规模的水华和赤潮，严重影响和制约了这些水体的水质安全和我国经济的可持续发展，因此研究磷污染水域的控制和修复技术，具有重大的意义。

7.8.1 控制外源物质输入

1996 年，我国制定了《污水综合排放标准》（GB 8978—1996），按照污水排放去向，将 69 种水体污染物的排放量按年限进行了规定，不同于内源物质输入，向水体中排放污染物对环境造成的损害更大，所以合成氨工业和磷肥生产工业排放含 N、P 等物质按照其相关标准排放量不能超出水体的自净能力，并根据水体功能对水体中 N、P 的浓度实施总量控制。与此同时，对于控制外源物质输入，可以实施截污工程，在支流或主干流域切断污染源，防止污染的进一步扩展。尤其"十一五"以来，在建设生态文明、探索环保新路的引领下，我国的环境保护从认识到实践都发生了巨大的变化。

政府部门在控制外源物质输入上发挥着一定的作用。一方面政府需要严惩污水排放不达标的工厂，全面排查不健全的工厂和公司，并依法取缔不合规范的项目或者公司。同时各企业在工业集聚区内还必须依照规范建立污染物集中处理中心，并配备自动监测系统装置，若有出现污水处理设施质量不合格情况的企业，可采取暂缓审批或者核准其新增水体环境污染物排放的建设项目[52]等措施。另一方面政府要出台符合当地情况的政策法规，并且对于不按照排放标准进行污水排放的公司进行严格的处罚，同时还要细化责任和负责到人。除此之外还要增强人们环保的意识，减少水域内垃圾的丢弃，并且加快城市水污染的处理，合理地安排废水的处置，做好畜牧粪水的处理，将国家的规范制度落实到位，同时要大力倡导使用低磷的农药，减少对水中生物的危害。

7.8.2   减少内源性物质负荷

消除和控制内源常用的方法有工程措施、化学措施和生物措施。工程措施主要包括底泥疏浚、净水稀释和冲污等工程，以及直接或间接去除水体中的藻类的物理措施，如打捞藻类、过滤、紫外线技术等。化学措施主要是直接向水体中投加絮凝剂使藻类沉降和利用化学试剂杀藻等。生物措施是利用水生生物和微生物通过自然生长过程中的新陈代谢吸收利用营养物质，并将其带出水体达到净化水体目的，比如生态过滤带技术及人工湿地技术等。

工程措施中底泥疏浚遵循先拦截污染源再清除污泥最后加以恢复的原则，先行清除河流两侧的违规土地和违章建筑，再与沿岸的截污体系建筑相结合，积极推进污染截排工程建设，疏浚污染底泥，逐步建立河流岸边天然的生态景观区，逐渐提高重度污染河道的水质，恢复河道生态功能[53]。按要求完成城区主要河道的环境治理工作，实现"河面不见垃圾，河道没有淤泥，河水不发黑发臭"。在水域整治的过程中，必须妥善处理产生的污泥，避免出现二次污染。

化学措施一般是加入絮凝剂和氧化剂，对水体有相应的要求，絮凝剂一般是带有正电的物质，对其电位的要求较高，并且在絮凝的过程中，藻类产生的可溶性胞外产物作为一种有机物，容易和絮凝剂中的铁盐和铝盐等形成配合物，对于絮凝的稳定性有一定的影响。氧化剂除去藻类的程度取决于其氧化程度的强弱，其氧化性能破坏细胞壁、细胞膜和细胞内的一些物质，阻碍细胞的生长和繁殖，可以提高除藻率。

生物措施是利用微生物对受污染河流中的污染物进行转化、降解和去除的方法。其技术主要包括：土著微生物培养法、投加外来微生物法和高等生物修复法等。

7.8.3 原位生物控制技术

该技术不需疏浚而直接对底泥进行处理，既可节省大量的疏浚费用，又能减少疏浚带来的环境干扰，不向水体投放药剂，不会造成二次污染，因而是未来理想的污染沉积物治理方法。原位生物控制技术需要投加具有高效降解作用的微生物和营养物，有时还需投加电子受体或供氧剂。微生物在水体净化中的作用不可忽视，其造价低，零耗能，运行成本低廉，而且微生物来源广、繁殖快，在一定条件下对其进行筛选、定向驯化、富集培养，可以对很多物质实现生物修复处理。但外加的微生物或其它物质易受水力条件及土著微生物等因素的影响，难以达到预期的效果。

7.8.4 植物修复

植物修复技术是利用植物对某种污染物具有特殊的吸收富集能力，将环境中的污染物转移到植物体内或将污染物降解利用，达到去除污染与修复生态的目的。植物修复技术中涉及的植物主要有以下几类：

① 沉水植物。在水下生长的沉水植物，叶片全部在水中，在天然水环境和人工湿地中起着重要作用 [54]。它们较一般植物生长周期短，可以从水体中吸收大量的养分，分解有机物，通过光合作用增加溶解氧，改善水质。沉水植物与该水域的藻类等植物存在生长竞争的关系，能够利用自身分泌的物质通过化感作用达到抑制藻类的效果，同时可以为水体环境中的底栖动物与微生物提供生存繁殖的地域空间，提高湖泊等水域水生环境的物种多样性 [55]。

② 挺水植物。生于底泥中，上部挺出水面。挺水植物的上半部分位于水层表面，可以在光照竞争中取得优势，植物根部生长于湖底，可以吸收湖底营养物质，相比其他水生生物来说，该类植物具有更强的生存能力，因此在众多水域有广泛分布。黄时达 [56] 比较了灯芯草、芦苇和菖蒲这三类水生植物在吸收有害物质方面的能力，结果显示前两者的净化

效果要优于后者。柳骅等[57]等通过实际检测总结出，千屈菜可以有效净化水域的总磷。张吉鸥[58]指出，旱伞草的茎叶组织可以有效吸收水域内的污染物，对 Cd、P 等元素的吸收能力较强。

③ 漂浮植物。悬浮于水体表面，具有特有的悬浮组织结构，可以最大程度地吸收太阳光，同时在水域下层区域吸收水体营养物质，具有较强的生命力。孙文浩等[59]对水花生、水浮莲和凤眼莲等植物的抗藻类植物干扰能力进行了研究，结果显示三者都可以进一步控制莱氏衣藻的持续生长，而其中凤眼莲的控制作用最为突出。浮萍具有较强的耐受性，不仅吸收水中的 N、P 物质，减少水域内 N、P 物质的含量，同时能够适应不同污染程度的水体净化。

④ 浮叶植物。根茎生于底泥，叶漂浮于水面。包先明等[60]专家指出荇菜的根可以吸收藻类生物排放在水域内的有害物质，降低内源沉积物中的养分含量，减少鱼类的死亡。另外该植物也可以发挥减少内源氮、磷物质释放的功能。金树权等[61]专家通过实地检测发现，大藻和凤眼莲不仅水域适应能力较强，还可以为其他 70% 以上的水生悬浮植物的生存提供帮助。

7.8.5 原位覆盖控制技术

原位覆盖控制技术是将预处理过的沙石或其他材料通过特定装置覆盖于污染底泥上面，使污染底泥与水体隔离，从而防止底泥污染物向上覆水体迁移的原位固定技术。原位覆盖法主要通过以下三种机制控制污染沉积物的迁移：①将污染沉积物与底栖生物物理性地分开；②固定污染沉积物，防止其再悬浮或迁移；③降低污染物向水中的扩散能量。原位覆盖能有效防止底泥中磷酸盐及重金属进入水体，对水质有明显的改善作用，国外已有不少成功的应用例子。但覆盖法对底栖生态系统具有负面影响，在浮泥较多或水动力强度较大的水域，覆盖法的修复效果明显降低。

7.8.6　生物 – 生态技术

生物-生态技术在国内外进展得很快。这是一种利用栽培和接种植物、培育细菌的流程来分解水域中的污染物，并使之分解或转移，进而净化水域的方法，该技术实施成本较低，且净化效果极佳。生物-生态技术不会对自然环境产生二次污染，且可以帮助改变自然景观和绿化环境。生态方法包括水生植被净化法、生物膜技术、生态修复技术等。

① 水生植被净化法。水生植被净化运用水草的自净功效，消除水域中的富营养化物，从而达到增加水域中溶解氧的效果，并控制藻类生物的野蛮繁殖。大面积的水草可以达到改善河流水体和修复河流自然环境的目的。不过因为水草在富营养化土质和水域透明度较低时便无法维持正常的光合作用，因此无法稳定生长发育。

② 生物膜技术。生物膜技术将细菌群体附着在载体的表面上形成生物膜，而在与污染物接触的过程中，菌膜上的细菌也会吸附污染物中的有机质，并使有机质转化为养料，继而进一步同化有机物，发挥净化污染物的作用。运用生物膜自净原理，在河流里铺上填充料或卵石，改善水域环境，使水体环境不再单一。

③ 生物修复技术。生物修复技术使用细菌或是其他水体生物，使土壤或水域中的有毒有害物质通过微生物溶解为二氧化碳、水或者转变为安全无毒的化学物质。生物修复技术主要包括水生植物修复技术、水生动物修复技术、微生物修复技术等。

7.8.7　滇池水域的污染治理

滇池处于长江、红河、珠江三大水系的分水岭地带，有35条河流注入湖面，面积约299.7平方千米，总蓄水量15.6亿立方米，是中国第六大淡水湖。20世纪70年代末至90年代末，由于缺乏工业污染物、面源污染对环境影响的认识，随着人口增加和工业的发展，水体富营养化不断加剧，水质由原来的Ⅰ类变成了劣Ⅴ类，作为最早启动的治理污染的项目，至今至少横跨了 5 个五年计划，其中对滇池的治理呈现出边发展边治理的情况。目前水质由重度富营养降为中度富营养的状态。主要有如下几种治理措施：

① 污水治理工程。对城市、集镇和工业园区的污水按照国家排放的标准去进行污水的净化处置，而处理后的水质均在达到国家 A 类水质要求后进行排放。另外随着滇池流域农业布局和结构的优化调整，使得滇池流域的农业面源流入滇池的量呈现下降的趋势，2015 年总氮、总磷入滇池量分别为 845t、166t，较 1988 年减少了约 39%。从整体来观察滇池的状态，通过污水治理，在 2013 滇池的总氮、总磷比 2010 年下降69.48%、76.86%，整体取得了比较好的成效，并且 2016 年滇池外海的含磷量比 2010 年下降 55.06%。

② 截污工程。截污工程能够在日常生活含磷废水进入滇池前，利用复合除磷剂等除去水体中多余的磷。

a. 滇池北岸截污工程。将船房河和大清河接纳的城市污水，通过泵站、输水管线，从西园隧洞排到滇池以外的螳螂川，相关的资料显示，大清河水系的化学需氧量达 24.9%，总氮量占 29.2%，总磷量占 24.2%，磷元素的含量占比较多，并且对于北岸船房河的截污，2006 ～ 2007 年一年的成效使得总的含磷量降至前一年的 52%，河水水质有了明显的改善[62]。

b. 环湖截污工程。建成 97km 环滇池截污干渠和 342.7km 雨、污管网。分别对不同来源的污水进行处理，2019 年在环湖东岸农业源的截污情况是总磷达 63t，相比于 2010 年减少了 62.48%。

③ 入湖河道治理工程。入湖河道治理工程到 2015 年底基本完成了35 条主要入湖河道整治项目，完成河道综合整治 230km，避免了藻类的大量繁殖，对于能回收利用的金属进一步地回收利用，累计完成截污及雨污分流改造河道排污口 4100 多个，铺设改造截污管网 1300km，河道清淤 101.5 万立方米，对于新运粮河、老运粮河的前置库水体净化在2016 年处理总磷含量占比为 76.9%，提高了入湖的水质[63]。

④ 滇池底泥疏浚工程。从 1993 年 7 月 23 日进行滇池草海底泥疏浚试点工程开始，到"十二五"期末，共完成滇池草海底泥疏浚一期工程、继续疏浚工程、二期疏浚工程、三期疏浚工程。后续在滇池草海、外海北部及主要入湖河口实施了底泥疏浚，完成淤泥疏浚 1213 万立方米，去除总氮约 2 万吨、总磷约 0.54 万吨。在 2020 年 5 月～2021 年 10 月共疏挖了 340 万立方米底泥，清除滇池内总氮 1.1 万吨、总磷等污染物 4700t，大大减轻了滇池污染负荷。

⑤ 滇池蓝藻清除工程。由于水体中磷含量的增加，水体富营养化，藻类生长加剧。滇池蓝藻清除工程主要有：试验"食藻虫"控制滇池蓝藻；利用锁磷技术除磷——除藻；放养鲢鳙鱼控制蓝藻；使用生化药剂除藻；用机械清除蓝藻等。效果比较好的除藻措施是机械除藻，包括：固定式抽藻，移动式抽藻，流动式除藻，人工围捕、打捞等。2003 年 5 月～2007 年 5 月，共清除蓝藻等 1804 万立方米，约清除蓝藻 11t，削减总氮、总磷量分别为 397t 和 85t。2012 年 7 月云南省环保厅发布在上半年滇池累计清除蓝藻 108.4 万立方米，共消除总氮、总磷 59.57t 和 4.42t，并且目前滇池蓝藻治理已形成"全年控藻""日常除藻""应急打捞"相结合的工作方式，以此来控制水体中的含磷量。

参考文献

[1] 王振强, 刘春广, 乔光建. 氮、磷循环特征对水体富营养化影响分析 [J]. 南水北调与水利科技, 2010, 08(6): 82-97.

[2] 孔繁翔. 湖泊富营养化治理与蓝藻水华控制 [J]. 江苏科技信息, 2007(09): 7-11.

[3] 刘仁沿, 刘磊, 梁玉波, 等. 我国近海有毒微藻及其毒素的分布危害和风险评估 [J]. 海洋环境科学, 2016, 35(05): 787-800.

[4] Wang H J, Liang X M, Jiang P H, et al. TN:TP ratio and planktivorous fish do not affect nutrient-chlorophyll relationships in shallow lakes [J]. Freshwater Biology, 2008, 53(5):935-944.

[5] 郝晓地, 衣兰凯, 王崇臣, 等. 磷回收技术的研发现状及发展趋势 [J]. 环境科学学报, 2010, 30: 897-907.

[6] Bennett E, Carpenter S P S. The global phosphorus cycle[J]. World Watch Magazin, 2002, 22: 75-88.

[7] Mogens Henze, Poul Harremoes, 等. 污水生物处理与化学处理技术 [M]. 国家城市给水排水工程技术研究中心, 译. 北京: 中国建筑工业出版社, 1999.

[8] 张亚勤. 污水处理厂达到一级 A 排放标准中的化学除磷 [J]. 中国市政工程, 2009(05): 40-41.

[9] Song Y H, Weidler P G, Berg U, et al. Calcite-seeded crystallization of calcium phosphate for phosphorus recovery [J]. Chemosphere, 2005, 63(2): 236-243.

[10] 陈小光, 张萌, 厉帅, 等. 磷酸钙盐结晶除磷工艺性能研究 [J]. 环境工程学报, 2013(07): 2552-

2556.

[11] 周元祥, 黄健, 张华, 等. 化学磷回收促进生物除磷效果的实验研究 [J]. 合肥工业大学学报, 2005, 28(10): 1244-1248.

[12] 兰吉奎, 潘涌璋. 化学沉淀法处理超高浓度含磷废水的研究 [J]. 工业水处理, 2011(01): 58-60.

[13] 曾雪梅. 生石灰的除磷性能与除磷机理研究 [J]. 西南师范大学学报 (自然科学版), 2014(07): 163-168.

[14] Elisabeth V, Muènch, Keith Barr. Controlled struvite crystallization for removing phosphorus from anaerobic digester side streams[J]. Wat Res, 2001, 35(1): 151-129.

[15] Sylvia R, Denis M, Jean P K,et al. Phosphate recovery in wastewater by crystallization [J]. CEEP, 2002, 22(6): 14.

[16] Niewersch C, Petzet S, Henkel J, et al. 2009. Phosphorus recovery from eluated sewage sludge ashes by nano ltration [A]// Ken Ashley KDonMavinic DFred Koch F. The proceedings of the international conference on nutrient recovery from wastewater Streams[C]. London: I WA Publishing, 389-404.

[17] 郝晓地, 朱景义, 曹秀芹. 污水强化除磷工艺的现状与未来 [J]. 中国给水排水, 2005, 21(11): 36-40.

[18] Matynia A, Koralewska J, Wierzbowska B, et al. The influence of process parameters on struvite continuous crystallization kinetics[J]. Chemical Engineering Communications, 2006, 193(2): 160-176.

[19] Rahman M M, Salleh M A M, Rashid U, et al. Production of slow release crystal fertilizer from wastewaters through struvite crystallization – A review [J]. Arabian Journal of Chemistry, 2014, 7(1): 139-155.

[20] 张蕊. MAP 和 HAP 结晶法除磷工艺研究 [D]. 北京：北京市环境保护科学研究院, 2012.

[21] 张玉生, 李超群, 林金清. 鸟粪石法回收磷过程的耗碱量及其变化规律 [J]. 化工学报, 2012(07): 2217-2223.

[22] Ye X, Ye Z L, Lou Y Y, et al. A comprehensive understanding of saturation index and up flow velocity in a pilot-scale fluidized bed reactor for struvite recovery from swine wastewater [J]. Powder Technology, 2016, 295: 16-26.

[23] 邱维, 张智. 城市污水化学除磷的探讨 [J]. 重庆环境科学, 2002, 24(2): 81-84.

[24] 徐丰果, 罗建中, 凌定. 废水化学除磷的现状与进展 [J]. 工业水处理, 2003(5): 18-20.

[25] 谢经良, 刘娥清, 赵新. 不同形态铁盐的除磷效果 [J]. 环境工程学报, 2012(10): 3429-3432.

[26] Roger L P, Roger J A. The mechanism of phosphate fixation by iron oxides[J]. Soil Sci Amer Proc, 1975, 39: 837-841.

[27] 张萌. 新型铁盐脱氮除磷技术的研究 [D]. 杭州：浙江大学, 2015.

[28] Galarneau E,Gehr R.Phosphorus removal from wastewaters:Experimental and theoretical support for alternative mechanisms[J]. Wat Res,1997,31(2):328-338.

[29] Boisseret Jean-Philippe, et al. Phosphate adsorption in flocculation process of aluminumulphate and poly-aluminum-silicate-sulphate[J]. Wat Res,1997,31(8):1936-1946.

[30] 孙连伟, 韩雪, 王磊, 等. 氯化铝处理含磷废水研究 [J]. 环境科学与技术, 2015(S2): 335-338.

[31] 王然登, 程战利, 彭永臻, 等. 强化生物除磷系统中胞外聚合物的特性 [J]. 中国环境科学, 2014(11): 2838-2843.

[32] 柴成山. A/O 工艺生物除磷中试与生产性试验研究 [D]. 武汉：华中科技大学, 2011.

[33] Vaiopoulou E, Melidis P, Aivasidis A. An activated sludge treatment plant for integrated removal of carbon, nitrogen and phosphorus[J]. Desalination, 2007, 211(1~3): 192-199.

[34] 陈洪波, 王冬波, 李小明, 等. 单级好氧生物除磷工艺处理生活污水 [J]. 中国环境科学, 2012 (07): 1203-1209.

[35] 郝晓地, 戴吉, 胡沅胜, 等. C/P 比与磷回收对生物营养物去除系统影响的试验研究 [J]. 环境科学, 2008, 29 (11): 3098-3103.

[36] Valsami Jones E. Phosphorus in environmental technology[M]. London: I WA Publishing, 2004, 403-528.

[37] Liberti L. REM-MUT ion exchange plus struvite precipitation process. CD papers of the second International Conference on the Recovery of Phosphorus from Sewage and Animal Wastes, 2001.

[38] Sen Gupta A. Ultimate removal and recovery of Phosphate with a new class of polymeriosorbents. CD Papers of the Second Intenational Conference on the Recovery of Phosphorus from Sewage and Animal wastes, 2001.

[39] Yan L, Xu Y, Yu H, et al. Adsorption of phosphate from aqueous solutionby hydroxy-aluminum, hydroxy-iron and hydroxyiron-aluminum pillared bentonites[J]. Journal of Hazardous Materials, 2010, 179（1/3）:244-250.

[40] Hao H T, Wang Y L, Shi B Y. NaLa(CO$_3$)$_2$ hybridized with Fe$_3$O$_4$ for efficient phosphate removal: Synthesis and adsorption mechanistic study [J]. Water Research, 2019, 155: 1-11.

[41] Zong E, Huang G B, Liu X H, et al. A lignin-based nano-adsorbent for superfast and highly selective removal of phosphate [J]. Journal of Materials Chemistry A, 2018, 6(21): 9971-9983.

[42] Xia W J, Guo L X, Yu L Q, et al. Phosphorus removal from diluted wastewaters using a La/C nanocomposite-doped membrane with adsorption-filtration dual functions [J]. Chemical Engineering Journal, 2021, 405: 126924.

[43] Xu H H, Zeng W, Li S S, et al. Hydrated zirconia-loaded resin for adsorptive removal of phosphate from wastewater [J]. Colloids and Surfaces A: Physicochemical and Engineering Aspects, 2020, 600: 124909.

[44] 车林轩, 程伟钊, 韦志鹏. 污水除磷技术及影响因素的研究进展 [J]. 应用化工, 2022(6): 1811-1816.

[45] 刘佳. 超滤+反渗透+芬顿有机磷废水除磷工艺研究 [D]. 杭州: 浙江理工大学, 2015.

[46] 王亚宜, 李探微, 韦甦, 等. 序批式生物膜技术（SBBR）的应用及其发展 [J] 浙江工业大学学报, 2006(02): 213-219.

[47] Srinivas H, Koch F A, Monti A, et al. 2009. Membrane EBPR for phosphorus removal and recovery using a side2 stream flow system: preliminary assessment [A]// Ken Ashley K, Don Mavinic D, Fred Koch F. The Proceedings of the International Conference on Nutrient Recovery from Wastewater Streams[M]. London: I WA Publishing, 371-388.

[48] 夏建峰. A公司含磷废水处理研究 [D]. 镇江: 江苏大学, 2021.

[49] 邵金言. UASB-化学除磷-SBR组合工艺处理醋酸纤维生产废水的研究 [D]. 苏州: 苏州科技大学, 2019.

[50] 张家铜, 郎文博. 探讨我国水污染的现状及其修复 [J]. 山东工业技术, 2018(24): 62.

[51] 许嘉宁, 陈燕. 我国水污染现状 [J]. 广东化工, 2014, 41(03): 143-144.

[52] 刘迪. 流域水污染治理模式创新的研究 [J]. 科技资讯, 2021, 19(26): 62-63.

[53] 韩吉. 流域水污染治理技术及水质综合改善方案的研究 [J]. 节能环保, 2022, 02: 59-61.

[54] 李佳华. 沉水植物对有机污染物胁迫的响应及其在湖泊生态修复中的作用 [D]. 南京: 南京大学, 2005.

[55] 严俊. 基于水下光场和植物特性的白洋淀沉水植物修复技术研究 [D]. 北京: 北京化工大学, 2020.

[56] 黄时达, 杨有仪. 人工湿地植物处理污水的试验研究 [J]. 四川环境, 1995, 14(3): 5-7.

[57] 柳骅, 杨霞. 千屈菜在富营养化水体中生长及磷去除效果试验初报 [J]. 浙江林业科技, 2005, 25(1): 42-45.

[58] 张吉鸥. 凤眼莲的生物学特性及其对鄱阳湖湿地生态环境的潜在危害 [J]. 中国奶牛, 2011(10): 60-63.

[59] 孙文浩, 余叔文. 凤眼莲根系分泌物中的克藻化合物 [J]. 植物生理学报, 1993, 19(1): 92-96.

[60] 包先明, 陈开宁, 范成新. 浮叶植物重建对富营养化湖泊氮磷营养水平的影响 [J]. 生态环境, 2005, 14(6): 807-811.

[61] 金树权, 周金波. 10种水生植物的氮磷吸收和水质净化能力比较研究 [J]. 农业环境科学学报,

2010, 29(8): 1571-1575.

[62] 杨逢乐，金竹静. 滇池北岸河流水环境污染现状及防治对策研究 [J]. 环境科学导刊，2008, 27(6): 43-46.

[63] 张宇，何苗，周圆. 河口前置库对滇池草海入湖河流水质净化效果 [J]. 环境工程，2019(37): 259-262.

索引

元素周期表

IUPAC 2013

说明（图例）：
- 氧化态(单质的氧化态为0，未列入；常见的为红色)
- 元素符号(红色的为放射性元素)
- 元素名称(注◆的为人造元素)
- 价层电子构型
- 原子序数
- 以 ¹²C=12为基准的原子质量（注◆的是半衰期最长同位素的原子质量）

图例示例：
95 Am 镅 5f⁷7s² 243.06138(2)◆

分区图例：
s区元素	p区元素
d区元素	ds区元素
f区元素	稀有气体

电子层：K、L、M、N、O、P、Q

主表

原子序数	符号	名称	价层电子构型	原子质量
1	H	氢	1s¹	1.008
2	He	氦	1s²	4.002602(2)
3	Li	锂	2s¹	6.94
4	Be	铍	2s²	9.0121831(5)
5	B	硼	2s²2p¹	10.81
6	C	碳	2s²2p²	12.011
7	N	氮	2s²2p³	14.007
8	O	氧	2s²2p⁴	15.999
9	F	氟	2s²2p⁵	18.998403163(6)
10	Ne	氖	2s²2p⁶	20.1797(6)
11	Na	钠	3s¹	22.98976928(2)
12	Mg	镁	3s²	24.305
13	Al	铝	3s²3p¹	26.9815385(7)
14	Si	硅	3s²3p²	28.085
15	P	磷	3s²3p³	30.973761998(5)
16	S	硫	3s²3p⁴	32.06
17	Cl	氯	3s²3p⁵	35.45
18	Ar	氩	3s²3p⁶	39.948(1)
19	K	钾	4s¹	39.0983(1)
20	Ca	钙	4s²	40.078(4)
21	Sc	钪	3d¹4s²	44.955908(5)
22	Ti	钛	3d²4s²	47.867(1)
23	V	钒	3d³4s²	50.9415(1)
24	Cr	铬	3d⁵4s¹	51.9961(6)
25	Mn	锰	3d⁵4s²	54.938044(3)
26	Fe	铁	3d⁶4s²	55.845(2)
27	Co	钴	3d⁷4s²	58.933194(4)
28	Ni	镍	3d⁸4s²	58.6934(4)
29	Cu	铜	3d¹⁰4s¹	63.546(3)
30	Zn	锌	3d¹⁰4s²	65.38(2)
31	Ga	镓	4s²4p¹	69.723(1)
32	Ge	锗	4s²4p²	72.630(8)
33	As	砷	4s²4p³	74.921595(6)
34	Se	硒	4s²4p⁴	78.971(8)
35	Br	溴	4s²4p⁵	79.904
36	Kr	氪	4s²4p⁶	83.798(2)
37	Rb	铷	5s¹	85.4678(3)
38	Sr	锶	5s²	87.62(1)
39	Y	钇	4d¹5s²	88.90584(2)
40	Zr	锆	4d²5s²	91.224(2)
41	Nb	铌	4d⁴5s¹	92.90637(2)
42	Mo	钼	4d⁵5s¹	95.95(1)
43	Tc	锝	4d⁵5s²	97.90721(3)◆
44	Ru	钌	4d⁷5s¹	101.07(2)
45	Rh	铑	4d⁸5s¹	102.90550(2)
46	Pd	钯	4d¹⁰	106.42(1)
47	Ag	银	4d¹⁰5s¹	107.8682(2)
48	Cd	镉	4d¹⁰5s²	112.414(4)
49	In	铟	5s²5p¹	114.818(1)
50	Sn	锡	5s²5p²	118.710(7)
51	Sb	锑	5s²5p³	121.760(1)
52	Te	碲	5s²5p⁴	127.60(3)
53	I	碘	5s²5p⁵	126.90447(3)
54	Xe	氙	5s²5p⁶	131.293(6)
55	Cs	铯	6s¹	132.90545196(6)
56	Ba	钡	6s²	137.327(7)
57~71	La~Lu	镧系		
72	Hf	铪	5d²6s²	178.49(2)
73	Ta	钽	5d³6s²	180.94788(2)
74	W	钨	5d⁴6s²	183.84(1)
75	Re	铼	5d⁵6s²	186.207(1)
76	Os	锇	5d⁶6s²	190.23(3)
77	Ir	铱	5d⁷6s²	192.217(3)
78	Pt	铂	5d⁹6s¹	195.084(9)
79	Au	金	5d¹⁰6s¹	196.966569(5)
80	Hg	汞	5d¹⁰6s²	200.592(3)
81	Tl	铊	6s²6p¹	204.38
82	Pb	铅	6s²6p²	207.2(1)
83	Bi	铋	6s²6p³	208.98040(1)
84	Po	钋	6s²6p⁴	208.98243(2)◆
85	At	砹	6s²6p⁵	209.98715(5)◆
86	Rn	氡	6s²6p⁶	222.01758(2)◆
87	Fr	钫	7s¹	223.01974(2)◆
88	Ra	镭	7s²	226.02541(2)◆
89~103	Ac~Lr	锕系		
104	Rf	𬬻	6d²7s²	267.122(4)◆
105	Db	𬭊	6d³7s²	270.131(4)◆
106	Sg	𬭳	6d⁴7s²	269.129(3)◆
107	Bh	𬭛	6d⁵7s²	270.133(2)◆
108	Hs	𬭶	6d⁶7s²	270.134(2)◆
109	Mt	鿏	6d⁷7s²	278.156(5)◆
110	Ds	𫟼	6d⁸7s²	281.165(4)◆
111	Rg	𬬭	6d⁹7s²	281.166(6)◆
112	Cn	鿔	6d¹⁰7s²	285.177(4)◆
113	Nh	鿭		286.182(5)◆
114	Fl	𫓧		289.190(4)◆
115	Mc	镆		289.194(6)◆
116	Lv	𫟷		293.204(4)◆
117	Ts	鿬		293.208(6)◆
118	Og	鿫		294.214(5)◆

★镧系

原子序数	符号	名称	价层电子构型	原子质量
57	La	镧	5d¹6s²	138.90547(7)
58	Ce	铈	4f¹5d¹6s²	140.116(1)
59	Pr	镨	4f³6s²	140.90766(2)
60	Nd	钕	4f⁴6s²	144.242(3)
61	Pm	钷	4f⁵6s²	144.91276(2)◆
62	Sm	钐	4f⁶6s²	150.36(2)
63	Eu	铕	4f⁷6s²	151.964(1)
64	Gd	钆	4f⁷5d¹6s²	157.25(3)
65	Tb	铽	4f⁹6s²	158.92535(2)
66	Dy	镝	4f¹⁰6s²	162.500(1)
67	Ho	钬	4f¹¹6s²	164.93033(2)
68	Er	铒	4f¹²6s²	167.259(3)
69	Tm	铥	4f¹³6s²	168.93422(2)
70	Yb	镱	4f¹⁴6s²	173.045(10)
71	Lu	镥	4f¹⁴5d¹6s²	174.9668(1)

★锕系

原子序数	符号	名称	价层电子构型	原子质量
89	Ac	锕	6d¹7s²	227.02775(2)◆
90	Th	钍	6d²7s²	232.0377(4)
91	Pa	镤	5f²6d¹7s²	231.03588(2)
92	U	铀	5f³6d¹7s²	238.02891(3)
93	Np	镎	5f⁴6d¹7s²	237.04817(2)◆
94	Pu	钚	5f⁶7s²	244.06421(4)◆
95	Am	镅	5f⁷7s²	243.06138(2)◆
96	Cm	锔	5f⁷6d¹7s²	247.07035(3)◆
97	Bk	锫	5f⁹7s²	247.07031(4)◆
98	Cf	锎	5f¹⁰7s²	251.07959(3)◆
99	Es	锿	5f¹¹7s²	252.0830(3)◆
100	Fm	镄	5f¹²7s²	257.09511(5)◆
101	Md	钔	5f¹³7s²	258.09843(3)◆
102	No	锘	5f¹⁴7s²	259.101(7)◆
103	Lr	铹	5f¹⁴6d¹7s²	262.110(2)◆